New Mechanical Elastic Energy Storage Technology

新型
机械弹性储能技术

余 洋 汤敬秋 段 巍 米增强 著

化学工业出版社
·北京·

内 容 简 介

本书系统地阐述了华北电力大学机械弹性储能团队十几年来所取得的大量研究成果,并通过探讨国内外相关技术研究现状,系统地分析、总结新型机械弹性储能技术的基础理论、实现方案及其技术应用。

全书共分 14 章,主要内容包括:储能技术及发展现状;机械弹性储能关键技术、可行性及储能指标;机械弹性储能用涡簧非线性力学特性;机械弹性储能用涡簧储能过程的有限元数值分析;机械弹性储能用涡簧储能密度的计算及设计优化;机械弹性储能用联动式储能箱结构设计及其模块化安装调试技术;永磁电机式机械弹性储能系统以及样机相关研究,包括系统数学建模、储能运行控制技术、发电运行控制技术、振动抑制及振动与效率同时优化控制、新型闭环 I/f 控制及振动与转矩脉动同时优化控制、逻辑保护与监控系统设计、10kW 样机机械弹性储能系统技术集成及运行实验;机械弹性储能技术应用探析。

本书从翔实的理论分析入手,到 10kW 永磁电机式机械弹性储能系统的具体设计和运行,再到机械弹性储能系统各类场景的应用设计展望,方便读者深入浅出地理解新型机械弹性储能技术。本书将系统性、前沿性、理论性与工程实践紧密结合,融合了电机、材料及机械专业相关知识,可供能源、电力、机械等专业师生参考,也为传播机械弹性储能技术起到抛砖引玉的作用。

图书在版编目(CIP)数据

新型机械弹性储能技术/余洋等著. —北京:化学工业出版社,2021.9
  ISBN 978-7-122-39759-1

  Ⅰ.①新… Ⅱ.①余… Ⅲ.①储能−技术−研究
Ⅳ.①TK02

中国版本图书馆 CIP 数据核字(2021)第 164714 号

责任编辑:郝向丽   装帧设计:张 辉
责任校对:李雨晴

出版发行:化学工业出版社(北京市东城区青年湖南街 13 号 邮政编码 100011)
印   装:北京建宏印刷有限公司
710mm×1000mm 1/16 印张 20 字数 344 千字 2022 年 1 月北京第 1 版第 1 次印刷

购书咨询:010-64518888   售后服务:010-64518899
网   址:http://www.cip.com.cn
凡购买本书,如有缺损质量问题,本社销售中心负责调换。

定   价:128.00 元

前 言

　　如何实现"碳达峰、碳中和"，是能源电力行业未来很长一段时间的工作重点。毋庸置疑，发展风电、光伏等新能源产业将为"双碳"目标实现和新型电力系统构建贡献主要力量。不过，新能源具有空间尺度分散、时间尺度随机的固有特点，且不具备常规能源的自调节能力。储能技术是解决新能源带来的一系列问题的"牛鼻子"，是辅助电网调峰调频、保障间歇式新能源大规模入网的关键核心技术，能在电力系统发、输、配、用四大环节发挥巨大效用。当前，储能技术发展可谓方兴未艾、百家争鸣，物理储能作为储能技术的重要分支，也异常繁荣。技术最成熟的抽水蓄能当下已经开启了加速建设模式，已商业化运行的飞轮储能正朝着更大容量、更大功率、更小损耗的目标迈进，补燃型、非补燃型压缩空气储能投运项目也频见报端。不过从现实需求和市场反映来看，由于不同储能技术各具优缺点，发展储能技术仍然面临成本、技术和市场多方面阻碍。

　　本书作者课题组于2009年开始思考能否借鉴传统涡簧储能思路使其应用于电能存储。为推进机械弹性储能技术的研发进度，华北电力大学专门组建了机械弹性储能技术研究室，形成了由电力工程系和机械工程系组成的跨学科研究团队。本着大胆假设、小心求证的科学研究思路，课题组2010年申报了第一项专利"电网用弹性储能发电系统"，十几年来我们的研究成果先后得到了教育部高校博士学科点专项基金、中央高校基本科研业务费、国家自然科学基金青年基金、河北省自然科学基金面上项目、国家自然科学基金面上项目、国家电网公司总部科技项目等基金与项目资助，也得到了新能源电力系统国家重点实验室多项课题连续资助。正是十几年来我国学术界和工业界对于机械弹性储能技术的大力支持，才让机械弹性储能技术从最初脑海中的模糊构想，一步步变为案头设计图纸、原理性样机和实验性样机。

本书是机械弹性储能技术领域的一本学术专著。毋庸置疑，机械弹性储能是一个综合性跨学科研究领域，涉及储能科学与工程、材料学、机械设计及理论、电机运行与控制等多学科知识及应用。对于本书的定位和内容框架我们也思考良久，出版这本专著的首要目的是为我们过去十多年来关于机械弹性储能技术积淀的经验和教训做深度思考和研究总结，同时全面梳理机械弹性储能的关键科学与技术问题，以为后人和未来研究提供可借鉴和有价值的参考资料。全书共分 14 章。第 1 章储能技术及发展现状，在分析实现"双碳"目标和构建新能源为主体新型电力系统进程中储能技术研发的背景及意义，对储能技术研究现状做了简介，并对机械弹性储能技术的提出、技术优势与实现方式进行了概述。第 2 章分析了机械弹性储能涉及的关键技术，分析了机械弹性储能技术可行性，构建了机械弹性储能技术特性指标，并将机械弹性储能技术与其他储能技术进行了对比。第 3 章对机械弹性储能用大型涡簧的非线性力学特性进行了研究，分别构建了储能前、储能中涡簧力学模型，尤其是采用形态迭代法对储能过程中涡簧弯矩和转动惯量进行了通用计算。第 4 章采用有限元仿真方法对机械弹性储能用涡簧应力、稳定性、模态和结构力学进行了分析。第 5 章对机械弹性储能用涡簧的储能密度进行了分析计算，并对提高涡簧储能密度进行了优化设计。第 6 章为机械弹性储能用联动式储能箱结构设计及其模块化安装调试技术，设计了适宜于大规模储能的联动式储能箱结构，并对其工作原理进行了分析，还对涡簧标准化模块封装技术、涡簧模块推拉式装配技术和联动式储能箱安装调试技术进行了研究。第 7 章构建了不同坐标系下永磁电机式机械弹性储能系统的数学模型。第 8 章和第 9 章分别研究了永磁电机式机械弹性储能系统储能运行与发电运行控制技术。第 10 章对永磁电机式机械弹性储能系统振动进行了抑制，同时分析了系统振动与效率同时优化控制的方法。第 11 章构建了永磁电机式机械弹性储能系统新型闭环 I/f 控制框架，并基于该框架对系统振动与转矩脉动的同时抑制进行了控制设计及仿真验证。第 12 章设计了永磁电机式机械弹性储能系统逻辑保护与监控系统。第 13 章探讨了 10kW 永磁电机式机械弹性储能系统的集成技术，并开展了样机运行实验。第 14 章探析了机械弹性储能技术应用场景——城铁再生制动能量回收、岸桥集装箱起重机节能降耗、风力发电机组涡簧储能调速装置、汽车用机械弹性储能驱动技术、波浪能回收与利用、微电网冲击负荷功率波动平抑。

本书旨在探讨新型机械弹性储能技术的总体技术方案、系统性设计、模型和控制方法。由于机械弹性储能技术相关研究资料有限，本书作者怕误导后人，是以一种诚惶诚恐的姿态将本书呈现于读者，希望本书出版能为我国机械弹性储能技术的研究提供有益的前沿性理论和实践材料，也为推动我国机械弹性储能技术的进步贡献绵薄之力。

本书由华北电力大学电力工程系米增强教授和机械工程系王瑋奇教授带领机械弹性储能研究团队根据十多年的研究成果和实践经验、结合国内外相关研究进行系统地归纳、编写而成。感谢华北电力大学电气与电子工程学院博士研究生郑晓明，机械工程系硕士研究生冯恒昌、刘美娇、方涛，电力工程系硕士研究生车一鸣、王磊、赵彤、徐以坤、吴婷、畅达、郭旭东、田夏、从乐瑶为课题研发付出的努力，感谢电力工程系硕士研究生卢健斌、谢仁杰为样机开发和调试付出的艰辛，感谢电力工程系硕士研究生王孟云、冯路婧为本书进行资料收集与整理工作。在此谨向他们致以深切的谢意！本书部分内容已在华北电力大学研究生教学、本科生教学中连续使用。

化学工业出版社对本书出版给予了大力支持和帮助，作者谨借此机会表达深切的谢意！

限于作者水平，书中难免有不妥之处，恳请读者批评、指正。

作者

2021 年 5 月

目录

第1章 储能技术及发展现状 ————————————————————— 1

1.1 新形势下储能技术的研发背景及意义   1

     1.1.1 研发背景   1

     1.1.2 研发意义   2

1.2 储能技术研究现状   3

     1.2.1 物理储能   4

     1.2.2 电化学储能   6

     1.2.3 电磁储能   7

     1.2.4 相变储能   8

     1.2.5 对现有储能技术的评价   8

1.3 机械弹性储能技术概述   9

     1.3.1 机械弹性储能技术的提出   9

     1.3.2 机械弹性储能技术优势分析   10

     1.3.3 机械弹性储能系统的技术实现形式   11

参考文献   12

第2章 机械弹性储能关键技术、可行性及储能指标 ————— 14

2.1 引言   14

2.2 机械弹性储能关键技术分析   14

2.3 机械弹性储能技术的可行性   15

2.4 机械弹性储能技术的主要特性指标 17

   2.4.1 储能技术的主要特性指标 17

   2.4.2 机械弹性储能技术特性指标 19

   2.4.3 不同涡簧材料的储能特性指标分析与比较 24

   2.4.4 机械弹性储能与其他储能技术的特性比较 28

参考文献 33

第3章 机械弹性储能用涡簧非线性力学特性 34

3.1 引言 34

3.2 关于涡簧的基本假设 34

3.3 非接触型涡簧的力学分析 35

3.4 接触型涡簧力学模型的建立及分析 37

   3.4.1 储能前涡簧的两种状态 38

   3.4.2 储能前涡簧力学特性的计算 41

   3.4.3 初始状态涡簧弯矩计算结果 52

3.5 储能过程涡簧力学模型建立及分析 54

   3.5.1 涡簧3种形态的划分 54

   3.5.2 涡簧储能过程的非线性分析 56

   3.5.3 涡簧3种形态及弯矩的计算 57

   3.5.4 形态迭代法的建立 62

   3.5.5 涡簧形状、弯矩变化计算结果 63

3.6 储能过程涡簧转动惯量计算 65

   3.6.1 涡簧转动惯量计算方法分析 65

   3.6.2 涡簧转动惯量的计算 66

   3.6.3 转动惯量计算结果 70

参考文献 71

第4章 机械弹性储能用涡簧储能过程的有限元数值分析 72

4.1 引言 72

4.2 储能过程涡簧的应力分析 72

   4.2.1 涡簧极坐标方程的建立 73

   4.2.2 涡簧应力的计算及分析 77

   4.2.3 有限元建模及分析 78

4.3 储能过程涡簧的稳定性分析 81

   4.3.1 钢梁的稳定性 81

  4.3.2 有限元建模及分析   83

  4.3.3 结果分析   85

 4.4 涡簧模态分析   87

  4.4.1 模态分析方法   87

  4.4.2 单体涡簧模态分析   87

  4.4.3 涡簧箱模态分析   89

 4.5 涡簧连接结构力学分析   93

  4.5.1 涡簧内端连接强度分析   93

  4.5.2 涡簧外端连接强度分析   98

 参考文献   103

第 5 章 机械弹性储能用涡簧储能密度的计算及设计优化 104

 5.1 引言   104

 5.2 涡簧储能密度概述   104

 5.3 涡簧储能密度的分析计算及优化   105

  5.3.1 涡簧储能量的分析计算   105

  5.3.2 涡簧储能密度影响因素的分析   107

  5.3.3 提高涡簧储能密度的方法   110

  5.3.4 涡簧储能密度的优化   111

  5.3.5 优化结果分析   113

  5.3.6 有限元建模分析   115

  5.3.7 储能密度结构优化的实现   118

 5.4 基于微分进化的涡簧结构优化设计   119

  5.4.1 优化问题的描述   119

  5.4.2 3 种目标函数下涡簧的优化设计结果   121

  5.4.3 3 种目标函数下优化设计后涡簧储能特性的比较 123

  5.4.4 3 种目标函数下取不同弹簧厚度范围时涡簧的优化设计 125

 参考文献   130

第 6 章 机械弹性储能用联动式储能箱结构设计及其模块化
**   安装调试技术   131**

 6.1 引言   131

 6.2 现有提高涡簧储能量的结构设计分析   131

 6.3 联动式储能箱结构设计及工作原理分析   132

  6.3.1 联动式储能箱的结构设计   132

6.3.2　联动式储能箱的工作原理 133
6.3.3　联动式储能箱用支撑装置 134
6.3.4　联动式储能箱的优点分析 136
6.4　涡簧标准化模块封装技术 137
6.5　涡簧模块推拉式装配技术 138
6.6　联动储能箱组安装调试技术 139
参考文献 141

第 7 章　永磁电机式机械弹性储能系统的数学模型　142

7.1　引言 142
7.2　永磁同步电机的数学模型 142
7.2.1　永磁同步电机结构 142
7.2.2　建模假设 143
7.2.3　静止 ABC 坐标系下的数学模型 143
7.2.4　静止 $\alpha\beta$ 坐标系下的数学模型 145
7.2.5　旋转 $dq0$ 坐标系下的数学模型 146
7.3　双 PWM 变频器模型 147
7.3.1　双 PWM 变频器结构及工作原理 147
7.3.2　SVPWM 控制技术 148
参考文献 153

第 8 章　永磁电机式机械弹性储能系统储能运行控制技术　154

8.1　引言 154
8.2　控制问题的形成 154
8.2.1　永磁同步电动机控制技术分析 154
8.2.2　机械弹性储能用永磁同步电动机控制问题提出 155
8.3　负载惯量、扭矩同时变化情形下永磁同步电动机低速运行控制 156
8.3.1　储能箱转动惯量及转矩同时辨识 156
8.3.2　非线性反推控制器设计 157
8.3.3　稳定性证明及分析 161
8.3.4　控制参数优化 162
8.3.5　仿真实验与分析 164
8.4　负载惯量、扭矩同时变化情形下系统反推DTC控制 167
8.4.1　反推控制器设计 167
8.4.2　控制参数优化 170
8.4.3　仿真实验与分析 171

参考文献 174

第 9 章　永磁电机式机械弹性储能系统发电运行控制技术 —— 176

9.1　引言 176

9.2　控制问题的形成 176

9.2.1　永磁同步发电机控制技术分析 176

9.2.2　机械弹性储能用永磁同步发电机控制问题提出 177

9.3　动力源惯量、输出扭矩同时变化时永磁同步发电机运行控制 178

9.3.1　动力源转动惯量和转矩同时变化的数学描述 178

9.3.2　电机内部结构参数不确定的数学表达 179

9.3.3　高增益干扰观测器设计 180

9.3.4　L_2鲁棒反推控制器设计 181

9.3.5　稳定性分析与证明 183

9.3.6　仿真实验与分析 185

9.4　动力源惯量、输出扭矩同时变化时系统自适应调速及并网控制 186

9.4.1　自适应调速控制算法 186

9.4.2　并网控制算法 190

9.4.3　仿真实验与分析 192

参考文献 195

第 10 章　永磁电机式机械弹性储能系统振动抑制及振动与效率同时优化控制 —— 196

10.1　引言 196

10.2　国内外研究现状 196

10.2.1　柔性负载振动抑制研究现状 196

10.2.2　PMSM 驱动系统效率优化控制方法现状 197

10.3　系统运行振动抑制 198

10.3.1　基于反推原理的机组储能运行振动抑制控制器设计 198

10.3.2　基于最小二乘法的涡簧振动模态估计 205

10.3.3　反推控制器稳定性证明 206

10.3.4　实验验证及分析 206

10.4　系统运行振动与效率同时优化控制 211

10.4.1　基于损耗模型的机组统一控制反推控制器设计 211

10.4.2　基于自适应神经模糊推理的铁耗电阻辨识 216

10.4.3　控制器稳定性证明 219

10.4.4　实验验证及分析 219

参考文献 224

第 11 章　永磁电机式机械弹性储能系统新型闭环 I/f 控制及振动与转矩脉动同时优化控制 225

11.1　引言 225

11.2　国内外研究现状 226

11.3　系统新型闭环 I/f 控制 228

11.3.1　I/f 控制的可行性分析 228

11.3.2　对传统 I/f 控制的改进策略 230

11.3.3　仿真实验分析 233

11.4　系统运行振动与转矩脉动同时优化控制 237

11.4.1　机械弹性储能机组控制性能提升的必要性分析 237

11.4.2　考虑转矩脉动的 PMSM 电磁转矩模型 238

11.4.3　考虑涡簧振动及电机转矩脉动的闭环 I/f 控制策略优化 240

11.4.4　仿真及实验验证 243

参考文献 248

第 12 章　永磁电机式机械弹性储能系统逻辑保护与监控系统设计 251

12.1　引言 251

12.2　逻辑保护和监控系统功能要求和设计原则 252

12.2.1　逻辑保护系统功能要求和设计原则 252

12.2.2　监测控制系统功能要求和设计原则 253

12.3　机械弹性储能机组逻辑保护系统设计 254

12.3.1　部件使能逻辑保护 254

12.3.2　运行动作逻辑保护 255

12.3.3　运行状态显示保护 256

12.4　机械弹性储能机组监测控制系统设计 258

12.4.1　监控系统控制面版 259

12.4.2　监控系统运行程序 262

12.4.3　监控系统故障保护 276

参考文献 277

第13章　10kW永磁电机式机械弹性储能系统技术集成及运行实验 ———— 278

13.1　引言　278
13.2　10kW机械弹性储能实验性样机技术集成　278
13.2.1　实验性样机总体技术方案　278
13.2.2　实验性样机储能箱组参数计算　279
13.2.3　实验性样机机械传动及电气控制装置配套设计　281
13.3　10kW机械弹性储能实验性样机运行实验及结果分析　286
13.3.1　实验性样机转速恒定运行实验　286
13.3.2　实验性样机功率恒定运行实验　291
参考文献　297

第14章　机械弹性储能技术应用探析 ———— 298

14.1　引言　298
14.2　机械弹性储能技术应用于城铁再生制动能量回收　298
14.2.1　城铁再生制动能量回收常见方案　298
14.2.2　配备储能设备的功率和能量计算　299
14.3　机械弹性储能技术应用于岸桥集装箱起重机节能降耗　300
14.3.1　岸桥起升和下放过程中能量回收常见方案　300
14.3.2　配备储能设备的能量和功率计算　300
14.4　风力发电机组涡簧储能调速装置　301
14.5　汽车用机械弹性储能驱动技术　303
14.6　波浪能回收与利用装置　305
14.7　微电网冲击负荷功率波动平抑　307
参考文献　308

第1章

储能技术及发展现状

1.1 新形势下储能技术的研发背景及意义

1.1.1 研发背景

电能的发、输、配、用是瞬间完成的,发电功率和用电功率及损耗的实时平衡是保障系统安全稳定运行的基础。国家能源局统计数据表明,2020年我国全社会用电量累计达到了7.5万亿千瓦时,可以预计的是,随着我国经济的持续增长,未来用电量仍将不断攀升[1]。为保证发电与用电的平衡,传统电力系统通过电源侧出力的可控可调并预留备用容量的办法予以解决,在用电负荷持续增加的大背景下,不仅需要对于系统更大的投资,也降低了整个系统运行的效率。

早在2012年,国务院下发的《"十二五"国家战略性新兴产业发展规划》明确将新能源产业列入其中,当前,"碳达峰、碳中和"被写入了2021年政府工作报告,2021年3月15日,习近平总书记在中央财经委员会第九次会议上提出,要深化电力体制改革,构建以新能源为主体的新型电力系统。新能源产业是我国未来社会经济发展的重要推动力,是实现传统以煤为主能源结构调整,净化生存环境的重要支撑。在国家战略有力推动下,我国以风电、光伏为主的新能源产业在过去几年中实现了迅猛增长,我国已成为世界名副其实的第一风电大国。2021年2月8日国家电网有限公司发布的《2020社会责任报告》透露,国家电网区域2020年新增风电、太阳能发电装机容量1亿千瓦;新能源利用率提升至97.1%,同比提高0.3个百分点，国家清洁能源消纳三年行动计划目标全面完成。据统计，截至 2020 年年底，国网经营区风电、太阳能发电并网装机达 4.5 亿千瓦，较"十三五"初增长 3.1 亿千瓦；装机占比达 26.3%，较 2015 年提高 14.4 个百分点；21 个省（区）新能源成为第一、第二大电源。但与此同时，根据国家能源局统计，2020 年全国风电场平均弃风量高达 16%，较严重的新疆、甘肃弃风量更是分别高达 23%、19%。以风电、光伏为代表的新能源电力系统具有时间尺度随机波动、空间尺度极度分散的本质特征，大规模新能源入网将改变传统电力系统运行与控制方式，为系统调峰、调频带来极大挑战，进一步加重电力系统功率供需平衡的负担。

　　储能技术被认为是建设智能电网、保障规模化新能源入网、实现电网坚强化和智能性目标的最重要技术之一[2]。2012 年，储能技术被首次列入《国家"十二五"科学和技术发展规划》，并被科技部列为战略必争领域重点支持方向。从全球范围来看，储能技术也将成为下一个举世瞩目的伟大技术，未来全球储能市场将呈现快速增长态势。储能技术可降低负荷快速增长和间歇式电源大规模并网背景下电力系统发、输、配、用实时平衡的压力，它将电能的生产与使用从空间和时间上予以隔离[3]，先进高效的储能技术为电网升级改造以应对各类挑战提供了重要的技术手段。

　　总之，储能技术是平衡电力供需、保障新能源入网、构建智能电网的关键核心技术，也是全球诸多产业发展的必需技术，研究储能技术为解决电力系统功率不平衡、接纳大规模新能源入网提供了一种可行的新思路。

1.1.2　研发意义

　　储能技术在电力系统发、输、配、用四大环节均能发挥有力的作用，表 1-1 给出了电力系统发、输、配、用四大环节中储能技术可能的应用领域。

表1-1　储能技术应用于电力系统发、输、配、用各环节的可能性分析

应用领域	发电	输电	配电	用电
主要方式	系统备用电源	线损补偿装置	发电功率补偿	应急能源
	平滑新能源发电功率	系统可靠性电源	削峰填谷	需求侧管理
主要作用	提高发电设备利用效率	提高运行经济性	提高配电设备利用效率	改善电能质量
	减少系统装机容量	提高输电能力	提高设备运行稳定性	提升供电可靠性
	调峰、调频			

储能技术的应用使电力系统从传统的发、输、配、用模式转变为发、输、配、用、储五大环节[4-5]，研究储能技术在以下几个方面具有重要意义：

第一，储能技术能够增加系统备用容量，平滑新能源入网功率，提高发电设备使用率。随着负荷功率的不断增大，系统将预留更多的备用容量，通过储能装置适时吸收和释放能量，可以减少一次设备投资，最大限度提升发电设备利用率。与此同时，储能装置能够减小新能源的随机性和波动性，相当于增加了电源侧可控可调的能力，使调度的新能源入网功率更加平滑，利于实现新能源电力的集约化使用和规模化开发，从根本上解决电力供需平衡问题。

第二，储能技术能够提升已有设备的输变电能力，提高系统运行稳定性。由于我国能源聚集地与能源消费地存在着地域性矛盾，电能输送"卡脖子"问题突出。发电容量的增加，需要不断提升已有设备的输电、送电能力，储能技术的应用能够从一定程度上弥补现有设备输变电能力的不足，从空间上调整已有设备的电能分布。此外，在电能输送过程中，若系统遭受故障或大的干扰，储能装置的快速吸收和释放功率，能够提高系统抵御干扰的能力，提升系统运行的稳定性。

第三，储能技术能够缓解电力系统日益增大的负荷峰谷差矛盾。以风电、光伏为代表的新能源大规模接入电网，以及用电负荷的不断增大，电力系统调峰问题日益凸显。构建以快速储能系统为核心、低廉经济的大规模储能系统，通过低谷吸能、峰值释能，能够从时间上缓解发电与用电的峰谷差矛盾，推动电力商品化本质属性的回归。

第四，储能技术能够提升供电可靠性，有效改善电能质量。在用户侧，储能装置可以直接作为重要负荷突然失电的应急电源，减少用户的停电损失，改善用户电能质量。与此同时，将储能装置通过电力电子设备并入配电网，能够解决各种原因产生的电网功率不平衡问题，减少电网冲击，提高供电可靠性。

因此，本专著以储能技术为选题，在分析、比较现有储能技术的基础上，提出一种新型基于涡簧的机械弹性储能技术系统性方案，分析其关键技术，提出保证系统平稳储能与高效发电的运行控制技术，实现其原理性样机。

1.2 储能技术研究现状

按照不同的标准，可将储能技术进行不同的分类[6]，比如，按照使用功能划分，可分为能量型和功率型两种，能量型储能侧重于存储更多能量，而功率型储能则关注能量释放的快速性和高放电率；根据能量存储的形式，可分为四大类，即物理储能、电化学储能、电磁储能和相变储能。下面根据能量存储形式对各种储能方式进行简要介绍与分析[3, 7]。

1.2.1　物理储能

常见的物理储能有抽水蓄能（pumped energy storage，PES）、压缩空气储能（compressed air energy storage，CAES）和飞轮储能（flywheel energy storage，FES）等。

抽水蓄能和压缩空气储能是电力系统中应用较多的两种大规模物理储能形式。抽水蓄能一般采用可逆式抽水蓄能机组[8-10]，在负荷低谷时运行于电动机状态，利用电能将水提到高处，并以势能形式保存起来；当系统需要电能时，机组运行于发电机状态，通过释放水库的水能实现发电，如图 1-1 所示。抽水蓄能是已知最大规模的电能存储技术，其综合运行效率超过 70%，从启动到满载一般不超过 3min，从空载到满载则仅需几十秒。由于启动灵活、方便，能量释放迅速，可调容量大，抽水蓄能适合于电力系统调峰、调频、调相、调压，也能用于平滑规模化新能源出力。统计数据表明，截至 2019 年，国家电网抽水蓄能电站在运、在建规模分别达到 1923 万千瓦、3015 万千瓦，使得我国抽水蓄能电站装机容量跃居世界第一。根据国家发展和改革委员会远期规划，至 2025 年我国抽水蓄能投产容量将达到 1 亿千瓦[11]。限制抽水蓄能发展的最大因素在于水资源预留和电站场址的选择，比如，著名的美国巴斯康蒂抽水蓄能电站装机 210 万千瓦，最大坝高 140.2m，上下水库落差 380m；我国广东惠州抽水蓄能电站装机 240 万千瓦，正常高水位达到 231m[12]。

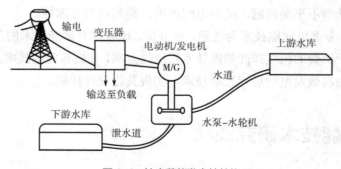

图 1-1　抽水蓄能发电站结构

压缩空气储能是利用压缩机将空气压缩储存在高压密闭容器中或专门设施

中，待用电高峰时，释放压缩空气或将空气加温并与燃料混合燃烧以驱动特殊结构的燃气轮机发电[13]。压缩空气储能一般包括6个主要组成部分：压缩机、膨胀机、燃烧室及换热器、储气装置（地下/地上洞穴或压力容器）、电动机/发电机以及控制系统和辅助设备（机械传动系统、燃料罐、管路等）。燃气轮机工作原理如图1-2（a）所示，压缩机主要负责以高压将空气送至燃烧室；燃料被注入燃烧室并燃烧，从而加热高压空气；燃烧室所产生的热高压气态产物驱动涡轮，并以接近大气气压的压力排除；涡轮所产生的机械能约有2/3用于驱动压缩机，剩余的1/3则由发电机转化为电力。压缩空气储能所包含的某些部件与燃气轮机相同，但也增加了一些新的部件，如离合器和储气装置，如图1-2（b）所示，增加离合器后的压缩机和涡轮可单独连接发电机（也用做电动机），储气装置用做存储压缩空气。

压缩空气储能以如下方式进行：在用电低谷期从电力系统抽取能量吸取空气，将其压缩至高压状态后输入至储气装置；用电高峰期，从储气装置抽取空气并在燃烧室中通过燃料燃烧对空气进行加热，然后通过涡轮将其膨胀至环境压力，被涡轮驱动的发电机将产生的机械能转换为电能，然后输送至电力系统。

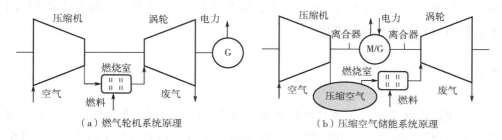

图1-2　燃气轮机与压缩空气储能系统结构

压缩空气储能的最大优点就是能够实现能量的较大规模存储，而且作为存储介质的空气本身是免费的，比如，始建于1978年全球首家商业运行的德国Huntorf电站释放功率达290MW，至今已成功运行约40余年[14]。压缩空气储能的不足是需要研制专门的高压密闭容器，或寻找较好的地下储气场所。另外，压缩空气储能的能量转换效率不高，一般不高于40%，这也是限制其发展和应用的重要因素。

与大规模储能的抽水蓄能和压缩空气储能等能量型储能技术不同，飞轮储能具有快速的功率响应速度[15-17]，能够较快地弥补系统功率的不平衡，是一种适合于作功率型的储能装置。飞轮储能将能量以动能的形式存储于飞轮转子中。其基本工作原理是：能量变换装置从外部输入电能驱动电机，带动飞轮转子旋转，电能转化

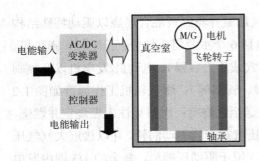

图1-3　飞轮储能系统基本结构

为飞轮转子的动能，转速越快，存储的能量越多；当外部负载等需要能量时，飞轮转子带动电机发电，转速逐渐降低，飞轮转子的动能转化为电能，并且可以通过电力电子变换装置转换成负载所需要的不同电压等级、不同频率的电能。飞轮储能的结构如图1-3所示，主要由5部分组成：电力电子变换装置、电动/发电机、飞轮转子、支撑轴承以及真空室。

为增加飞轮强度和减少装置能量损失，现代飞轮储能系统大都采用复合材料制造飞轮，并将飞轮安装于密闭的真空容器中，并运用磁悬浮轴承技术以降低摩擦和发热[16]。飞轮储能突出的优点就是效率高（90%以上）、寿命长，且对环境几乎不造成影响。通过一系列串并组合，现代飞轮组、飞轮电站功率甚至能达到MW级，是功率调控、调频和应急电源的较佳选择[17]。未来飞轮储能将朝着更高线速度、更高强度飞轮方向发展。但是，飞轮储能静态耗能、价格高、释放时间短等因素仍阻碍着其商业化和规模化。

1.2.2　电化学储能

常用的电化学储能主要是指各种电池储能，它是利用正负电极的化学反应实现电能与化学能的相互转化[18-19]。当前，电化学储能已成功应用于电力系统，其中铅酸电池、液流电池、钠硫电池、锂离子电池和镍氢电池等较为引人注目，表1-2比较了这几种电池的主要性能参数。

表1-2　主要电化学储能技术的性能比较

类型	成熟度	能量密度/ $W \cdot h \cdot kg^{-1}$	功率密度/ $W \cdot kg^{-1}$	效率/%	自放电率/ $\% \cdot 月^{-1}$	循环次数/次
铅酸	商业化	5~50	75~300	0~80	2~5	500~1500
液流	示范	80~130	50~140	0~80	20	13000
钠硫	示范	150~340	90~230	0~90	0~1	1000~10000
锂离子	示范	150~200	1800	0~95	5~10	1000~3000
镍氢电池	示范	30~80	140~300	0~80	10~30	500~1000

铅酸电池出现距今已有一百多年的历史，具有价格低廉、技术成熟、效率较高等优点，已广泛应用于汽车、电力等领域，但是，其使用寿命较短，不宜大规模集成使用，使用温差小，充放电速度较慢，且铅是重金属，对环境不友好。

液流电池是当前颇受关注且被寄予厚望的电化学储能形式，其特点在于功率和能量的调节可相互独立完成，且响应时间极短，只有亚秒级。在电力储能领域，全钒、锌溴、铁镉等液流电池已处于实验示范阶段，其中，占主流市场的全钒液流电池储能容量能达到40MW·h，功率能达到10MW，但是成本较高，约3000美元/kW；铁镉电池成本略低，约1500美元/kW，但储存容量和功率比全钒液流电池略低。可见，液流电池容量大、功率大、安全、稳定、寿命长，但液流电池体积较大、储能密度低，且规模化面临关键电极材料以及高价格制约。

钠硫电池最早于1966年由美国福特汽车提出，以其高比能量、比功率、低自放电率当前受到广泛青睐。另外，钠硫电池的一大优势就是作为电极材料的钠和硫体量丰富，成本介于1000~3000美元之间。但是，钠硫电池工作温度超过285℃，存在安全隐患。就应用来看，日本NGK公司掌握了全球钠硫电池的主流市场，相对而言，钠硫电池国内技术尚不成熟，与国际大公司仍有不小差距。

锂离子电池在当今移动电子设备中使用极为广泛。早在1991年，Sony公司就已经开始了锂离子电池的商业化探索，但传统锂离子电池局限于小规模使用，其大规模使用的安全性、高造价限制了其在电网中的应用。因此，近年来，研发高安全性、廉价的电极材料成为锂离子电池发展的重要方向。

1.2.3　电磁储能

电磁储能主要指超级电容器储能（supercapacitor energy storage，SES）和超导磁储能（superconducting magnetic energy storage，SMES）两种。

超级电容器储能出现至今已有60年的历史了，基于电化学双电层理论，超级电容器储能除了具有普通电容器功率密度大的优点外，还能够提供比传统普通电容更高的比能量[20]。超级电容器储能循环使用寿命长，无需额外的冷却和加热装置，转换效率高，安全系数高，免维护。从产品构成来看，超级电容器储能产品线极为丰富，能够提供容量0.5~1000F、电压12~400V、放电电流400~2000A等大范围、多系列产品。超级电容器储能极适合于短时、低容量、大功率的应用场合，在电能质量调节、动态电压恢复、电力系统稳定控制等领域有着广阔的前景[21]。然而，在高频率充放电领域，超级电容器储能的使用将导致过热、容量衰减，甚至可能发生电容器性能损毁，因此，超级电容器储能不适合在高频率充放电领域中使用。此外，超级电容器储能售价相对较高，鉴于其高比功率、低比能量的特点，将超级电容器储能与蓄电池等其他储能技术相结合以形成复合储能技术成为当前研究的热点。

超导磁储能由 Ferrier 于 1969 年提出，是在美国、日本等发达国家极受重视的高新技术，它采用低温环境下的超导线圈储存电能，其最大的优点在于无需进行能量的转换就能实现电能的储存与释放[22]，并且，通过与变频器结合，还能独立地进行有功和无功调节[23]。总体而言，超导磁储能具有响应快（ms 级）、效率高（大于 95%）、比容量与比功率高等特点，能够实现对于电网功率的快速补偿。从应用来看，全球已有 SMES 的相关产品，最大功率能做到 MW 级。但是，超导磁储能必需的真空环境、制冷系统要求较高，失超、成本高、高场体绕组支撑等问题是未来需要克服的难题。

1.2.4 相变储能

相变储能通过相变材料吸收和释放热量完成能量的存与放，主要包括冰蓄冷储能、太阳能高温蓄热技术以及用于建筑一体化的相变材料储能等，与电力系统应用相关的主要是冰蓄冷储能和太阳能高温蓄热技术等。

冰蓄冷储能技术是在负荷低谷时，利用电动制冷技术将蓄冷介质凝结成冰，将电能转化为蓄冷介质的冷量予以存储；在负荷高峰时，蓄冷介质融冰释放能量，满足负荷的需要。由此可见，冰蓄冷储能技术适合于电力系统的削峰填谷，尤其是将冰蓄冷技术与中央空调结合使用，能够大大减少中央空调系统的电能花费，具有极好的经济效益，其主要缺点就是需要较大的制冰量。

太阳能高温蓄热技术是太阳能热发电的关键，是指利用蓄热材料的相变吸收、发出热量实现能量存储，具有成本低、蓄热密度大等特点，其技术关键在于设计相变储热器，并选择合适的相变蓄热材料，设计合理的结构形式实现热量的高效获取和释放。当前，主要有三种储热方式，即显热储热、潜热储热和化学储热[24]，其中，潜热储热尚处于试验阶段，潜热储热的水合盐具有腐蚀性、石蜡导热性差的缺点，化学蓄热成本高、效率低。可见，太阳能蓄热技术还需要在实践中不断完善和发展。

1.2.5 对现有储能技术的评价

由以上分析可以看出，当前对于储能技术的研究可谓百花齐放，每种储能方式都不是十全十美的，均有适合其应用的地方。从电力系统运行与使用来看，期望储能技术具备以下条件[14, 17, 25-26]：安全性有保障、储能容量大、功率响应速度快、运行效率高、使用寿命长、运行费用低以及对地理条件无特殊要求、无污染等。

按照这些条件比对现有主要的电力储能技术：抽水蓄能密度低、场地要求高，压缩空气储能场址难寻、效率低，飞轮储能静态耗能、真空环境和磁悬浮技术要求高，超导磁储能成本高、系统复杂，超级电容器储能售价高、适用场合有限，铅酸电池效率不高、污染环境，先进电池（NaS、Li 等）大规模应用时的性能有待检验，相变储能介质需求量大。

可见，从储能技术的应用实践来看，除了少数发展较为成熟的储能技术外，如抽水蓄能，大多数储能技术仍难以满足电力系统的现实需求，探索和研发新的储能技术势在必行。

1.3　机械弹性储能技术概述

1.3.1　机械弹性储能技术的提出

涡卷弹簧（以下简称涡簧），又被称为发条弹簧，是现实生活中获得广泛应用的弹性储能元件[27-28]，如图 1-4 所示。从工业应用来看，涡簧最常用于机械表计时，此外，机器臂控制、发条玩具和断路器操作机构等领域也常用到涡簧。涡簧储能的原理简单易懂：涡簧一端固定，外部扭矩加载于另一端使其产生弹性变形而储能，实现能量从机械能或动能向势能的转变；释能时涡簧形变恢复，将势能转化为外界需要的机械能或动能。应用涡簧来储能，不仅效率高，还具有成本较低、对环境无污染等优点。

图 1-4　工业应用中的涡簧

　　储能技术是解决电力负荷持续攀升、新能源占比不断扩大造成电网调峰、调频以及安全运行等问题的关键核心技术，鉴于机械涡簧优异的性能，本文作者团队于2010年创新性地提出了一种基于涡簧的机械弹性储能技术性思路[29]，如图1-5所示，由于涡簧是机械弹性元件，故将这种储能技术称为机械弹性储能（mechanical elastic energy storage，MEES）技术。

图1-5　机械弹性储能技术基本构成与运行原理

　　图1-5还表明，机械弹性储能技术的基本工作过程包括储能与发电两大过程，其运行原理简单易懂：储能时，电网电能驱动电动机转动，拧紧涡簧实现储能，完成电能向弹性势能的转化；发电时，涡簧释放弹性势能，带动发电机转动并向电网或负荷送电，弹性势能转化为电能。

　　机械弹性储能技术属于机电一体化技术，与现有其他储能技术相比，具有许多独特的优势，通过对其技术方案进行设计，并展开实质性研发，有利于丰富当前储能技术的理论与实践。

1.3.2　机械弹性储能技术优势分析

　　经技术论证，机械弹性储能技术在转换效率、发电功率、储能容量、响应速度和环境友好性等方面具有比较优势[30]。

　　（1）能量转换效率高

　　机组储存的能量是机械能，而机械能是一种较高级的能量形式。机械弹性储能整体能量转换效率不会低于抽水蓄能，整体运行效率能超过80%。

　　（2）储能容量可大可小，最大发电功率能达到百千瓦级

　　通过选择高模量、低密度和抗疲劳的储能材料作为储能涡簧介质，并设计合理的串并联组合储能箱结构就可以大幅度提升机械弹性储能的发电功率和储能容量。总体而言，决定单个机械弹性储能系统最大功率和储能容量的关键部件和技术主要取决于是否解决了能够大容量储能的联动式储能箱的特殊结构设计问题，以及其储能涡簧是否由高模量、低密度和抗疲劳的储能材料作为储能介质。

（3）功率响应速度快

实践证明，机械能向电能转换的时间是较短的，且机械弹性储能功率大小可通过储能涡簧材料关键物性参数的设计与优选来调整，因而机械弹性储能适合做功率型储能方式。

（4）对环境友好，对环境温度不敏感，使用寿命长

采用涡簧作为储能介质的机械弹性储能运行中对环境不造成影响，不具有污染特点。另外，若采用纤维复合材料作为储能涡簧介质，其对温度不敏感，在−40～300℃均具有与室温相同的特性。另外，若采用高强度、高模量、低密度的碳纤维复合材料作为储能介质，其抗拉强度能达弹性钢材的 8 倍以上，弹性模量超过弹簧钢 2 倍，密度约为钢材的 1/4，比不锈钢耐腐蚀，且具有极长的使用寿命。

（5）运行费用低，对场址无特殊要求

机械弹性储能在运行中无需额外的辅助条件，其安装和使用对地理条件也无特殊要求，运行费用小、环境适应力强。

1.3.3　机械弹性储能系统的技术实现形式

提出机械弹性储能系统的技术实现形式，如图 1-6 所示。从当前常用的电机来看，双馈绕线式电机和永磁式电机均可作为机械弹性储能系统的执行电机，由此可分别构成双馈电机式机械弹性储能系统和永磁电机式机械弹性储能系统。

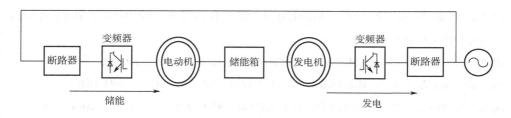

图 1-6　机械弹性储能系统技术实现形式

鉴于永磁同步电机低损耗、高转矩惯量比、高效率、结构简单等优点，本专著着重探讨以永磁同步电机作为机械弹性储能系统执行机构而形成的永磁电机式机械弹性储能系统。根据机械弹性储能系统的技术实现形式，设计了永磁电机式机械弹性储能系统总体技术实现方案，如图 1-7 所示。该系统储能与发电过程分别采用永磁同步电动机（permanent magnet synchronous motor，PMSM）和永磁同步发电机（permanent magnet synchronous generator，PMSG）作为执行机构，储能过程中

PMSM 与联动式储能箱直驱连接，发电过程联动式储能箱经升速齿轮箱变速连接
PMSG，再通过各自的 AC-DC-AC 变频器与电网相连，这种方案具有易实现、高效
率、方便控制等特点。

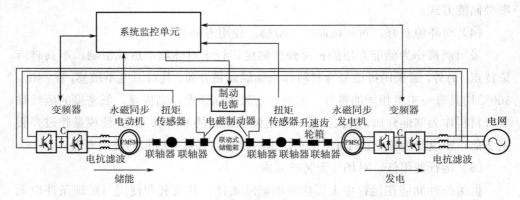

图1-7　永磁电机式机械弹性储能系统技术实现方案

参考文献

[1] 陈德胜, 张杨建, 张国梁, 等. 2020 年我国电力供求预测[J]. 中国能源, 2015(2): 97-101.

[2] 金虹, 衣进. 当前储能市场和储能经济性分析[J]. 储能科学与技术, 2012, 1(2): 103-111.

[3] 国家电网公司"电网新技术前景研究"项目咨询组. 大规模储能技术在电力系统中的应用前景分析[J]. 电力系统
　　自动化, 2013, 37(1): 3-8, 30.

[4] 张文亮, 丘明, 来小康. 储能技术在电力系统中的应用[J]. 电网技术, 2008, 32(7): 1-9.

[5] 叶季蕾, 薛金花, 王伟, 等. 储能技术在电力系统中的应用现状与前景[J]. 中国电力, 2014, 47(3): 1-5.

[6] 程时杰, 李刚, 孙海顺, 等. 储能技术在电气工程领域中的应用与展望[J]. 电网与清洁能源, 2009(2): 1-8.

[7] 袁小明, 程时杰, 文劲宇. 储能技术在解决大规模风电并网问题中的应用前景分析[J]. 电力系统自动化, 2013,
　　37(1): 14-18.

[8] SCHOENUNG S M, BURNS C. Utility energy storage applications studies [J]. IEEE Transactions on Energy Conversion,
　　1996, 11(3): 658-665.

[9] YANG C J, JACKSON R B. Opportunities and barriers to pumped-hydro energy storage in the United States [J].
　　Renewable and Sustainable Energy Reviews, 2011, 15(1): 839-844.

[10] DEANE J P, Ó GALLACHÓIR B P, MCKEOGH E J. Techno-economic review of existing and new pumped hydro
　　energy storage plant [J]. Renewable and Sustainable Energy Reviews, 2010, 14(4): 1293-1302.

[11] 国家发展和改革委员会. 国家发展改革委关于促进抽水蓄能电站健康有序发展有关问题的意见[EB/OL].
     http://www.sdpc.gov.cn/gzdt/201411/t20141117_648312.html, 2014-11-01.

[12] 邢英俊. 巴斯康蒂抽水蓄能电站[J]. 华北电力技术, 1988(2): 40.

[13] LUND H, SALGI G. The role of compressed air energy storage in future sustainable energy systems [J]. Energy
     Conversion and Management, 2009, 50(5): 1172-1179.

[14] 黄健. 压缩空气蓄能-联合循环系统性能分析及优化[D]. 保定: 华北电力大学, 2014.

[15] BOLUND B, BERNHOFF H, LEIJON M. Flywheel energy and power storage systems [J]. Renewable and Sustainable
     Energy Reviews, 2007, 11(2): 235-258.

[16] HEBNER R, BENO J, WALLS A. Flywheel batteries come around again [J]. IEEE Spectrum Magazine, 2002, 39(4):
     46-51.

[17] AKAGI H, SATO H. Control and performance of a doubly-fed induction machine intended for a flywheel energy storage
     system [J]. IEEE Transactions on Power Electronics, 2002, 17(1): 109-116.

[18] RIBEIRO P F, JOHNSON B K, CROW M L, et al. Energy storage systems for advanced power applications [J].
     Proceedings of the IEEE, 2001, 89(12): 1744-1756.

[19] WANG X Y, MAHINDA V D, CHOI S S. Determination of battery storage capacity in energy buffer for wind farm [J].
     IEEE Transactions onEnergy Conversion, 2008, 23(3): 868-878.

[20] HENSON W. Optimal battery/ultracapacitor storage combination [J]. Journal of Power Sources, 2008, 179(1): 417-423.

[21] 余丽丽, 朱俊杰, 赵景泰. 超级电容器的现状及发展趋势[J]. 自然杂志, 2015(3): 188-196.

[22] BUCKLES W, HASSENZAHL W V. Superconducting magnetic energy storage [J]. IEEE Power Engineering Review,
     2000, 20(5): 16-20.

[23] ALI M, MURATA T, TAMURA J. A fuzzy logic-controlled superconducting magnetic energy storage for transient
     stability augmentation [J]. IEEE Transactions on Control Systems Technology, 2007, 15(1): 144-150.

[24] 李廷贤, 李卉, 闫霆, 等. 大容量热化学吸附储热原理及性能分析[J]. 储能科学与技术, 2015, 3(3): 236-243.

[25] PADRÓNA S, MEDINAA J F, RODRÍGUEZ A. Analysis of a pumped storage system to increase the penetration level
     of renewable energy in isolated power systems. Gran Canaria: a case study [J]. Energy, 2011, 36(12): 6753-6762.

[26] DUNN B, KAMATH H, TARASCON J M. Electrical energy storage for the grid: a battery of choices [J]. Science, 2011,
     334(6058): 928-935. .

[27] 米增强, 余洋, 王璋奇, 等. 永磁电机式机械弹性储能机组及其关键技术初探[J]. 电力系统自动化, 2013, 37(1):
     26-30.

[28] 吴婷. 永磁电机式机械弹性储能机组建模与储能运行控制[D]. 保定: 华北电力大学, 2013.

[29] 米增强, 王璋奇, 余洋, 等. 电网用弹性储能发电系统: CN 201020126983.0 [P]. 2010-11-17.

[30] 米增强, 余洋, 王璋奇, 等. 永磁电机式弹性储能发电系统: CN 201110008030.3 [P]. 2011-01-14.

第 2 章
机械弹性储能关键技术、
可行性及储能指标

2.1　引言

　　机械弹性储能作为一种新型的储能方式，确定其总体技术方案，找出并解决其中的关键技术问题是开展实质性研究的基础。鉴于永磁电机诸多优点，本章提出了永磁电机式机械弹性储能系统的总体设计方案，分析了系统设计的可行性，研究了系统蕴含的关键技术。在此基础上，揭示了机械弹性储能的主要特性指标，分析、比较了不同储能涡簧材料的特性，最后将机械弹性储能与其他储能技术的特性进行了比较。

2.2　机械弹性储能关键技术分析

　　机械弹性储能箱组在机械弹性储能机组中的结构如图 2-1 中矩形阴影部分所示，可以看出，储能箱组是机械弹性储能的储能单元，储能过程中，机械弹性储能机组通过储能箱组左侧的储能控制及功率装置将电能转化成弹性势能存储于储能箱组中，发电过程储能箱组驱动右侧的发电控制及功率装置并网发电，弹性势能转化为电能。动作逻辑保护以及监测控制系统负责机械弹性储能机组动作逻辑判断执行以及设置参数和监控机械弹性储能机组运行状态等。

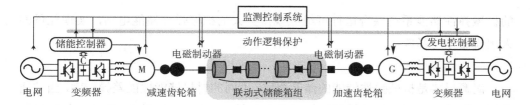

图 2-1　机械弹性储能中联动式储能箱组

机械弹性储能系统的主要关键技术如下[1]：

（1）涡簧材料特性分析、选择及结构优化设计

机械弹性储能以涡簧为储能材料，不同材质涡簧决定着系统不同的储能密度和储能容量，应选择合适的涡簧材料作为储能箱的储能元件，并通过开展涡簧材料的结构优化设计，分析、揭示涡簧材料特性，建立涡簧材料尺寸与储能密度、储能容量的关系，获取系统运行过程中涡簧的动力学特性。

（2）储能箱结构优化设计

储能箱结构直接影响着机械弹性储能系统的储能容量。研究表明，联动式储能箱是提高机械弹性储能量的重要手段之一。因此，应提出结构新颖的联动式储能箱结构，确立联动式储能箱结构优化设计方法，建立联动式储能箱结构与机械弹性储能容量、出力动态特性等关键性能参数的关联关系。

（3）系统数学模型建立与性能分析研究平台

永磁电机式机械弹性储能系统包括多个机械与电气耦合的子模块，应研究联动式储能箱、齿轮变速箱、永磁电机、变频器和控制器等各构成模块的相互影响与作用机制，集成各模块建模方法，建立各模块元件级动态数学模型和系统全仿真模型，构建全系统性能分析研究平台。

（4）系统运行控制技术与方法

储能箱输入/输出特性具有时变性，基于时变的储能箱输入/输出特性，研究并提出平稳储能、快速并网与发电的控制方法与技术是保证系统安全稳定运行的一大关键。

2.3　机械弹性储能技术的可行性

由图 2-1 可见，机械弹性储能系统是典型的机电一体化装置，其设计与制造涉及机械、材料、电机、自动控制、电力电子等多个领域，系统关键核心设备包括储能箱（涡簧安装于储能箱内）、储能与发电电机、变频器、监控单元等，多个独立

的机械弹性储能系统联合运行可组成规模更大的机械弹性储能电站，实现能量的大规模储存与释放。

（1）涡簧材料

涡簧材料是机械弹性储能的储能介质，不同的材料储能性能差异较大。当前适合用于机械弹性储能系统的储能材料至少应具备存量大、增量获取容易、价格尽量低廉、抗疲劳、高强度、高模量、低密度等特点。经过慎重分析，当前市场中满足这些条件的材料主要有3种：弹簧钢、玻璃纤维和碳纤维复合材料，将这3种材料的各项性能进行比较，结果见表2-1。

表2-1　三种适合于机械弹性储能的材料性能比较

性能比较项目	弹簧钢	玻璃纤维	碳纤维
存量	大	大	较大
增量获取	易	较易	较难
价格	低	适中	贵
抗疲劳	低	中	高
抗拉强度	2700MPa（优质钢）	4800MPa（S玻纤）	7000MPa（T700）
弹性模量	200GPa左右	90～120GPa	250～400GPa
密度	约7850kg/m³（优质钢）	约2520kg/m³（S玻纤）	约1780kg/m³（T700）

表2-1说明，弹簧钢存量大、获取容易，价格便宜，弹性模量适中，但材料密度大，抗疲劳性能相对弱，单位质量的储能量偏低；玻璃纤维存量较大、增量获取也较容易，价格相对低廉，密度较小，但弹性模量较低；碳纤维抗疲劳性能好，弹性模量高、密度低，但制造相对困难，价格也较为昂贵。因此，在机械储能系统原理验证与技术研发阶段，适合于选用普遍易得、价格低廉的弹簧钢作为储能材料；在实验性样机研发阶段，可选用玻璃纤维或碳纤维作为储能材料。

（2）储能箱

储能箱用于储存与释放机械弹性能，设计的关键是在保证储能箱输出扭矩尽量平缓的基础上，大幅提升其储能容量。为此，本专著提出了一种新颖的联动式储能箱结构[2]，详见第6章。理论计算和实验结果表明，只要能够克服摩擦阻力的影响，该结构在不增大储能箱最大输出扭矩的同时，可以数倍甚至数十倍地提升储能容量。

（3）储能与发电电机

当前，应用于风力发电的PMSG额定功率已达兆瓦级，与此相关的电机设计、制造、控制等技术均已成熟，如西安永济电机于2014年推出了2.0MW的PMSG。

而在驱动领域，由于使用场所的不同，百千瓦级及以下的 PMSM 应用已十分广泛，兆瓦级永磁同步牵引电机也正在研发中。因此，从功率角度看，永磁电机式机械弹性储能系统所需要的 PMSG 和 PMSM 不存在技术难题。但是，与风力发电以风能为动力源不同，机械弹性储能以涡簧弹性能为动力源具有自身独有的一些特点，因此，需要选择与机械弹性储能合适匹配的永磁电机，并研究基于机械弹性储能特点和联动式储能箱输入/输出特性的控制策略与技术。

（4）系统监控技术

机械弹性储能系统需要一个独立的监控单元，首先，实现运行数据的上传，控制指令的下达，并接受调度指令。其次，机械弹性储能系统包括储能和发电两个运行过程，需要基于涡簧运行特点，提出相对应的储能和发电控制策略。第一个功能可用常规的监控系统予以实现，第二个功能必须通过研发新的控制技术方能解决。再次，机械弹性储能系统运行中不可避免会遭遇振动和谐波，因此，振动和谐波抑制是提高系统运行效率的重要途径。上述问题将在本专著中一一得以解决，详见本专著第 8～11 章。

以上从系统构成的角度分析了机械弹性储能系统设计与实现的技术可行性。总体而言，基于现有技术，机械弹性储能技术具备技术可行性，该技术能否成功开发的关键在于如何解决系统存在的若干关键技术问题。

2.4 机械弹性储能技术的主要特性指标

2.4.1 储能技术的主要特性指标

由于各种储能技术的储能机制不同，例如物理结构、化学成分、能量密度、功率密度、输出特性等有差异[3-4]，分析储能技术的基本特性指标很有必要。

基于现有文献[5-7]，储能技术的特性指标主要包括储能容量、储能密度（能量密度和功率密度）、能量转换效率、自放电率、放电时间、放电深度、循环使用寿命、资金成本、环境问题等。

（1）储能容量

储能容量是指储能系统实际储存能量的值，它一般会比储能系统实际可用能量要大。可用能量代表着放电深度的极限，在快速充放电情况下，储能系统的效率会降低，考虑到自放电等因素的影响，实际用到的能量可能会比实际储存的少很多。

（2）储能密度

储能密度包括能量密度和功率密度，能量密度（也被称为比能）表示储能装置单位质量或体积内累积能量的可用值，单位质量或体积内的可用能量被称为质量能量密度或体积能量密度，单位分别用 kW·h/t 和 kW·h/m³ 表示。而功率密度（也叫比功率）是指储能装置中单位质量或体积内储存功率的可用值。同能量密度一样，功率密度包括质量功率密度和体积功率密度，单位分别用 kW/t 和 kW/m³。

一般来说，高比能的储能系统（能量型储能）比功率会比较低，例如抽水储能。同理，高比功率的储能系统（功率型储能）常常具有比能低的特点，比如各种储能电池。

（3）能量转换效率

能量转换效率 η 表示最终释放的能量与释放前储存能量的比例。能量转化效率越高的话，该储能装置就会越具竞争力与发展潜力。

（4）自放电率

自放电的能量是指最初储存的能量在一定的空闲时间里耗散掉的那部分能量。由于储能装置受原材料存在杂质等因素影响，自放电现象一般不可避免。自放电的标度被称为自放电率，一般用每天或每月的百分比表示，它受到制造材料和储存条件的影响。例如，电池的自放电率会受到电解质中正电极材料溶解度和电池受热后的不稳定性影响，不同类型的电池自放电率也不尽相同。

（5）放电时间

放电时间被理解为采用最大功率放电的持续时间，它与放电深度、日常使用频率等因素密切相关。

（6）放电深度

放电深度是指释放的电量与额定储存电量的比值，放电深度越小，放电越浅。电池放电容量、放电深度与电池所处条件有关。

（7）循环使用寿命

储能装置一次完整的充电和放电过程被称为一次循环。循环寿命是指在一定的放电条件下，储能装置能够以所设计能量水平来放电的次数或者年限。储能装置的循环寿命受多种因素影响，例如使用模式、充电和放电模式、环境条件等。循环使用寿命越长，说明储能系统的运行越经济。

（8）其他特性

除以上特性外，储能系统的特性还包括运行温度、制造成本、系统维护、放电频率和环境问题等，此处不再一一赘述。

2.4.2　机械弹性储能技术特性指标

基于 2.4.1 节提出的储能技术主要指标，本节将建立机械弹性储能技术的主要特性指标。

（1）储能容量

在外部转矩 M 作用下，涡簧产生形变，电能转化为弹性势能储存在涡簧中，理论上，储能的瞬时功率 $P=M\omega$，ω 为主轴的旋转角速度。定义外部转矩施加的时间为 t，在这一段时间内，弹性形变产生的角度逐渐从 δ_0 变为 δ_1，基于涡簧扭矩输出特性，其理论上输出瞬时功率 P 可进一步表示如下：

$$P = \frac{Ebh^3}{12L}\delta\omega \tag{2-1}$$

式中，δ 为涡簧片弹性形变引起的旋转角度；b、h 和 L 分别为涡簧材料的宽度、厚度和长度；E 为涡簧材料的弹性模量。储能容量表征了一个储能装置能够存储的能量总和。当然，不同的场合对储能装置有不同的要求，很多场合还关注储能装置的储能密度。

给定主轴的旋转角速度 ω 为 ω_{ref}，定义簧片最大的旋转角为 δ_{max}，则理论上机械弹性储能系统的最大功率 $P_{max}=M_{max}\omega$，结合式（2-1），P_{max} 可由下式求得：

$$P_{max} = \frac{Ebh^3}{12L}\delta_{max}\omega_{ref} \tag{2-2}$$

由外部力矩 M 在时间 t 内作用产生的弹性势能 E_p，正是涡簧理论特性曲线与横轴包围的区域面积。假设在时间 t 内，旋转角度从 δ_0 到 δ_1，则 E_p 可推导为：

$$E_p = \int_0^t P\mathrm{d}t = \int_0^t M\omega\mathrm{d}t = \int_0^t M\frac{\mathrm{d}\varphi}{\mathrm{d}t}\mathrm{d}t = \int_{\delta_0}^{\delta_1} M\mathrm{d}\varphi = \int_{\delta_0}^{\delta_1}\frac{Ebh^3}{12L}\delta\mathrm{d}\delta$$

即：

$$E_p = \frac{Ebh^3}{12L}\left(\frac{\delta_1^2}{2} - \frac{\delta_0^2}{2}\right) \tag{2-3}$$

式（2-3）是在涡簧的旋转角度可以求取的情况下，针对一段给定的簧片计算其弹性势能的简化计算公式。

（2）放电深度

假设涡簧的最小旋转角度为 δ_{min}，那么，机械弹性储能系统在时间 t 内的放电

深度 μ 可写为：$\mu=E_p/E_{p\text{-max}}$，其中，$E_{p\text{-max}}$ 表征机械弹性储能系统最大储能容量，根据式（2-3），$E_{p\text{-max}}=Ebh^3(\delta_{\max}^2-\delta_{\min}^2)/24L$，从而求出放电深度为：

$$\mu=\frac{\delta_1^2-\delta_0^2}{\delta_{\max}^2-\delta_{\min}^2} \tag{2-4}$$

由此可见，只需经过简单计算或角度检测就可求出机械弹性储能系统的放电深度。式（2-3）和式（2-4）还表明，我们可以很方便地测算出某个机械弹性储能系统的储能容量和放电深度，这是机械弹性储能的一大优点。

（3）放电时间

令放电过程储能箱的瞬时输出功率为 P_{out}，输出能量为 $E_{p\text{-out}}$。考虑到输出转矩和理论转矩的差异，储能箱的实际瞬时输出功率可由下式表示：

$$P_e=k\frac{Ebh^3}{12L}\delta\omega=kP \tag{2-5}$$

式中，k 为簧片固定系数。

由于储能箱输出的能量可表示为：

$$E_{p\text{-out}}=\int_0^t P_{out}\mathrm{d}t \tag{2-6}$$

将式（2-5）代入式（2-6），得到储能箱实际储能容量为：

$$E_{p\text{-out}}=k\frac{Ebh^3}{12L}\left(\frac{\delta_1^2}{2}-\frac{\delta_0^2}{2}\right)=kE_p \tag{2-7}$$

令实际最大输出功率为 $P_{out\text{-max}}$，若在最大输出功率放电的情况下，根据式（2-5）和式（2-7），机械弹性储能系统的放电时间 t_d 就可由下式求得：

$$t_d=E_p/P_{\max} \tag{2-8}$$

分析式（2-8）发现，机械弹性储能的放电时间独立于固定系数 k。恒功率放电模式下，由于 $P_{\max}=M_{\max}\omega$，因此，机械弹性储能系统的放电时间可以求取如下：

$$t_d=E_p/P_{\max}\omega \tag{2-9}$$

（4）储能密度

对于机械弹性储能系统，最大储能容量 $E_{p\text{-max}}$ 与涡簧在整个储能过程中所占空间体积 V_b 的比值为其体积能量密度 ρ_V，即 $\rho_V=E_{p\text{-max}}/V_b$。

涡簧运动所占空间体积可以用储能箱外盒内壁所包围的体积来表示，若将储能箱看做一个圆柱体，取圆柱底座的内壳半径为 R，圆柱的长度取为簧片的宽度 b，则储能箱的体积 V_b 可表达为 $\pi R^2 b$，结合 $E_{p\text{-}max}$ 的计算表达式，可求得机械弹性储能系统的体积储能密度为：

$$\rho_V = \frac{Eh^3}{12\pi LR^2}\left(\frac{\delta_{max}^2}{2} - \frac{\delta_{min}^2}{2}\right) \tag{2-10}$$

由此可见，机械弹性储能系统的体积能量密度 ρ_V 跟簧片厚度 h 的立方成正比，与簧片长度 L 成反比，而与簧片宽度 b 无关。此外，簧片的体积 V_{sp} 可以表示为 Lbh。

机械弹性储能系统最大储能容量 $E_{p\text{-}max}$ 与涡簧质量 M_{sp} 的比值为其质量能量密度 ρ_W，即 $\rho_W = E_{p\text{-}max}/M_{sp}$。

令簧片的质量密度为 ρ_{sp}，则储能箱内涡簧的整体质量 M_{sp} 可以表示为 $Lbh\rho_{sp}$，那么，其质量能量密度 ρ_W 可写为 $\rho_W = E_{p\text{-}max}/M_{sp} = E_{p\text{-}max}/Lbh\rho_{sp}$，结合 $E_{p\text{-}max}$ 的计算表达式，可得：

$$\rho_W = \frac{Eh^2}{12L^2\rho_{sp}}\left(\frac{\delta_{max}^2}{2} - \frac{\delta_{min}^2}{2}\right) \tag{2-11}$$

式（2-11）表明机械弹性储能系统的能量密度 ρ_W 与簧片厚度 h 的平方成正比，和簧片长度 L 的平方成反比，但仍然与簧片宽度 b 无关。

此外，式（2-10）和式（2-11）还表明机械弹性储能系统的储能密度依赖于给定涡簧片的旋转角度，而且机械弹性储能系统的储能密度还和旋转角平方的变化成正比。

（5）自放电率

前文已经提到，储能装置的自放电率描述了在一定条件下保持电荷的能力，这是衡量储能装置性能的一个重要参数。对于机械弹性储能技术，电量保持的状态反映了保持弹性势能的能力。一旦储能箱被制动装置锁定后，如果不考虑材料疲劳、摩擦、参数变化等因素，涡簧储存的弹性势能一般不会随着时间减少。所以，机械弹性储能技术的理论自放电率为零，或者说，短时间内几乎可以不考虑机械弹性储能的自放电率。

（6）能量转换效率

根据文献[5]，在充电、放电一个完整周期内的能量流如图 2-2 所示。图 2-2 中，T 表示一个循环周期的时间，η_{in} 和 η_{out} 分别表示机械弹性储能系统的储能效率和发电的效率，P_{idl} 代表着储存能量的电能损失，反映了储能装置的自放电损失，如电池和电容器的自放电损失和飞轮储能的空载损耗。

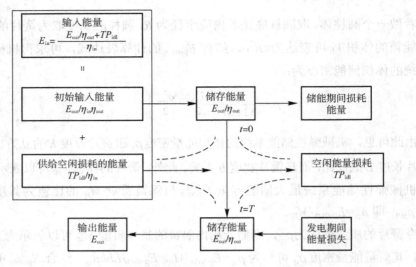

图 2-2　每一个储能与发电环节中的能量流动情况

所以，在一个周期内电能转换的总效率可用下式来表示：

$$\eta = \frac{\eta_{in}}{\dfrac{1}{\eta_{out}} + \dfrac{T}{\tau_s} \times \dfrac{E_s}{E_{out}}} \tag{2-12}$$

其中，$\tau_s = E_s / P_{idl}$。

由以上分析可知，由于机械弹性储能系统的自放电率接近于 0，P_{idl} 也基本上为 0，T/τ_s 可以忽略不计。所以，机械弹性储能技术能量转换效率可以近似表达为 $\eta_{in}\eta_{out}$。

作为典型的机电一体化装置，机械弹性储能系统的能量耗散可分为机械损耗和电气损耗两部分，具体分析如下：

① 机械部分的能量损失：主要包括储能箱主轴上摩擦和阻力造成的损耗，涡簧片之间的摩擦和热量耗散，在储能完成阶段这种损耗更明显（可以通过油润滑减小损失），还有传动链损耗。

② 电气部分的能量损失：电机的铜耗和铁损，半导体器件的能量转换损耗，滤波装置损耗。

将这些损耗列于表 2-2 中，那么，储能阶段和发电阶段的转换效率可分别由式（2-13）和式（2-14）表示。

$$\eta_{in} = (1-ml_1) \times (1-ml_2) \times (1-ml_3) \times (1-el_1) \times (1-el_2) \times (1-el_3) \tag{2-13}$$

$$\eta_{out} = (1 - ml_1) \times (1 - ml_2) \times (1 - ml_3) \times (1 - el_1) \times (1 - el_2) \times (1 - el_3) \qquad (2\text{-}14)$$

其中，ml_i 和 $el_i(i=1,2,3)$ 的含义见表 2-2。

表 2-2 机械弹性储能系统的能量损耗类型和范围

	损耗的类型	损耗的范围
机械损耗	储能箱主轴上摩擦和阻力损耗 ml_1	1%～5%
	涡簧片之间的摩擦和热量损耗 ml_2	1%～5%
	传动链的损耗 ml_3	1%～5%
电气损耗	电机的铜耗和铁损 el_1	1%～5%
	半导体器件的能量转化损耗 el_2	1%～5%
	过滤设备的损耗 el_3	1%～5%

因此，在一个循环周期内能量转换的最终效率可由下式求得：

$$\eta = \eta_{in}\eta_{out} = \sum_{i=1}^{3}(1 - ml_i)^2(1 - el_i)^2 \qquad (2\text{-}15)$$

根据表 2-2，采用式（2-15）可计算出机械弹性储能系统的储能效率和发电效率都在[0.74, 0.94]范围内，所以机械弹性储能系统在一个储能与发电循环周期内最终效率 η 的变化范围为[0.55, 0.88]。

基于以上分析，由于机械弹性储能系统包括众多子系统，应当减少每个子系统的损耗从而提高设备整体的效率，仅仅只是提高某一环节的效率并不能提高整体系统的运行效率。

（7）循环使用次数

涡簧广泛应用于钟表和计时等计时产品中。在这种情况下，通常要求涡簧的循环寿命大于 10000 次。在大型设备的应用中，例如用于真空断路器制动器或机器人中涡簧，由于高频率的操作和对可靠性的更高要求，大都要求其循环次数大于 60000 次。若以此为依据，同样作为大型设备的机械弹性储能系统，其储能箱中涡簧的循环寿命也能超过 60000 次。

（8）工作温度

在正常的环境气候条件下，由弹簧钢（如 60Si2Mn 材料）生产并广泛应用的涡簧可以在低于 250℃的温度下正常工作。相比于飞轮储能系统需要的真空环境，钠硫电池要求的 300℃以上的工作环境,超导磁储能要求的低温工作环境,机械弹性储能对外界的环境没有特殊的限制。更强的适应性使得机械弹性储能技术能够适应各种复杂的工业条件。

2.4.3 不同涡簧材料的储能特性指标分析与比较

由 2.3.1 节的分析可知,当前适合作为机械弹性储能系统的涡簧材料主要有弹簧钢、玻璃纤维和碳纤维三种。基于 2.4.2 节的内容,本节将在储能容量、储能密度、放电时间等重要特性指标上,根据表 2-1 不同材料指标特性,对这三种储能涡簧材料的特性进行计算、分析和比较,弹簧钢、玻璃纤维和碳纤维计算结果分别用下标 1、2 和 3 表示。

（1）储能容量

由于 $\delta_1=2\pi r_1$,$\delta_0=2\pi r_0$,其中,r_1 和 r_0 分别表示涡簧在转角 δ_1 和 δ_0 下对应的工作圈数,那么,采用式（2-3）可分别计算得到弹簧钢、玻璃纤维和碳纤维三种材料的机械弹性储能系统的储能容量 E_p。

① 弹簧钢

$$E_{p1}=\frac{E_1bh^3}{12L}\left[\frac{(2\pi r_1)^2}{2}-\frac{(2\pi r_0)^2}{2}\right] \tag{2-16}$$

经过计算,弹簧钢材料储能容量约为 7220 J,0.002kW·h。

② 玻璃纤维

$$E_{p2}=\frac{E_2bh^3}{12L}\left[\frac{(2\pi r_1)^2}{2}-\frac{(2\pi r_0)^2}{2}\right] \tag{2-17}$$

经过计算,玻璃纤维材料储能容量约为 3505J,0.001kW·h。

③ 碳纤维

$$E_{p3}=\frac{E_3bh^3}{12L}\left[\frac{(2\pi r_1)^2}{2}-\frac{(2\pi r_0)^2}{2}\right] \tag{2-18}$$

经过计算,碳纤维材料储能容量约为 10515J,0.003kW·h。

由式（2-16）～式（2-18）可知,对于同样尺寸（长度、宽度、厚度）的涡簧材料,在相等的工作圈数条件下,弹性模量越高的材料,储能容量越大,基于碳纤维材料的机械弹性储能系统储能容量约为玻璃纤维材料的 3 倍,基于弹簧钢材料的机械弹性储能系统储能容量鉴于二者中间。

（2）最大输出功率和放电时间

给定主轴的旋转角速度 ω_{ref} 为 15r/min，定义簧片最大的旋转角为 δ_{max}，根据式（2-2），则理论上不同材料的机械弹性储能系统的最大输出功率可计算如下。

① 弹簧钢

$$P_{max\,1} = \frac{E_1 bh^3}{12L} \delta_{max} \omega_{ref} \qquad (2\text{-}19)$$

经过计算，弹簧钢材料最大输出功率约为 134W。

② 玻璃纤维

$$P_{max\,2} = \frac{E_2 bh^3}{12L} \delta_{max} \omega_{ref} \qquad (2\text{-}20)$$

经过计算，玻璃纤维材料最大输出功率约为 65W。

③ 碳纤维

$$P_{max\,3} = \frac{E_3 bh^3}{12L} \delta_{max} \omega_{ref} \qquad (2\text{-}21)$$

经过计算，碳纤维材料最大输出功率约为 195W。

式（2-19）～式（2-21）表明，对于同样尺寸（长度、宽度、厚度）的涡簧材料，在相等的最大工作圈数和一定的芯轴输出转速条件下，最大放电功率与涡簧材料的弹性模量成正比。因此，基于碳纤维材料和弹簧钢材料的机械弹性储能系统最大放电功率分别约为基于玻璃纤维材料的机械弹性储能系统的 3 倍和 2 倍。

将式（2-2）和 $E_{p\text{-}max}$ 表达式代入式（2-8）中，可得到不同材料下机械弹性储能系统的放电时间均为：

$$t_d = \frac{\dfrac{Ebh^3}{12L}\left(\dfrac{\delta_{max}^2}{2} - \dfrac{\delta_{min}^2}{2}\right)}{\dfrac{Ebh^3}{12L}\delta_{max}\omega_{ref}} = \frac{\left(\dfrac{\delta_{max}^2}{2} - \dfrac{\delta_{min}^2}{2}\right)}{\delta_{max}\omega_{ref}} \qquad (2\text{-}22)$$

式（2-22）揭示了一个有趣的现象，即机械弹性储能系统以最大功率释放能量时，其放电时间与涡簧材料的长度、宽度、厚度等尺寸无关，仅仅取决于初始工作圈数、最大工作圈数和放电时芯轴的转速。换句话说，要延长机械弹性储能系统最大功率下的放电时间，在初始工作圈数一定的情况下，应尽量扩大其工作圈数的范围。那么，在最大工作圈数、工作圈数范围和芯轴转速均相同的条件下，3 种材料机械弹性储能系统的放电时间是一样的。经过计算，3 种材料机械弹性储能系统放电时间均约为 54s。

（3）储能密度

根据式（2-10），计算不同材料机械弹性储能系统的体积能量密度ρ_V如下。

① 弹簧钢

$$\rho_{V1} = \frac{E_1 h^3}{12\pi L R^2}\left(\frac{\delta_{max}^2}{2} - \frac{\delta_{min}^2}{2}\right) \tag{2-23}$$

经过计算，弹簧钢材料的体积能量密度约为 0.732kW·h/m³。

②玻璃纤维

$$\rho_{V2} = \frac{E_2 h^3}{12\pi L R^2}\left(\frac{\delta_{max}^2}{2} - \frac{\delta_{min}^2}{2}\right) \tag{2-24}$$

经过计算，玻璃纤维材料的体积能量密度约为 0.355kW·h/m³。

③碳纤维

$$\rho_{V3} = \frac{E_3 h^3}{12\pi L R^2}\left(\frac{\delta_{max}^2}{2} - \frac{\delta_{min}^2}{2}\right) \tag{2-25}$$

经过计算，碳纤维材料的体积能量密度约为 1.065kW·h/m³。

与储能容量类似，式（2-23）～式（2-25）显示，对于同样尺寸（长度、宽度、厚度）的涡簧材料，在相等的工作圈数和外盒直径条件下，弹性模量越高的材料，体积能量密度越大，基于碳纤维材料的机械弹性储能系统体积能量密度约为玻璃纤维材料的 3 倍，基于弹簧钢材料的机械弹性储能系统体积能量密度约为玻璃纤维材料的 2 倍。

根据式（2-11），计算不同材料机械弹性储能系统的质量能量密度ρ_W如下。

① 弹簧钢

$$\rho_{W1} = \frac{E_1 h^2}{12 L^2 \rho_{sp1}}\left(\frac{\delta_{max}^2}{2} - \frac{\delta_{min}^2}{2}\right) \tag{2-26}$$

经过计算，弹簧钢材料的质量能量密度约为 0.2kW·h/t。

② 玻璃纤维

$$\rho_{W2} = \frac{E_2 h^2}{12 L^2 \rho_{sp2}}\left(\frac{\delta_{max}^2}{2} - \frac{\delta_{min}^2}{2}\right) \tag{2-27}$$

经过计算，玻璃纤维材料的质量能量密度约为 0.3kW·h/t。

③ 碳纤维

$$\rho_{W3} = \frac{E_3 h^2}{12L^2 \rho_{sp3}} \left(\frac{\delta_{max}^2}{2} - \frac{\delta_{min}^2}{2} \right) \tag{2-28}$$

经过计算，碳纤维材料的质量能量密度约为 1.2kW·h/t。

质量能量密度 ρ_W 正比于涡簧材料的厚度，反比于涡簧材料长度的平方和涡簧材料的密度，而与涡簧材料的宽度无关。因此，对于同样长度、厚度的涡簧材料，在相等的工作圈数和外盒直径条件下，弹性模量越高、密度越小的材料，质量能量密度越大。由于基于碳纤维材料的机械弹性储能系统具有更大的弹性模量、更小的材料密度，因此，在 3 种材料中，其质量能量密度最大，约为弹簧钢材料的 6 倍，玻璃纤维材料的 4 倍。

（4）循环使用次数

根据弹性力学的知识，若按受力循环次数对弹簧进行分类，可将弹簧分为 3 类，其中，Ⅰ类弹簧受力循环次数大于 1000000，Ⅱ类弹簧受力循环次数位于 1000～100000 之间，Ⅲ类弹簧小于 1000 次，因此，经过油淬、回火等工艺处理过的弹簧钢在正常应力范围内使用时，至少能够达到Ⅱ类弹簧受力循环次数。

研究表明[8]，普通 E 玻璃纤维疲劳性能不强，但对于增强型玻璃纤维，如中材科技 HS2 型高强度玻璃纤维测试次数超过了 300 万次，而 HiPer-tex 增强复合材料玻璃纤维疲劳强度也超过了 100 万次。

与玻璃纤维相比，碳纤维材料轴向强度、弹性模量更高，且无蠕变，耐疲劳性能好[9]。

（5）工作温度

普通弹簧钢工作温度在 −40～120℃ 之间，经过特殊处理的耐高温、高强度弹簧钢工作温度可达到 300℃。一般的玻璃纤维软化点温度在 550～580℃ 之间，在 300℃ 以下工作时，玻璃纤维强度几乎不受影响，而且，一些添加特殊物质或经过特殊处理的玻璃纤维软化点温度甚至超过 1000℃，最高工作温度可达到 900℃。与玻璃纤维相比，碳纤维材料在不接触空气和氧化剂时，能够耐受 3000℃ 以上的温度，并且，只有当温度高于 1500℃ 时，其强度才开始降低，因此，碳纤维材料的工作温度范围极大。

（6）不同涡簧材料的技术特性比较结果分析

总结以上分析过程，对于同样尺寸（长度、宽度、厚度）的涡簧材料，在相等的工作圈数和外盒直径条件下，将弹簧钢、玻璃纤维和碳纤维 3 种不同储能涡簧材料的特性比较结果列于表 2-3。

表 2-3　3 种储能涡簧材料的技术性能指标比较

性能指标	弹簧钢	玻璃纤维	碳纤维
储能容量	中	低	高
最大放电功率	中	低	高
放电时间		相等	
体积能量密度	中	低	高
质量能量密度	低	中	高
循环使用次数	低	中	高
工作温度	低	中	高

　　表 2-3 说明，单从技术指标角度看，基于碳纤维材料的机械弹性储能系统综合技术性能最优，但其价格也最为昂贵。虽然弹簧钢材料密度较大，储能密度较低，但获取容易，储能容量适中，储能综合性能可接受，较适合于作为开发原理性样机的涡簧材料。

　　因此，本专著选用弹簧钢作为研究机械弹性储能系统模型、控制方法的涡簧材料，并开发了基于弹簧钢的原理性样机进行运行原理的验证。若要制作适合于工业应用级别的大功率、大容量机械弹性储能设备，则适合选用玻璃纤维或碳纤维作为涡簧材料。总之，到底选用何种材料，需要根据实际情况权衡利弊择优而定。

2.4.4　机械弹性储能与其他储能技术的特性比较

（1）储能容量和放电时间

　　根据储能技术不同的储能容量，其应用可被分为 3 种类型，分别为电能质量或不间断电源（UPS）、电能桥接和能量管理。

　　图 2-3 比较了机械弹性储能系统与当前主流储能技术在不同功率下的持续运行时间。与其他已经发展多年并日趋成熟的储能技术相比，机械弹性储能技术尚处于实验阶段，机械弹性储能箱的联动形式见 6.3 节。可以提高系统的储能容量，而增大涡簧材料的宽度、厚度，并将多个涡簧箱、多根涡簧片串并连接，可以提高发电功率。经过初步计算，机械弹性储能技术持续放电时间能达小时级别，系统的功率等级能达到百千瓦级。

　　图 2-3 还表明，一些仅仅工作几分钟或更少时间的储能系统可用于电能质量管理，例如大功率飞轮储能和超导磁储能系统。而未来可开发更大容量、更大功率的机械弹性储能系统在电力系统切换电源的时候保证供电服务的连续性，或将其应用于电力系统紧急功率支持的地方。

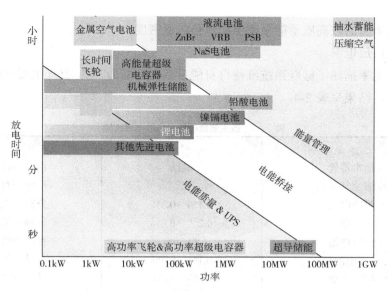

图2-3　不同储能技术的应用范围比较

（2）储能密度

图2-4 展示了一些储能技术的不同能量密度。由图2-4可见，液流电池和铅酸电池有较高的能量密度。所以，在相同的可用累积能量条件下，这些装置的质量和体积比较小。

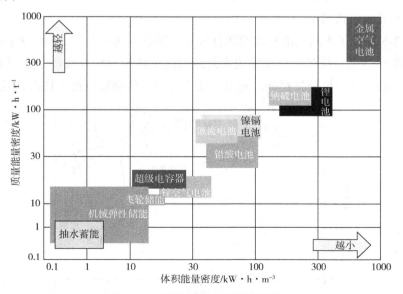

图2-4　不同储能技术能量密度比较

通过增大簧片厚度，并采用高模量复合材料涡簧，机械弹性储能技术将能够具备富有竞争力的较高质量能量密度和体积能量密度。

（3）自放电率

自放电率描述了储能系统维持自身能量存储的能力[9-10]，整理主要储能方式的自放电率，结果见表2-4。

表2-4　各主要储能技术自放电率比较

储能技术	自放电率	合适的储能期限
抽水蓄能	极低	小时—月
压缩空气储能	低	小时—月
铅酸电池	0.1%～0.3%	分钟—天
镍镉电池	0.2%～0.6%	分钟—天
钠硫电池	约20%	秒—小时
锂电池	0.1%～0.3%	分钟—天
超导储能	10%～15%	分钟—小时
飞轮储能	50%	秒—分钟
超级电容	20%～40%	秒—小时
机械弹性储能	极低	小时—月

由表2-4可知，机械弹性储能系统具有极低的自放电率，这点优于其他多数的储能技术，且能量存储期限能达数月。

（4）能量转换效率

图2-5比较了不同储能技术的运行效率，图中系统的斜率主要由 P_{idl} 决定。影响机械弹性储能系统效率的主要因素是两次能量转换过程以及每个过程下多个子系统的损耗。除了机械损耗外，充电、放电过程的传输链路也会使得其效率降低。

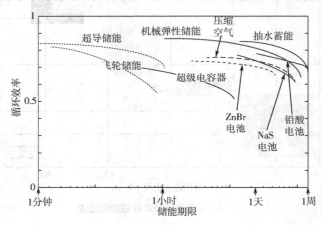

图2-5　不同储能技术运行效率比较

图 2-5 还表明，相较于其他储能方式，机械弹性储能无论是循环运行效率还是储能期限，都具有一定的竞争力。

（5）循环使用寿命与次数

各类储能系统的使用寿命与循环周期可由表 2-5 查得。二次电池的循环耐久性一般不会很长。铅酸蓄电池的寿命大约为 2000 次充放电循环周期，在放电深度增加的情况下，其寿命还会减少。经短时间的放电、充电测试，超级电容器的寿命被证实超过 50000 次循环周期。超级电容器一般比二次电池具有更长的使用寿命。超导磁储能系统的使用寿命由其应对重复电磁负载的能力决定，一般为 10 年左右。飞轮储能的工作寿命一般超过 21000 次循环周期。作为机械弹性储能材料的弹簧钢、玻璃纤维或碳纤维具有很长的使用年限，电机、变频器可靠性也较好，使得机械弹性储能系统的寿命会很长，一般能超过 20 年，这一点无疑使机械弹性储能技术更具经济性和可靠性。

表 2-5　各类储能技术的使用寿命与循环周期

储能系统	寿命/年	循环周期/次
抽水蓄能	30～60	10000～30000
压缩空气储能	20～40	8000～12000
铅酸蓄电池	3～20	<2000
镍镉电池	15～20	<3000
钠硫电池	10～15	2500～5000
锂电池	5～15	1000～10000
ZnBr 电池	5～10	2000
超导磁储能	>10	>100000
飞轮储能	15～20	>21000
超级电容器储能	8～20	>50000
机械弹性储能	15～30	>60000

（6）工作温度与环境场地要求

表 2-6 比较了各种储能方式对环境温度的要求。

表 2-6　各类储能技术工作温度与环境场地要求

储能系统	工作温度要求	环境场地要求
抽水蓄能	较低	高
压缩空气储能	较低	高

储能系统	工作温度要求	环境场地要求
铅酸蓄电池	较高	低
镍镉电池	较高	低
钠硫电池	较高	低
锂电池	低	低
ZnBr 电池	较高	低
超导磁储能	较高	低
飞轮储能	低	低
超级电容器储能	一般	低
机械弹性储能	低	低

一般来说，大多数电池储能对工作温度相对较高，抽水蓄能、压缩空气储能对环境场地要求较高，而机械弹性储能对工作温度和环境场地要求都是比较低的。

（7）成本

成本问题一直困扰着储能技术的发展，也是储能系统设计时不得不考虑的问题。结合文献[10-12]，整理并比较给出了主要储能技术的成本，见表2-7。

表2-7 各类储能技术的成本比较

储能系统	成本	
	美元/kW	美元/（kW·h）
抽水蓄能	1500～4300	250～430
压缩空气储能	960～1250	60～125
铅酸蓄电池	2020～3040	505～760
钠硫电池	3200～4200	445～555
锂电池	1200～4650	1050～6000
液流电池	2350～4500	470～1125
超导磁储能	200～300	1000～10000
飞轮储能	1900～2250	7800～7900
超级电容器储能	100～300	300～2000
机械弹性储能	150～500	2000～12000

机械弹性储能尚处于实验阶段，经初步计算，其成本约为150～500美元/kW，

或 2000～12000 美元/（kW・h）。由此可见，机械弹性储能具有一定的成本优势，尤其是以功率计算时，优势较为明显，而且，机械弹性储能具有较长的使用寿命，当考虑使用年限后，机械弹性储能具有更高的经济成本。未来随着对于机械弹性储能技术研发的不断深入，机械弹性储能成本有望进一步降低。

参考文献

[1] 米增强, 余洋, 王璋奇, 等. 永磁电机式机械弹性储能机组及其关键技术初探[J]. 电力系统自动化, 2013, 37(1): 26-30.

[2] 米增强, 余洋, 王璋奇. 一种基于机械弹性的联动式储能箱: 201110450712.X [P]. 2011-11-29.

[3] 程时杰, 余文辉, 文劲宇, 等. 储能技术及其在电力系统稳定控制中的应用[J]. 电网技术, 2007, 31(20): 97-108.

[4] 冯光. 储能技术在微网中的应用研究[D]. 武汉: 华中科技大学, 2009.

[5] KONDOH J, ISHII I, YAMAGUCHI H, et al. Electrical energy storage systems for energy networks [J]. Energy Conversion and Management, 2000, 41(17): 1863-1874.

[6] IBRAHIM H, ILINCA A, PERRON J. Energy storage systems-characteristics and comparisons [J]. Renewable Sustainable Energy Review, 2008, 12(5): 1221-1250.

[7] HADJIPASCHALIS I, POULLIKKAS A, EFTHIMIOU V. Overview of current and future energy storage technologies for electric power applications [J]. Renewable Sustainable Energy Review, 2009, 13(6): 1513-1522.

[8] 祖群. 高性能玻璃纤维研究[J]. 玻璃纤维, 2012(5): 16-23.

[9] 贺福. 碳纤维及石墨纤维[M]. 北京: 化学工业出版社, 2010.

[10] 陈海生. 主要储能系统技术经济性分析(上) [J]. 工程热物理纵横, 2012(10): 13-14.

[11] 陈海生. 主要储能系统技术经济性分析(下) [J]. 工程热物理纵横, 2012(11): 12.

[12] 国家电网公司"电网新技术前景研究"项目咨询组. 大规模储能技术在电力系统中的应用前景分析[J]. 电力系统自动化, 2013, 37(1): 3-8, 30.

第3章
机械弹性储能用涡簧
非线性力学特性

3.1 引言

在机械弹性储能技术中使用的储能涡簧是一种平面涡卷弹簧。涡簧分为接触型涡簧和非接触型涡簧，两种涡簧都是对涡簧片施加工作扭矩，使涡簧片受到弯矩而产生弯曲变形，非接触型涡簧的簧片在工作过程中没有彼此之间的接触。接触型涡簧在工作时，涡簧片之间会发生接触[1]。储能涡簧按照储能过程的前后，可以区分出自由状态、初始状态和储能状态，在每一个工作状态中，涡簧又区分成不同的形态。本章通过对涡簧不同形态之间的转化过程的研究，分析计算涡簧在每一个工作状态下不同形态的力学特性，并对其弯矩和转动惯量进行通用计算。

3.2 关于涡簧的基本假设

在对涡簧做分析和计算的时候，如果精确考虑所有方面的因素，会使得分析和计算过程非常复杂，甚至无法建立模型，不能得到计算结果。因此要对涡簧材料的性质以及涡簧的工作环境做一些基本假定，忽略一些影响小的次要因素。在对涡簧做分析时，对涡簧的材料性质采用了基本假定[2]：

（1）连续性——假定涡簧材料是连续的，材料内部的物理量，例如应力、应变、位移等都是连续的，可以采用坐标的连续函数表示物理量的变化规律。

（2）完全弹性——假定涡簧材料是完全弹性的，涡簧材料在受到弯矩的作用变形后，去除弯矩还能恢复原形，没有任何剩余形变，其弯矩、应力和形变服从胡克定律。这是建立在涡簧材料受到的弯矩没有超过允许的最大弯矩的前提下的。

（3）均匀性——假定涡簧材料是均匀的，整个涡簧都是同一材料，材料的各部分具有相同的弹性。

（4）各向同性——假定涡簧材料是各向同性的，材料的弹性在所有各个方向上都是相同的。

（5）大位移小形变——涡簧在储能时受到工作扭矩的作用，涡簧逐渐变形旋紧到涡簧的芯轴上。假定此过程中涡簧材料的应变非常小，属于小形变的情况；涡簧上各个点发生很大的周向位移和径向位移。涡簧属于大位移小形变的特殊旋转机械。

（6）涡簧在储能过程中，很多时候涡簧的簧片之间是互相接触的，假设簧片之间没有相对摩擦，即当簧片之间有间隙的时候，保持各自独立的受力状态，等簧片贴合在一起的时候，就保持相对静止。

（7）涡簧在受到弯矩作用的时候，弯矩是均匀分布在涡簧体上的，形状变化也是均匀的。

3.3　非接触型涡簧的力学分析

非接触型涡簧在工作时涡簧片的各圈之间均不接触，常用来作为产生反作用力矩的动力源[3]。非接触型涡簧的安装是外端 A 点固定，另一端缠绕固定在芯轴上，如图 3-1 所示。

设芯轴上作用扭矩 T_0 后，外端 A 点受力矩 T_1、切向力 P_t 和径向力 P_r，根据力矩平衡，可以得到扭矩 T_0 与力矩 T_1 和径向力 P_r 的关系。

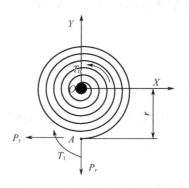

图 3-1　非接触型涡簧

$$T_0 = P_t r + T_1 \tag{3-1}$$

设涡簧的坐标系为(x, y)，任意一点受到弯矩 T 是力矩 T_1、切向力 P_t 和径向力 P_r 共同作用的结果。

$$T = P_t(x+y) + T_1 - P_r x \tag{3-2}$$

由式（3-1），将 P_t 代入式（3-2），当 $r=x$ 时，得

$$T = T_0\left(1 + \frac{y}{r}\right) - T_1\left(\frac{y}{r}\right) - P_r x \tag{3-3}$$

在涡簧全长上任取一个涡簧微单元体，其长度为 ds，则此单元体内的弯曲弹性变形能 dU 为：

$$\mathrm{d}U = T^2\mathrm{d}s/2EI \tag{3-4}$$

式中，E 为材料的弹性模量；I 为材料截面的惯性矩。

当涡簧的有效长度为 l 时，将上式沿曲线全长积分，即为涡簧总的变形能。

$$U = \int_0^l \mathrm{d}U = \int_0^l \frac{T^2}{2EI}\mathrm{d}s \tag{3-5}$$

当涡簧变形时，力矩 T_1、径向力 P_r 不做功，因此有：

$$\begin{cases} \dfrac{\partial U}{\partial T_1} = \int_0^l \dfrac{T}{EI}\dfrac{\partial T}{\partial T_1}\mathrm{d}s = 0 \\ \dfrac{\partial U}{\partial P_r} = \int_0^l \dfrac{T}{EI}\dfrac{\partial T}{\partial P_r}\mathrm{d}s = 0 \end{cases} \tag{3-6}$$

对式（3-3）分别求 T_1 和 P_r 的偏导，得到 $\dfrac{\partial T}{\partial T_1} = -\dfrac{y}{r}$，$\dfrac{\partial T}{\partial P_r} = -x$，把式（3-3）中的 T 代入，得到式（3-7）。

$$\begin{cases} \int_0^l \left[T_0\left(1+\dfrac{y}{r}\right) - T_1\dfrac{y}{r} - P_r x\right]\dfrac{y}{r}\mathrm{d}s = 0 \\ \int_0^l \left[T_0\left(1+\dfrac{y}{r}\right) - T_1\dfrac{y}{r} - P_r x\right]x\mathrm{d}s = 0 \end{cases} \tag{3-7}$$

在 T_0 作用下，涡簧的变形角 φ 表示为：

$$\varphi = \frac{\partial U}{\partial T_0} = \int_0^l \frac{T}{EI}\frac{\partial T}{\partial T_0}\mathrm{d}s \tag{3-8}$$

将式（3-3）对 T_0 求偏导，得到 $\dfrac{\partial T}{\partial T_0} = 1 + \dfrac{y}{r}$，将式（3-3）中的 T 代入，得到变

形角 φ 的计算式。

$$\varphi = \frac{1}{EI}\int_0^l \left[T_0\left(1+\frac{y}{r}\right) - T_1\frac{y}{r} - P_r x \right]\left(1+\frac{y}{r}\right)ds \qquad (3\text{-}9)$$

根据式（3-7）中的第 2 个方程，得：

$$\int_0^l T_0 x ds + \int_0^l T_0\frac{xy}{r}ds - \int_0^l T_1\frac{xy}{r}ds - \int_0^l P_r x^2 ds = 0 \qquad (3\text{-}10)$$

当蜗卷弯曲的圈数很多的时候，有 $\int_0^l x ds \approx 0$，$\int_0^l y ds \approx 0$，$\int_0^l xy ds \approx 0$，因此式（3-10）整理后得：

$$\int_0^l P_r x^2 ds = 0 \qquad (3\text{-}11)$$

由于 $\int_0^l x^2 ds \neq 0$，所以得到 $P_r = 0$，代入式（3-7），得：

$$\int_0^l (T_0 - T_1)\left(\frac{y}{r}\right)^2 ds = 0 \qquad (3\text{-}12)$$

由于 $\int_0^l \left(\frac{y}{r}\right)^2 ds \neq 0$，所以只有 $T_0 - T_1 = 0$，上式才能成立，即 $T_0 = T_1$。

由式（3-1）得到 $P_t = 0$，由式（3-2）得到涡簧任意一点上的弯矩 T：

$$T = T_0 \qquad (3\text{-}13)$$

根据以上的推导可以得出：当涡簧芯轴上作用扭矩 T_0 时，在非接触型涡簧的全长的各截面内，承受的弯矩是大小相同的，且等于芯轴上的扭矩 T_0。

3.4 接触型涡簧力学模型的建立及分析

接触型涡簧的外端固定在涡簧箱的内壁上，内端固定在涡簧芯轴上，在贴近涡簧箱内壁的区域，涡簧片是彼此接触的。这样的结构可以使涡簧的工作圈数大大增加，提高涡簧的储能量，这也是选择接触型涡簧作为储能单元的原因。接触型涡簧的结构如图 3-2 所示。

根据前面的假设条件，涡簧片接触的部分可以认为没有相对运动。涡簧片没有接触的自由部分的受力情况与非接触型的涡簧相同，这部分簧片上受到芯轴输入的工作扭矩的作用后，弯矩是相等的且等于工作扭矩。

图 3-2 接触型涡簧

3.4.1 储能前涡簧的两种状态

涡簧作为储能元件，其储能量与涡簧的工作扭矩密切相关，芯轴输入的工作扭矩等于涡簧受到的弯矩，所以要对涡簧的弯矩做分析计算。在这之前，首先要分析涡簧的形状。涡簧在储能过程前，可以分为两种状态，一种是自由状态，涡簧一端固定在芯轴，另一端不受约束，自由放置，呈现涡簧的自然形态；另一种状态是初始状态，即涡簧放置在涡簧箱中，一端固定在芯轴上，另一端固定在涡簧箱内壁上，此时没有受到工作扭矩作用。在初始状态时，在涡簧箱内壁附近的涡簧层层压紧，在芯轴和压紧的簧片之间的部分涡簧是呈自由状态的。

3.4.1.1 两种曲线概述

对涡簧做分析的时候，需要用到两种曲线，一种是阿基米德螺旋线，一种是对数螺旋线。

阿基米德螺线（等速螺线），是以公元前3世纪希腊数学家阿基米德来命名的。阿基米德螺线的形状是一个点匀速远离固定点，同时以固定的角速度绕固定点转动形成的轨迹。阿基米德螺旋线的基本形状如图 3-3 所示。

阿基米德螺旋线的公式：

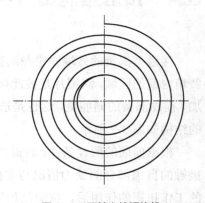

图 3-3 阿基米德螺旋线

$$\rho(\theta) = a + b\theta \tag{3-14}$$

式中，a 和 b 均为实数；参数 a 相当于螺线线的基圆半径，而参数 b 是螺旋线旋转一周后径向移动的距离，相当于螺旋线的螺距。

对数螺旋线（等角螺旋线），是 1638 年经笛卡尔引进的，后经瑞士数学家雅各·伯努利研究，发现对数螺旋线的渐屈线和渐伸线仍是对数螺旋线，极点到对数螺旋线各点的切线仍是对数螺线等。在自然界中，对数螺旋线的形状普遍存在。

对数螺旋线上的任意一点的极径与该点切线方向的夹角均为一个定值，记为 α 角，且 α 角不是直角，如图 3-4 所示，O 点是对数螺旋线的极点。

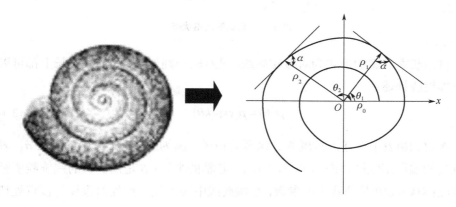

图 3-4   对数螺旋线

对数螺旋线的公式可以用极坐标表示，如式（3-15）。

$$\rho(\theta) = a\exp(k\theta) \tag{3-15}$$

式中，$\rho(\theta)$ 为极径，在任意角度 θ 时螺旋线的极径；a 为参数，螺旋线起始端所围绕的半径；θ 为极角，沿螺旋线所经过的角度；k 为参数，$k=\cot\alpha$ 表示在螺旋线中表示任一点处的极径与该点处的切线的夹角的余切。

3.4.1.2   储能前涡簧模型的建立

（1）自由状态涡簧的形态

自由状态涡簧的形状遵循一条平面螺旋线。通过观察涡簧的形状，可以发现，自由状态下涡簧的形状与对数螺旋线非常吻合，这种形态可以称为 LS-2。

如图 3-5 所示，自由状态涡簧没有受到弯矩的影响，其簧片彼此之间没有接触，其形状变化遵循对数螺旋线。自由状态的涡簧一端缠绕在芯轴上，另一端自由放置。自由状态的涡簧处于平衡状态，该状态下涡簧截面上没有弯矩作用。

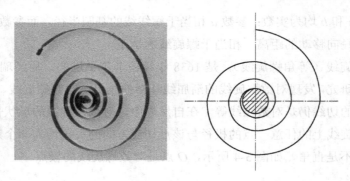

图 3-5　涡簧的自由状态

自由状态涡簧的形状为对数螺旋线，只对应一种形态，涡簧在全长上都可以用对数螺旋线描述：

$$\rho(\theta) = \rho_0 \exp(k\theta) \tag{3-16}$$

参数 $\rho(\theta)$ 表示在任意角度 θ 时涡簧的极径；ρ_0 为式（3-15）中的参数 a，表示涡簧起始端所围绕圆柱面的半径，即涡簧芯轴的半径；θ 是沿涡簧的螺旋线所经过的角度；$k(k=\cot\theta)$ 是公式中的参数，在螺旋线中表示任一点处的极径与该点处切线夹角的余切，可以看出 θ 越大，k 越小，螺旋线螺距就越小，涡簧的形状越紧密。

（2）初始状态涡簧的形态

涡簧的初始状态是指涡簧被安装在涡簧箱中，一端缠绕固定在芯轴上，另一端固定在涡簧箱内壁上。在初始状态时，涡簧的芯轴处的工作扭矩等于 0，涡簧处于储能前的静止状态。如图 3-6 所示。

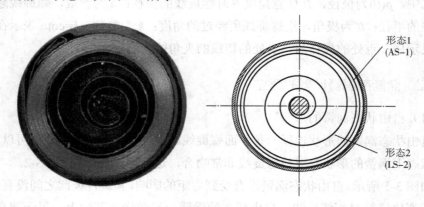

形态1
(AS-1)

形态2
(LS-2)

图 3-6　涡簧的初始状态

可以看出，在涡簧箱内壁处的涡簧是层层贴近的，其形状符合阿基米德螺旋线的特征，螺距就是涡簧片的厚度；涡簧片分离开之后，其形状与自由状态一样，为对数螺旋线。

初始状态的涡簧可以分为两种形态，形态 1 是阿基米德螺旋线形状的簧片，可以称为 AS-1；形态 2 是对数螺旋线形状的簧片，可以称为 LS-2。

AS-1 的长度为 L_1，LS-2 的长度为 L_2，涡簧的全长 $L=L_1+L_2$。初始状态的涡簧由这两种形态的涡簧片构成的，其形状的表达函数为：

$$\begin{cases} \rho(\theta) = a + b\theta, \theta \in L_1 \\ \rho(\theta) = \rho_0 \exp(k\theta), \theta \in L_2 \end{cases} \tag{3-17}$$

对比涡簧的自由状态和初始状态，可以知道，初始状态是自由状态涡簧的局部涡簧片弯曲变形，形成初始状态中的 AS-1 部分，其余部分涡簧片仍保持原有状态，是初始状态中的 LS-2 部分。

3.4.2 储能前涡簧力学特性的计算

储能前涡簧形状分为自由状态和初始状态两种形态，分别是 AS-1 和 LS-2。这说明涡簧从自由状态变形成为初始状态，有一部分涡簧形状从对数螺旋线变成阿基米德螺旋线，另一部分的涡簧还保持原有自由状态下的对数螺旋线形状。

在计算涡簧的形状时候，由于可以确定涡簧箱内壁的尺寸，以及涡簧固定在内壁上的位置点，所以先计算初始状态涡簧的形状和相关参数，再以初始状态中与自由状态中形态吻合部分的涡簧参数计算自由状态下的涡簧形状。

涡簧在受到弯矩后发生弯曲变形，涡簧片上的曲率增大，曲率半径相应减小。涡簧的弯矩与涡簧曲线上曲率半径的变化相关。可以通过计算曲率半径的变化，计算涡簧受到的弯矩大小。

3.4.2.1 曲率和曲率半径概述

曲线的曲率是针对曲线上某个点的切线方向角对弧长的转动率，是描述曲线局部弯曲程度的量。曲率的倒数就是曲率半径。如图 3-7 所示。

在一条光滑曲线上取 A 点，从 A 点开始截取弧段，弧段长度为 Δs，对应切线转角为 φ，弧段 Δs

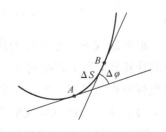

图 3-7　曲率示意

上的平均曲率 $\bar{K}$ 为：

$$\bar{K} = \left| \frac{\Delta\varphi}{\Delta s} \right| \tag{3-18}$$

对平均曲率取极限，点 A 处的曲率 K 为：

$$K = \lim_{\Delta s \to 0} \bar{K} = \left| \lim_{\Delta s \to 0} \frac{\Delta\varphi}{\Delta s} \right| = \left| \frac{\mathrm{d}\varphi}{\mathrm{d}s} \right| \tag{3-19}$$

如果曲线的函数方程是 $y=f(x)$，$f(x)$ 在给定区间存在二阶连续导数。计算曲线在某点处的 $\mathrm{d}\varphi$，根据曲线 $y=f(x)$ 在某点的切线，得到函数 $y=f(x)$ 的导数，进而求出角度 φ 的计算式，

$$y' = \tan\varphi \Rightarrow \varphi = \arctan y' \tag{3-20}$$

对式（3-20）两边求导，得到：

$$\mathrm{d}\varphi = \frac{y''}{1+\left(y'\right)^2}\mathrm{d}x \tag{3-21}$$

再推导出 $\mathrm{d}s$ 的计算式，得：

$$\mathrm{d}s = \sqrt{1+\left(y'\right)^2}\,\mathrm{d}x \tag{3-22}$$

根据式（3-21）、式（3-22），可以得到曲线任一点处的曲率 K，

$$K = \left| \frac{\mathrm{d}\varphi}{\mathrm{d}s} \right| = \frac{|y''|}{\left[1+\left(y'\right)^2\right]^{3/2}} \tag{3-23}$$

螺旋线的曲率半径 R 可以由曲率的倒数求得，

$$R = \frac{1}{K} = \frac{\left[1+\left(y'\right)^2\right]^{3/2}}{|y''|} \tag{3-24}$$

3.4.2.2　两种螺旋线曲率半径的计算

根据曲线的曲率半径的计算公式（3-24），可以求出阿基米德螺旋线的曲率半径的计算式。为了方便起见，把螺旋线的公式写成极坐标方程。对直角坐标方程和极坐标方程做换算，把直角坐标系下的曲率半径计算式换算成极坐标下的计算式。

（1）阿基米德螺旋线曲率半径计算

阿基米德螺旋线的参数方程：

$$\begin{cases} x = \rho\cos\theta = (a+b\theta)\cos\theta \\ y = \rho\sin\theta = (a+b\theta)\sin\theta \end{cases} \tag{3-25}$$

对方程组（3-25）两边对角度 θ 求一次导数，得：

$$\begin{cases} \dfrac{\mathrm{d}y}{\mathrm{d}\theta} = b\sin\theta + (a+b\theta)\cos\theta \\ \dfrac{\mathrm{d}x}{\mathrm{d}\theta} = b\cos\theta - (a+b\theta)\sin\theta \end{cases} \tag{3-26}$$

根据上式可以推导出 y 对 x 的一阶导数 $\mathrm{d}y/\mathrm{d}x$，

$$\frac{\mathrm{d}y}{\mathrm{d}x} = \frac{b\sin\theta + (a+b\theta)\cos\theta}{b\cos\theta - (a+b\theta)\sin\theta} \tag{3-27}$$

同理可以推导 y 对 x 的二阶导数 $\mathrm{d}^2y/\mathrm{d}x^2$，

$$\frac{\mathrm{d}^2 y}{\mathrm{d}x^2} = \frac{x'y'' - x''y'}{\left(x'\right)^3} \tag{3-28}$$

根据曲率半径的计算公式（3-24），得到阿基米德螺旋线关于极角 θ 的曲率半径计算式为：

$$R_1 = \frac{1}{K} = \frac{\left[1+\left(y'\right)^2\right]^{3/2}}{\left|y''\right|} = \frac{\left[b^2 + (a+b\theta)^2\right]^{3/2}}{2b^2 + (a+b\theta)^2} \tag{3-29}$$

式中的半径 R 加下标 1，表示是阿基米德螺旋线的曲率半径。

（2）对数螺旋线曲率半径的计算

计算方法同上，根据曲率半径的计算公式，求出对数螺旋线的曲率半径的计算公式，螺旋线的公式是极坐标方程。

对数螺旋线的参数方程为：

$$\begin{cases} x = \rho\cos\theta = \rho_0 e^{k\theta}\cos\theta \\ y = \rho\sin\theta = \rho_0 e^{k\theta}\sin\theta \end{cases} \tag{3-30}$$

方程两边对角度 θ 求一次导数，得：

$$\begin{cases} \dfrac{\mathrm{d}y}{\mathrm{d}\theta} = \rho_0 k e^{k\theta}\sin\theta + \rho_0 e^{k\theta}\cos\theta \\ \dfrac{\mathrm{d}x}{\mathrm{d}\theta} = \rho_0 k e^{k\theta}\cos\theta - \rho_0 e^{k\theta}\sin\theta \end{cases} \tag{3-31}$$

根据式（3-31）可以推导出 y 对 x 的一阶导数 $\mathrm{d}y/\mathrm{d}x$，得：

$$\frac{dy}{dx} = \frac{k\sin\theta + \cos\theta}{k\cos\theta - \sin\theta} \tag{3-32}$$

同理得到 y 对 x 的二阶导数 d^2y/dx^2，根据曲率半径的计算公式（3-33），对数螺旋线的曲率半径计算式。

$$R_d = \frac{1}{K} = \frac{\left[1+\left(y'\right)^2\right]^{3/2}}{\left|y''\right|} = \rho(\theta)\sqrt{1+k^2} \tag{3-33}$$

把对数螺旋线的公式（3-16）代入式（3-33），得：

$$R_d = \frac{1}{K} = \frac{\left[1+\left(y'\right)^2\right]^{3/2}}{\left|y''\right|} = \rho_0 e^{k\theta}\sqrt{1+k^2} \tag{3-34}$$

式中半径 R 加下标 d，表示对数螺旋线的曲率半径。

3.4.2.3 涡簧两种状态的参数计算

涡簧的初始状态包含了 AS-1 和 LS-2，其中 LS-2 是自由状态涡簧没有受到弯矩时的形态，其形态与自由状态的对数螺旋线完全一致。

涡簧的初始状态是涡簧安装在涡簧箱内，没有受到工作扭矩时的状态，可以认为涡簧箱的内径、芯轴的直径、涡簧的 AS-1 和 LS-2 的长度已知，涡簧两端的连接点可以设定，根据这些已知量，初始状态的形状参数即可计算出来。计算涡簧的初始状态和自由状态的形状参数时，先计算初始状态，再计算自由状态。

（1）初始状态的形态分析

初始状态的涡簧分为两种形态，其中簧片互相压紧成为阿基米德螺旋线的部分为 AS-1；簧片分离，互相没有接触，形成对数螺旋线的部分是 LS-2，如图 3-8 所示。

图 3-8 中，初始状态的涡簧可以分为两种形态。AS-1 的长度为 L_1，起始点在涡簧箱内壁上的 M_1 点，终点是 M_2 点。LS-2 的长度为 L_2，起始点在涡簧芯轴圆周上的 M_3 点，终点是 AS-1 的终点 M_2 点，显然 AS-1 和 LS-2 在 M_2 点衔接过渡，是两条螺旋线的共有点。

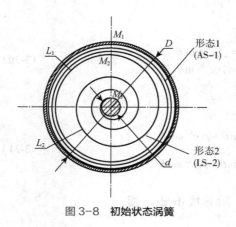

图 3-8　初始状态涡簧

根据对涡簧的实际观察分析，在 AS-1 与 LS-2 衔接的点 M_2 处，应该有一段过渡曲线，从 AS-1 过渡到 LS-2。这段曲线的形状既不属于阿基米德螺旋线也不属于对数螺旋线。考虑到这段曲线相对于涡簧的长度非常短，而且对涡簧的整体形态影响很小，为了计算方便，把这段曲线缩略成点 M_2，假设 AS-1 与 LS-2 是连接在点 M_2 处的。

图 3-8 中所示，涡簧箱的内径为 D，涡簧的芯轴直径为 d，另设涡簧片的厚度为 h。涡簧的全长为 L，可知 $L=L_1+L_2$。

（2）初始状态中 AS-1 参数计算

计算涡簧的 AS-1 部分的形状时，可以根据阿基米德螺旋线的表达公式，以及涡簧的基本尺寸，确定涡簧 AS-1 的曲线形状参数。

要确定 AS-1 涡簧的形状，需要确定螺旋线的起始点，螺旋线公式中的参数，以及终点，或者是终点处的极轴角度等参数。如前所述，AS-1 的长度为 L_1，起始点 M_1 点，螺旋线的螺距都设为已知。图 3-8 中，确定螺旋线的起始点为涡簧箱的内壁正上方的 M_1 点，M_1 点到芯轴的距离等于涡簧箱内壁的半径。螺旋线的螺距是螺旋线旋转一周移动的距离，等于涡簧的厚度。

根据已知条件可以确定阿基米德螺旋线计算公式（3-14）中的参数。考虑到涡簧 AS-1 的 M_1 点是固定在涡簧箱内壁上的，所以把 M_1 点作为阿基米德螺旋线的起始点，这样的设置便于计算，但是导致公式中的另一个参数 b 为负数，在计算的时候要注意这一点。根据 M_1 点可以计算螺旋线的参数。

当 $\theta=0$ 时，由式（3-14）可以得：

$$\rho(0)=a+b\times0=a \tag{3-35}$$

由式（3-35）可知，AS-1 的方程中参数 a 是螺旋线的基圆极径，即涡簧箱内壁直径 D 的一半：

$$a=D/2 \tag{3-36}$$

根据螺旋线的螺距等于涡簧厚度 h，参数 b 为：

$$b=-h/2\pi \tag{3-37}$$

确定螺旋线的终点 M_2，需要根据螺旋线长度和旋转角度计算。当螺旋线的长度是 L_1 时，螺旋线绕过角度设为 θ，在角度 $0\sim\theta$ 范围内对螺旋线积分，可以得到螺旋线长度与角度的关系。由图 3-8 可知，当在螺旋线上截取一个微弧时，弧长可以近似认为与所在相同极径点的圆弧相等。基于两种微弧长的近似，可以得到螺旋

线长度 L_1 为：

$$L_1 = \int_0^\theta (a+b\theta)\mathrm{d}\theta = a\theta + \frac{b}{2}\theta^2 \tag{3-38}$$

解关于 θ 的一元二次方程，得到终点 M_2 的极角 θ_{M_2}：

$$\theta = \frac{-a \pm \sqrt{a^2 + 2bL_1}}{b} \tag{3-39}$$

由于式（3-39）中的 a 均为正数，极角 θ_{M_2} 的计算结果为：

$$\theta_{M_2} = \frac{-a \pm \sqrt{a^2 + 2bL_1}}{b} = \frac{2\pi}{h}\left(\frac{D}{2} - \sqrt{\frac{D^2}{4} - \frac{h}{\pi}L_1}\right) \tag{3-40}$$

使用任意长度 L 替换式中的 L_1，则得到任意长度 L 在螺旋线中的极角 θ。

根据极角 θ_{M_2}，由式（3-14），计算 AS-1 涡簧的终点 M_2 的极径为：

$$\rho_{M_2}\left(\theta_{M_2}\right) = \sqrt{a^2 + 2bL_1} = \sqrt{\frac{D^2}{4} - \frac{h}{\pi}L_1} \tag{3-41}$$

如果用任意长度 L 替换式中的 L_1，则得到任意长度 L 在螺旋线中的极径 ρ。

根据以上的计算结果，可以确定涡簧 AS-1 的准确形状。

（3）初始状态中 LS-2 参数计算

涡簧 LS-2 的形状是对数螺旋线，首先设螺旋线的起始点 M_3 在涡簧芯轴的圆周上，终点与涡簧 AS-1 终点 M_2 重合。根据对数螺旋线的表达式，AS-1 终点 M_2 的极坐标以及涡簧芯轴的直径 d，可以确定涡簧 LS-2 曲线的形状。根据螺旋线的公式（3-16），当对数螺旋线的极角等于零时，可以得到螺旋线的参数 ρ_0：

$$\rho(0) = \rho_0 \exp(k \times 0) = \rho_0 \tag{3-42}$$

由式（3-42）可知，LS-2 的方程中参数 ρ_0 是螺旋线的基圆极径，即涡簧芯轴直径 d 的一半。

$$\rho_0 = d/2 \tag{3-43}$$

计算参数 k，要结合 AS-1 中终点 M_2 的极径 ρ_{M_2} 和涡簧 LS-2 的长度 L_2。其中 L_2 为已知，点 M_2 的极径 ρ_{M_2} 在 AS-1 的计算中已知。

在 LS-2 的长度上截取一个微弧，弧长近似认为与相同极径点的圆弧相等，以此近似计算螺旋线的长度。根据对数螺旋的公式，在角度 $0\sim\theta$ 范围内对螺旋线积分，得涡簧 LS-2 的长度 L_2：

$$L_2 = \int_0^\theta \frac{d}{2} e^{k\theta} \mathrm{d}\theta = \frac{d}{2k} e^{k\theta} - \frac{d}{2k} \tag{3-44}$$

点 M_2 是涡簧的 LS-2 的终点，对数螺旋的终点极径等于点 M_2 的极径即：

$$\rho_{M_2}(\theta) = \rho_0 \exp(k\theta) = \frac{d}{2} \exp(k\theta) \tag{3-45}$$

将式（3-45）代入式（3-44），可以得到涡簧 LS-2 长度 L_2 和参数 k 的关系：

$$L_2 = \rho_{M_2}/k = d/2k \tag{3-46}$$

可以计算出螺旋线参数 k 的公式：

$$k = (2\rho_{M_2} - d)/2L_2 \tag{3-47}$$

如果式中的参数使用的是新的螺旋线的参数，则得到新的对数螺旋线参数 k 的计算式。

由式（3-41）、式（3-43）和式（3-47）可以知道，对数螺旋线的参数 k 可以由螺旋线的起始点极径 ρ_0、终点极径 ρ_{M_2} 和螺旋线长度 L 确定。

根据以上计算出来的螺旋线参数，由式（3-16）对数螺旋线方程求反函数，可得涡簧 LS-2 的起始点 M_3 到终点 M_2 的极角 $\theta_{M_{2\text{-}3}}$：

$$\theta_{M_{2\text{-}3}} = \frac{1}{k} \ln \frac{\rho}{\rho_0} = \frac{2L_2}{2\rho_{M_2} - d} \ln \frac{\rho_{M_2}}{\rho_0} \tag{3-48}$$

根据极角 $\theta_{2\text{-}3}$ 和点 M_2 的极角 θ_{M_2}，可以计算出 LS-2 涡簧螺旋线在芯轴上的起始点 M_3 位置。

根据以上的计算结果，可以确定涡簧的 LS-2 部分的形状。

将式（3-36）、式（3-37）、式（3-40）、式（3-43）、式（3-47）、式（3-48）代入式（3-17），得到初始状态涡簧的形状计算公式：

$$\begin{cases} \rho(\theta) = \dfrac{D}{2} - \dfrac{h}{2\pi}\theta & 0 \leqslant \theta \leqslant \dfrac{2\pi}{h}\left(\dfrac{D}{2} - \sqrt{\dfrac{D^2}{4} - \dfrac{h}{\pi}L_1} \right) \\ \rho(\theta) = \dfrac{d}{2} \exp\left(\dfrac{2\rho_{M_2} - d}{2L_2}\theta \right) & 0 \leqslant \theta \leqslant \dfrac{2L_2}{2\rho_{M_2} - d} \ln \dfrac{\rho_{M_2}}{\rho_0} \end{cases} \tag{3-49}$$

（4）自由状态参数计算

涡簧自由状态的形状与初始状态中的 LS-2 的局部形状相同，可以使用初始状态下涡簧 LS-2 螺旋线的相关参数，描述自由状态下的涡簧形状。

自由状态下的涡簧形状是对数螺旋线，其形状如图 3-5 所示，其公式见式（3-16）。

确定涡簧的形状需要以下参数：螺旋线的起始点 M_3，参数 k，最大转角或者螺旋线长度。

已知自由状态下的涡簧螺旋线的起点 M_3 位于芯轴圆柱面上，极径 ρ_{M_3} 和极角 θ_{M_3} 在前面已经计算得到，见式（3-43）、式（3-48）。

螺旋线方程中，参数 ρ_0 是涡簧芯轴的半径，参数 k 见式（3-47）。

螺旋线的最大极角 θ，可以通过螺旋线方程的参数和螺旋线的长度推导出来。由式（3-44），得出螺旋线的最大极角 θ 的计算公式：

$$\theta = \frac{\ln\left(1 + \frac{2k}{d}L\right)}{k} \tag{3-50}$$

此公式也可以用来计算螺旋线中任意长度位置所对应的极角。

将式（3-50）代入式（3-49），得到自由状态涡簧的形状计算公式：

$$\rho(\theta) = \frac{d}{2}\exp\left(\frac{2\rho_{M_2} - d}{2L_2}\theta\right), 0 \leq \theta \leq \frac{\ln\left(1 + \frac{2k}{d}L\right)}{k} \tag{3-51}$$

3.4.2.4　涡簧两种形态的弯矩计算

当涡簧受到弯矩作用时，涡簧会发生弯曲变形，沿着涡簧的长度方向形成一定的转角。因此可以通过分析涡簧产生的转角，计算涡簧受到的弯矩。

见图 3-8，AS-1 为自由状态涡簧受到弯矩作用发生弯曲变形，从对数螺旋线变成了阿基米德螺旋线。由于弯曲变形的发生，在这部分涡簧截面上产生了弯矩，并保存在涡簧内部，与涡簧箱内壁相互作用，保持稳定。LS-2 保持对数螺旋形状，与自由状态时一样，没有受到弯矩。

在初始状态涡簧 AS-1 的长度上，截取出其中一个小弧段做变形和受力分析，如图 3-9 所示。

图中，弧段的极角是 θ，提取的弧段长是 ΔS，在受到弯矩之前，圆心角为 θ_1，半径为 R_1。弧段在弯矩 T 作用下，产生弯曲变形，圆心角变为 θ_2，半径是 R_2。在变形前后，弧长没有变化，弧段的圆心角发生变化，从 θ_1 变成了 θ_2，产生角度差 $\Delta\theta$。由材料力学弯曲理论，可以得出弯矩和转角的关系：

$$T = \frac{EI}{\Delta S}\Delta\theta \tag{3-52}$$

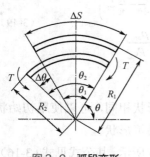

图 3-9　弧段变形

式中，E 为涡簧材料的弹性模量；I 为涡簧的惯性矩；ΔS 为截取涡簧弧段长度；$\Delta\theta$ 为弧段弯曲前后的角度差。

式（3-52）中只有角度差 $\Delta\theta$ 是未知量。计算出弧段在弯曲前后的角度差 $\Delta\theta$，就可以计算出弧段上受到的弯矩 T。

弧段的圆心角可以通过圆弧的半径和弧长的关系得到，即：

$$\Delta\theta = \Delta S/R \tag{3-53}$$

由图 3-9 可知，弧段在弯曲前后的角度差 $\Delta\theta$ 可以通过圆心角 θ_1 和 θ_2 差值进行计算，即：

$$\Delta\theta = \frac{\Delta S}{R_2} - \frac{\Delta S}{R_1} \tag{3-54}$$

涡簧 AS-1 是从自由状态受到弯矩后变形得到的，其形状从对数螺旋线转变为阿基米德螺旋线。在涡簧上的同一点处，曲率半径变小，发生弯曲变形，产生转角 $\Delta\theta$，在涡簧截面上产生了弯矩。以此类推，涡簧 AS-1 的任一截面上都存在着弯矩。

如果计算涡簧任一截面处的弯矩，可以通过计算对数螺旋线的曲率半径和阿基米德螺旋线的曲率半径，根据式（3-54），得到涡簧在该截面处的弯曲转角 $\Delta\theta$，再由式（3-52）计算出该截面处的弯矩。沿着涡簧 AS-1 的长度依次计算，可以得到涡簧初始状态时弯矩的分布情况。

把式（3-29）、式（3-34），代入式（3-54），可以得到弧段转角的计算式：

$$\Delta\theta = \frac{\Delta S}{R_1} - \frac{\Delta S}{R_d} \tag{3-55}$$

把式（3-55）代入式（3-52），得到弧段的弯矩：

$$T = EI\left(\frac{1}{R_1} - \frac{1}{R_d}\right) \tag{3-56}$$

式中，R_1 和 R_d 分别是阿基米德螺旋线和对数螺旋线在涡簧同一点处的曲率半径。计算阿基米德螺旋线时，为了方便，选择的阿基米德螺旋线的起始点 M_1 是在涡簧箱内壁上，基圆半径是涡簧箱内壁的半径，整条螺旋线的极径随转角增大而逐渐缩短。对数螺旋线的基圆半径是芯轴半径，极径随转角增大而增大。两条螺旋线的角度不一致，相同的角度对应的涡簧上的点不一致，所以不能简单地使用同一个角度变量。

为了把两条螺旋线的变量统一为一个变量，同时也为了沿涡簧长度计算时度量间距一致，可以使用螺旋线上的弧长ΔL进行换算。螺旋线的总长设为L，涡簧AS-1的长度为L_1，LS-2的长度为L_2，ΔL的值在涡簧的AS-1长度L_1的范围内变动。根据ΔL，计算相应点在L_1上的位置，同时计算对应点在L_2变形前的位置，换算成角度，从而保证计算时使用的是两种螺旋线上的同一个点，得到的结果是涡簧上同一个点的对应两条螺旋线的曲率半径。

由式（3-40）可以推导出当阿基米德螺旋线的长度从L_1变成$L_1-\Delta L$，其所对应的极轴角度的计算式为：

$$\theta_1 = \frac{2\pi}{h}\left[\frac{D}{2} - \sqrt{\frac{D^2}{4} - \frac{h}{\pi}(L_1 - \Delta L)}\right], \Delta L \in (0, L_1) \tag{3-57}$$

由式（3-50）可以推导出当对数螺旋线的长度从L_2变成$L_2+\Delta L$，螺旋线在ΔL的端点处对应的极轴角度的计算式为：

$$\theta_d = \frac{\ln\left[1 + \frac{2k}{d}(L_2 + \Delta L)\right]}{k}, \Delta L \in (0, L_1) \tag{3-58}$$

把式（3-29）、式（3-34）、式（3-57）、式（3-58），代入式（3-56），得到涡簧任一点截面处弯矩计算公式为：

$$T = EI\left\{\frac{\frac{1}{2}\left(\frac{h}{\pi}\right)^2 + \left\{\frac{D}{2} - \left[\frac{D}{2} - \sqrt{\frac{D^2}{4} - \frac{h}{\pi}(L_1 - \Delta L)}\right]\right\}^2}{\left\{\left(\frac{h}{2\pi}\right)^2 + \left\{\frac{D}{2} - \left[\frac{D}{2} - \sqrt{\frac{D^2}{4} - \frac{h}{\pi}(L_1 - \Delta L)}\right]\right\}^2\right\}^{3/2}} - \frac{1}{\rho_0\sqrt{1 + k^2}\left[1 + \frac{2k}{d}(L_2 + \Delta L)\right]}\right\} \tag{3-59}$$

式中，使用涡簧的长度ΔL作为计算的中间变量，在把两条螺旋线组合在一起进行计算的时候，需要注意计算式里的变量ΔL的取值范围，以保证计算的是涡簧上同一个位置的弯矩。

根据式（3-59），以涡簧长度ΔL为变量，可以计算出从自由状态到初始状态后涡簧AS-1内部截面上的弯矩，只需要把ΔL换算成与之对应的角度θ，就可以根据极轴角度，分析初始状态下涡簧弯矩的分布情况。

在两种形态涡簧连接点M_2处，忽略了一段曲线，这段曲线是从AS-1过渡到LS-2的，上面的弯矩也应该是从阿基米德螺旋线上存在的弯矩逐渐过渡到对数螺旋线上的弯矩等于0。由于这段曲线被缩略成了点M_2，所以在点M_2处，从AS-1到LS-2有一个弯矩值的阶跃，从AS-1上的最小弯矩直接降为LS-2上的弯矩等于 0。这种曲线的缩略，不影响整体涡簧弯矩变化趋势和形状变化，所以是可行的。

3.4.2.5　弯矩方程的最优化求解

涡簧状态 2 中弯矩计算公式是关于 ΔL 很复杂的一元方程，如式（3-59）。当已知 ΔL，求解涡簧弯矩 T 时比较简单。当已知涡簧弯矩 T，求未知量 ΔL 时，弯矩方程相对于 ΔL 就是一个复杂的一元多次函数，求解很困难。但是在涡簧计算过程中，往往需要根据已知增量长度 ΔL 求解所需的弯矩 T。

（1）优化计算方法

对于复杂函数求解的方法，可以使用最优化计算方法，寻求函数的最优解。目前使用的优化方法很多，分为经典优化方法和现代优化方法[4-5]。

经典优化方法分为无约束最优化方法和约束最优化方法。

无约束最优化方法是没有约束条件的前提下求目标函数极值，可以分为两大类：一类是仅要求计算目标函数值，而不必去求函数的偏导数的方法，即非梯度算法；另一类是要计算目标函数的一阶导数甚至二阶导数的方法，即所谓梯度算法。具体包括：梯度法、牛顿法、变尺度法、共轭梯度法、鲍威尔法等。

约束最优化方法是在求目标函数极值的时候，有附加的约束条件，根据求解方式的不同可以分为间接解法和直接解法两大类。具体包括：可行方向法、惩罚函数法（外点法、内点法、混合法）、乘子法（等式约束问题乘子法、不等式约束问题乘子法）、序列二次规划法、多目标最优化法等。

现代优化计算方法是在 20 世纪 80 年代初期，开始出现的另一类不同于常规确定性优化算法的所谓启发式算法，已逐渐成为目前解决一些复杂工程优化问题的一种有力工具。现代优化计算方法大致可包括：模拟退火算法、遗传算法[6-7]、神经网络优化算法、禁忌搜索算法、进化算法、混合优化算法、混沌优化算法、蚁群算法[8]，粒子群算法 PSO[9]，基于量子行为对粒子群算法改进的算法 QPSO 等[10]。

优化计算主要包括两方面的工作，首先将优化设计问题抽象成优化设计数学模型，简称为优化建模；然后选用优化计算方法及其程序在计算机上求出最优解，简称为优化计算。在选择优化计算方法时，一是选用适合于模型计算的方法；二是选用使用简单和计算稳定的方法。

（2）优化求解

观察式（3-59），通过移项，方程可以写成一个等式的形式为：

$$T-EI\left\{\dfrac{\dfrac{1}{2}\left(\dfrac{h}{\pi}\right)^2+\left\{\dfrac{D}{2}-\left[\dfrac{D}{2}-\sqrt{\dfrac{D^2}{4}-\dfrac{h}{\pi}(L_1-\Delta L)}\right]\right\}^2}{\left\{\left(\dfrac{h}{2\pi}\right)^2+\left\{\dfrac{D}{2}-\left[\dfrac{D}{2}-\sqrt{\dfrac{D^2}{4}-\dfrac{h}{\pi}(L_1-\Delta L)}\right]\right\}^2\right\}^{3/2}}-\dfrac{1}{\rho_0\sqrt{1+k^2}\left[1+\dfrac{2k}{d}(L_2+\Delta L)\right]}\right\}=0 \quad(3\text{-}60)$$

已知 ΔL 是正数，从零开始递增。使用 x 代替 ΔL，把式（3-60）左边的式子取绝对值，得到目标函数 $f(x)$：

$$f(x)=\left|T-EI\left\{\dfrac{\dfrac{1}{2}\left(\dfrac{h}{\pi}\right)^2+\left\{\dfrac{D}{2}-\left[\dfrac{D}{2}-\sqrt{\dfrac{D^2}{4}-\dfrac{h}{\pi}(L_1-x)}\right]\right\}^2}{\left\{\left(\dfrac{h}{2\pi}\right)^2+\left\{\dfrac{D}{2}-\left[\dfrac{D}{2}-\sqrt{\dfrac{D^2}{4}-\dfrac{h}{\pi}(L_1-x)}\right]\right\}^2\right\}^{3/2}}-\dfrac{1}{\rho_0\sqrt{1+k^2}\left[1+\dfrac{2k}{d}(L_2+x)\right]}\right\}\right| \quad(3\text{-}61)$$

把方程求解的问题变成函数求最优解的问题。式（3-61）中，等式右边是绝对值，$x\geqslant0$，所以函数 $f(x)$ 肯定有最小值。由式（3-60）可知，函数 $f(x)$ 的最小值等于零。由于函数 $f(x)$ 不适合求导数，且方程的解 x 是一维递增的，所以使用经典无约束优化方法中的黄金分割法，求解过程简略描述如下：

根据涡簧储能的特点，可以把 0 当做起始点，先使用试探步长求取合理区间。考虑涡簧的长度和储能过程中变形的特点，步长可以适当大一些。当 $f(0)<f(x)$ 时，函数的最优解 x^* 就确定在区间 $[0, x]$ 中，且 $f(x^*)=0$。

设 0 为 x_1，x 为 x_2。取 $x_3=x_2-0.618(x_2-x_1)$，$x_4=x_1+0.618(x_2-x_1)$。

如果 $f(x_3)<f(x_4)$，则 $x_2=x_4$，新区间确定为 $[x_1, x_2]$。

如果 $f(x_3)>f(x_4)$，则 $x_1=x_3$，新区间确定为 $[x_1, x_2]$。

如果 $f(x_3)=f(x_4)$，则 $x_1=x_3$，$x_2=x_4$，新区间确定为 $[x_1, x_2]$。

逐次缩小最优解的区间。

当 x_1 与 x_2 非常接近，$(x_2-x_1)\leqslant\varepsilon$（$\varepsilon$ 是极小值），可以认为函数 $f(x)$ 取得最优解 x^*。当 $f(x_1)>f(x_2)$，$x^*=x_2$，当 $f(x_1)<f(x_2)$，$x^*=x_1$。

求到的最优解 x^* 就是与涡簧弯矩 T 对应的涡簧段长度 ΔL。

3.4.3　初始状态涡簧弯矩计算结果

根据对涡簧初始状态弯矩的分析，可以计算出涡簧的弯矩分布情况。

（1）涡簧基本参数设定

首先设定涡簧材料的参数，见表 3-1。

表 3-1　涡簧材料参数

材料	弹性模量 E/GPa	抗拉强度 σ_b/MPa
55CrMnA	197	1653

涡簧、涡簧箱和芯轴的结构尺寸的数据，见表 3-2。

表 3-2　涡簧储能装置基本尺寸

涡簧截面宽 B	涡簧截面厚 h	长度 L	芯轴直径 d	涡簧箱内径 D
40mm	2mm	20m	50mm	400mm

由表 3-1、表 3-2，涡簧的基本结构数据已经确定了。如果要进行涡簧的形态、工作扭矩以及其他参数的计算，还需要对涡簧的初始状态参数进行计算。

根据实际观察和涡簧通用的计算方法，计算涡簧在涡簧箱内 AS-1 部分的圈数 n_2、旋紧后的圈数 n_1 和有效工作圈数 n，计算涡簧在涡簧箱内贴紧内壁的 AS-1 部分的长度，以及涡簧片分开的 LS-2 部分的长度。涡簧的圈数计算，是依据涡簧箱的内壁和芯轴直径等几何形状计算的，与实际的情况近似，这里可以直接使用，在计算时可以换算成弧度。

$$\begin{cases} n_2 = \dfrac{1}{2h}\left(\sqrt{\dfrac{4lh}{\pi} - d_1^2} - d_1 \right) \approx 41 \\[3mm] n_1 = \dfrac{1}{2h}\left(D - \sqrt{D^2 - \dfrac{4lh}{\pi}} \right) \approx 20 \end{cases} \tag{3-62}$$

$$n = K_4\left(n_2 - n_1 \right) \approx 16.8 \tag{3-63}$$

式中，K_4 为有效系数，可取 0.8

由式（3-63），使用表 3-2 的涡簧尺寸，计算涡簧的 AS-1 的长度 L_1 和 LS-2 的长度 L_2，结果取整得：$L_1=18m$，$L_2=2m$。

（2）计算结果

计算结果如图 3-10 所示，纵坐标是弯矩值，横坐标是涡簧长度，涡簧全长 20m，起始点是涡簧在芯轴上的起始端。涡簧 AS-1 部分的弯矩，LS-2 部分没有弯矩。

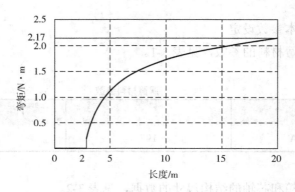

图 3-10　涡簧初始状态弯矩

由图 3-10 可见，在 LS-2 涡簧的长度内的弯矩都等于 0，范围是从芯轴端开始到 LS-2 结束。在 AS-1 的长度内，从 LS-2 起始点开始有一个弯矩的阶跃式的增大，之后弯矩逐渐增大，在 LS-2 最远点，也是涡簧固定在涡簧箱内壁上的端点，涡簧的长度达到最大的时候，弯矩最大。

LS-2 起始点弯矩的阶跃值，是由于前文对涡簧 3 种形态的假设，其中 AS-1 与 LS-2 连接的地方，存在一个过渡弧段，在分析计算的时候把这个过渡弧段省略了，在此形成了一个弯矩的阶跃值。

3.5　储能过程涡簧力学模型建立及分析

在涡簧储能过程中，不考虑涡簧角加速度和振动等因素，可以假设涡簧芯轴是匀速旋转，带动涡簧实现储能过程的，即涡簧芯轴的输入转速为匀速。由于涡簧储能过程是涡簧发生弯曲变形的过程，当输入转速是匀速时，涡簧的弯矩与芯轴的输入扭矩始终相等，涡簧的簧片与芯轴之间处于平衡状态。根据以上分析，涡簧储能过程可以看做是一个静力学的运动过程。

3.5.1　涡簧 3 种形态的划分

与储能前的自由状态和初始状态相对应，把储能过程中的涡簧的状态定义为储能状态。这样涡簧在储能前后的状态总体可以分为 3 种，分别是自由状态、初始状态和储能状态。涡簧的前两种状态都是静止的，没有相对运动，储能状态中，涡簧在芯轴驱动下发生弯曲，直至储能完毕。涡簧的 3 种状态如图 3-11 所示。

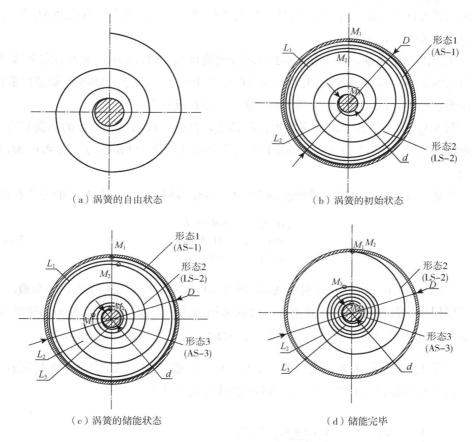

（a）涡簧的自由状态　　　　　　　（b）涡簧的初始状态

（c）涡簧的储能状态　　　　　　　（d）储能完毕

图 3-11　涡簧的 3 种状态

图 3-11 中，（a）、（b）、（c）分别为涡簧的自由状态、初始状态和储能状态。

其中图 3-11（c）表示了储能状态的涡簧，分为 3 种形态，形态 1 是阿基米德螺旋线，形态 2 是对数螺旋线，形态 3 是涡簧旋紧在芯轴上形成的阿基米德螺旋线。这里定义涡簧的形态名称：形态 1 为 AS-1，形态 2 为 LS-2，形态 3 为 AS-3。

图 3-11（d）是涡簧储能完毕后的形状。

储能涡簧为接触型涡簧，在储能过程中，涡簧的形态实时发生变化。AS-1 涡簧在弯矩作用下逐渐弯曲变形，彼此分离，其形态从阿基米德螺旋线转化成对数螺旋线，同时 LS-2 涡簧在芯轴输入的工作转矩驱动下发生弯曲，逐渐缠绕在芯轴上从对数螺旋线转化为阿基米德螺旋线。

图 3-11（c）中，AS-1 涡簧长度是 L_1，起始点在 M_1，终点在 M_2。LS-2 涡簧长

度是 L_2，起始点是 M_3，终点是 M_2。AS-3 涡簧长度是 L_3，起始点是 M_4，终点是 M_3。与初始状态比较，M_2、M_3 点的极径逐渐增大外移，与芯轴结合的点成为 M_4 点。涡簧的全长 $L=L_1+L_2+L_3$。

在储能开始之前，AS-1 和 LS-2 与涡簧初始状态一致，所有的参数都完全相同。增加的涡簧 AS-3，是储能发生后，缠绕在芯轴上的涡簧部分。AS-3 在储能前涡簧的初始状态下，AS-3 长度 L_3 等于 0，M_4 点与 M_3 点重合。

图 3-11（d）中显示，涡簧旋紧在芯轴上，储能过程结束。此时的涡簧只有两个形态，分别是 LS-2 和 AS-3。AS-1 涡簧完全展开转化为 LS-2，点 M_1 和点 M_2 重合为一个点。

把储能过程中涡簧的 3 种形态综合写在一起，得到由 3 个方程组成的方程组即：

$$\begin{cases} \rho(\theta) = a_1 + b_1\theta, \theta \in L_1 \\ \rho(\theta) = \rho_0 \exp(k\theta), \theta \in L_2 \\ \rho(\theta) = a_3 + b_3\theta, \theta \in L_2 \end{cases} \tag{3-64}$$

式中，a_1、b_1、a_3、b_3 分别是 AS-1 和 AS-3 中阿基米德螺旋线公式的参数，数值可以根据实际结构直接计算出来。由涡簧箱的内壁直径、芯轴直径和涡簧厚度，可以得到这 4 个参数的数值，分别为：$a_1=D/2$，$b_1=\dfrac{-h}{2\pi}$，$a_3=d/2$，$b_3=\dfrac{h}{2\pi}$。

对于 LS-2 涡簧的螺旋线参数 ρ_0、k 以及两个端点 M_2、M_3 的确定过程比较复杂，需要根据储能过程中 AS-1 和 AS-3 的具体状态计算。

3.5.2 涡簧储能过程的非线性分析

根据对涡簧在储能过程中 3 种形态的设定，可以分析涡簧储能时 3 个形态之间的相互转化。随着芯轴输入工作扭矩，AS-3 涡簧的长度 L_3 不断增加，AS-1 涡簧的长度 L_1 不断减少，M_2、M_3 点的极径和极角都在不断变化，LS-2 涡簧螺旋线的基本参数和端点坐标不能够直接从基本参数中计算出来，而是要根据储能过程中 AS-1 和 AS-3 的变化推导出来，可知 LS-2 涡簧长度 L_2 随着芯轴的输入转角的变化而变化，且不是简单的线性变化。

把涡簧的储能过程看做一个静力学过程，涡簧工作扭矩等于涡簧发生弯曲受到的弯矩。在图 3-10 中，AS-1 和 AS-3 的涡簧片各自紧贴在一起，根据对涡簧的假设，这两部分涡簧没有相对移动，所以这两部分涡簧对工作扭矩没有直接影响，能够影响到工作扭矩的只有 LS-2 涡簧。根据前面对非接触型涡簧受力分析可以知道，LS-2 涡簧在该部分的全长 L_2 的各个截面上受到的弯矩相等。由材料力学弯曲理论，LS-2 涡簧的弯矩 T 为：

$$T = \frac{EI}{L_2}\varphi \qquad (3\text{-}65)$$

式中，φ 为 LS-2 涡簧发生的转角。根据涡簧的假设，涡簧材料确定，涡簧截面均匀，这两个参数都是确定值。从式（3-65）可以看出，LS-2 涡簧受到的弯矩与其长度 L_2 成反比，与其发生的转角 φ 成正比。根据上面关于 LS-2 涡簧的长度 L_2 是随输入转角 φ 变化的推论，可知在涡簧储能过程中，涡簧芯轴的输入扭矩 T 与工作转角 φ 的关系是非线性的，其变化规律与 LS-2 涡簧的长度密切相关。

3.5.3 涡簧3种形态及弯矩的计算

3.5.3.1 涡簧形态转化过程分析

涡簧 3 种形态随着芯轴转角的变化而不断变化，研究涡簧 3 种形态的变化规律以及相关参数和涡簧弯矩和芯轴转角的关系，是计算涡簧其他重要参数的基础。

涡簧在储能前，其初始状态参数可以确定，这个计算过程在涡簧的初始状态分析中已经论述。这里还需明确两点，涡簧在该状态中，贴紧在内壁上的 AS-1 涡簧受到弯矩作用，其弯矩沿涡簧长度变化，由长度的变化可以得到弯矩的数值；LS-2 涡簧受到的弯矩等于 0。

在储能过程中，AS-1 和 AS-3 涡簧均为阿基米德螺旋线，基本参数已经确定，只有端点 M_2 和 M_3 的极坐标以及长度 L_1 和 L_3 在储能过程中需要根据实际输入的工作转角来确定。为了得到 LS-2 的形状，需要确定计算两个端点 M_2 和 M_3 的极坐标和长度 L_2，而这些参数又可根据 AS-1 和 AS-3 计算得到的数据来确定，即计算 LS-2 中对数螺旋线的参数和端点位置，需要借助 AS-1 和 AS-3 的具体参数。

截取 LS-2 的涡簧，简化 AS-1 和 AS-3 的结构，如图 3-12 所示。

涡簧沿着长度方向从 AS-1 转换到 LS-2，再从 LS-2 转换到 AS-3，AS-3 是绕在涡簧芯轴上的。在涡簧芯轴输入工作转角为 $\Delta\varphi$ 时，涡簧形态会发生变化。

图 3-12 中所示，LS-2 涡簧的原长是 L_2，起始点是 M_{30}，终点是 M_{20}，形状是对数螺旋线。涡簧在工作扭矩的作用下发生弯曲变形，转角是 $\Delta\varphi$。弯曲发生后，LS-2 涡簧的长度 L_2 发生变化，起始点移动到 M_{31}，终点移动到 M_{21}。

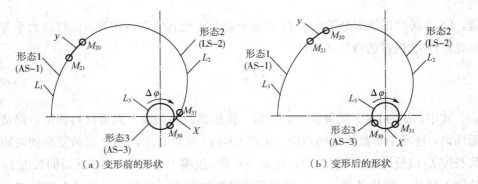

（a）变形前的形状　　　　　　　（b）变形后的形状

图 3-12　涡簧的储能状态

在涡簧弯曲发生过程中，LS-2 涡簧上长度为 x 的弧段，曲率变大，旋紧在芯轴上，形状从对数螺旋线变成阿基米德螺旋线，这段弧段脱离 LS-2，进入 AS-3 的范围，使得 AS-3 涡簧长度 L_3 增加了 x。AS-1 涡簧上有长度为 y 的弧段，在弯矩作用下，从阿基米德螺旋线变成对数螺旋线，这段弧段脱离 AS-1，进入 LS-2 的范围。

AS-1 涡簧的基本形状不变，只是长度 L_1 减少了 y，M_2 点的极径和极角发生了改变。

LS-2 涡簧的长度 L_2 都发生改变，减少 x，增加 y。随着芯轴输入转角的增大，LS-2 涡簧的起始点 M_{31} 相对于 AS-3，极径增大，极角发生变化，终点 M_{21} 相对于 AS-1，极径增大，极角发生变化。

AS-3 涡簧的形状没有改变，起始点 M_4 的极角，终点 M_3 的极径和极角，长度 L_3 发生了变化。

3.5.3.2　涡簧弯矩平衡方程的建立

根据以上分析，可以计算涡簧在输入转角是 $\Delta\varphi$ 后的形状变化和弯矩变化。涡簧的储能过程是一个静力学过程，涡簧在输入转角是 $\Delta\varphi$ 前后，涡簧 3 个部分的弯矩始终处于平衡状态，根据图 3-12，可以得到方程组为：

$$\begin{cases} T_2(x,y) = T_1(y) \\ \Delta T_2(x,y) = T_3(x) \end{cases} \tag{3-66}$$

式中，$\Delta T_2(x,y)$ 是状态 2 涡簧在输入转角 $\Delta\varphi$ 后的弯矩，状态 2 涡簧长度从原来的 L_2 变为了 L_2+y-x，由材料力学中弯矩计算公式，计算状态 2 涡簧在旋转了 $\Delta\varphi$ 后，在涡簧截面上产生的弯矩增量 ΔT_2。$T_2(x,y)$ 是弯矩增量 ΔT_2 的总和，即 ΔT_2 从第

1 个 $\Delta\varphi$ 开始，一直叠加到当前角度 φ 得到的弯矩值。状态 2 涡簧受到的弯矩可以用一个求和公式表达，即：

$$T_2(x,y) = \sum_i (\Delta T_2) = \sum_i \left(\frac{EI}{L_2 + y - x} \Delta\varphi \right) \tag{3-67}$$

式中，L_2 为涡簧部分 2 弯曲 $\Delta\varphi$ 角之前的长度；i 为 $\Delta\varphi$ 的叠加次数。

式中的 x、y 的值随着 $\Delta\varphi$ 的叠加逐渐变化。

$T_1(x, y)$ 是 AS-1 涡簧中沿长度 L_1 从 M_{20} 点移动距离 y，到达 M_{21} 点处的弯矩。根据对涡簧初始状态的分析和弯矩的计算结果，可以根据弧长 y 换算出 M_{21} 点处的弯矩。把 y 代入式（3-59），用 y 代替公式中的 ΔL，可以得到 M_{21} 处弯矩，即：

$$T_1 = EI \left\{ \frac{\frac{1}{2}\left(\frac{h}{\pi}\right)^2 + \left\{ \frac{D}{2} - \left[\frac{D}{2} - \sqrt{\frac{D^2}{4} - \frac{h}{\pi}(L_1 - y)} \right] \right\}^2}{\left\{ \left(\frac{h}{2\pi}\right)^2 + \left\{ \frac{D}{2} - \left[\frac{D}{2} - \sqrt{\frac{D^2}{4} - \frac{h}{\pi}(L_1 - y)} \right] \right\}^2 \right\}^{3/2}} - \frac{1}{\rho_0 \sqrt{1 + k_1^2} \left[1 + \frac{2k_1}{d}(L_2 + y) \right]} \right\} \tag{3-68}$$

式中，$y \in (0, L_1)$；k_1 为初始状态涡簧对数螺旋线参数；L_1 为初始状态时 AS-1 涡簧的阿基米德螺旋线长度；L_2 为初始状态时 LS-2 涡簧的对数螺旋线长度。

此处的 T_1 值是涡簧初始状态时的弯矩，与 LS-2 的弯矩 T_2 对应。

$T_3(x,y)$ 是 LS-2 涡簧中沿长度 L_2 从 M_{30} 点移动距离 x，在 M_{31} 点处的弯矩，M_{31} 点处的弯矩等于涡簧在该点位置由对数螺旋线弯曲成阿基米德螺旋线所产生的弯矩。M_{31} 点处的弯矩可以依据推导初始状态涡簧中的弯矩计算公式同理推导。

如图 3-12，涡簧的弯曲过程就是 x 长的弧段缠绕在芯轴上的过程，弯曲结束后，该弧段的形状成为状态 3 涡簧的一部分。很明显，此时该弧段端点 M_{31} 处的曲率与状态 3 涡簧的阿基米德螺旋线在该点处的曲率完全一致。以此可以将 M_{31} 点处的曲率变化作为计算弯矩的依据。

在弯曲前，x 弧段是对数螺旋线，M_{30} 点是螺旋线的起始点，M_{31} 点到 M_{30} 点的弧长是 x。LS-2 涡簧的对数螺旋线的基圆半径是 M_{30} 点的极径。

在弯曲前，M_{31} 点属于 LS-2 的点，该点处的曲率半径可以参照式（3-34）、式（3-50），计算 M_{31} 点弯曲前的曲率半径为：

$$R_d = \frac{d_2}{2} \sqrt{1 + k_2^2} \left[1 + \frac{2k_2}{d_2}(L_2 + x) \right] \tag{3-69}$$

式中，k_2 为弯曲 $\Delta\varphi$ 角前的对数螺旋线参数；d_2 为弯曲 $\Delta\varphi$ 角前的对数螺旋线基圆的直径，即 M_{30} 点的极径。

在弯曲之后，M_{31} 点成为 AS-3 涡簧的终点，该点处的曲率要参照阿基米德螺旋线的曲率计算。AS-3 涡簧的长度从 L_3 增加到 L_3+x，起始点的极角也发生了变化，与芯轴同步旋转了 $\Delta\varphi$，其他参数没有变化。根据以上参数，参照式（3-29）、式（3-40），可以计算 M_{31} 点处弯曲后的曲率半径，即：

$$R_1 = \frac{\left\{\left(\dfrac{h}{2\pi}\right)^2 + \left\{\dfrac{d}{2} - \left[\dfrac{d}{2} - \sqrt{\dfrac{d^2}{4} + \dfrac{h}{\pi}(L_3+x)}\right]\right\}^2\right\}^{3/2}}{\dfrac{1}{2}\left(\dfrac{h}{\pi}\right)^2 + \left\{\dfrac{d}{2} - \left[\dfrac{d}{2} - \sqrt{\dfrac{d^2}{4} + \dfrac{h}{\pi}(L_3+x)}\right]\right\}^2} \qquad (3\text{-}70)$$

把式（3-69）、式（3-70）代入式（3-56），得到 M_{31} 点处的弯矩 T_3，此处弯矩是涡簧弯曲角度 $\Delta\varphi$ 的弯矩，与 LS-2 涡簧的 ΔT_2 对应。

$$T_3(x) = EI\left\{\frac{\dfrac{1}{2}\left(\dfrac{h}{\pi}\right)^2 + \left\{\dfrac{d}{2} + \left[-\dfrac{d}{2} + \sqrt{\dfrac{d^2}{4} + \dfrac{h}{\pi}(L_3+x)}\right]\right\}^2}{\left\{\left(\dfrac{h}{2\pi}\right)^2 + \left\{\dfrac{d}{2} + \left[-\dfrac{d}{2} + \sqrt{\dfrac{d^2}{4} + \dfrac{h}{\pi}(L_3+x)}\right]\right\}^2\right\}^{3/2}} - \frac{1}{\dfrac{d_2}{2}\sqrt{1+k_2^2}\left(1 + \dfrac{2k_2}{d_2}x\right)}\right\} \qquad (3\text{-}71)$$

把式（3-67）、式（3-68）、式（3-71）代入方程组（3-66），两边消去 E、I，得到如下方程组：

$$\begin{cases} \displaystyle\sum_i\left(\frac{1}{L_2+y-x}\Delta x\right) = \frac{2b^2 + \left\{a + \dfrac{2b\pi}{h}\left[\dfrac{D}{2} - \sqrt{\dfrac{D^2}{4} - \dfrac{h}{\pi}(L_1-y)}\right]\right\}^2}{\left\{b^2 + \left\{a + \dfrac{2b\pi}{h}\left[\dfrac{D}{2} - \sqrt{\dfrac{D^2}{4} - \dfrac{h}{\pi}(L_1-y)}\right]\right\}^2\right\}^{3/2}} - \frac{1}{\rho_0\sqrt{1+k_1^2}\left[1 + \dfrac{2k_1}{d}(L_2+y)\right]} \\[4em] \displaystyle\frac{1}{L_2+y-x}\Delta\varphi = \frac{\dfrac{1}{2}\left(\dfrac{h}{\pi}\right)^2 + \left\{\dfrac{d}{2} + \left[-\dfrac{d}{2} + \sqrt{\dfrac{d^2}{4} + \dfrac{h}{\pi}(L_3+x)}\right]\right\}^2}{\left\{\left(\dfrac{h}{2\pi}\right)^2 + \left\{\dfrac{d}{2} + \left[-\dfrac{d}{2} + \sqrt{\dfrac{d^2}{4} + \dfrac{h}{\pi}(L_3+x)}\right]\right\}^2\right\}^{3/2}} - \frac{1}{\dfrac{d_2}{2}\sqrt{1+k_2^2}\left[1 + \dfrac{2k_2}{d_2}x\right]} \end{cases}$$

$$(3\text{-}72)$$

式（3-72）是包含 x、y 的二元方程组，求得 x、y 的解，进而计算涡簧 3 个形态长度，以及与 $\Delta\varphi$ 对应的弯矩，得到储能状态涡簧的弯矩与工作转角的关系。

但是方程组里面包含求和公式，且 x、y 都是与输入角度 $\Delta\varphi$ 相关。所以该式求解很困难。

3.5.3.3 弯矩方程迭代法求解

式（3-72）中存在求和公式表达的函数，导致不能直接求得解析解。通过观察方程组，发现在涡簧储能过程时，输入第 1 个 $\Delta\varphi$ 时，式（3-72）里的两个方程成了二元方程，没有求和公式，可以求解。在得到第 1 个 $\Delta\varphi$ 所对应的解后，再计算第 2 个 $\Delta\varphi$ 对应的解，以此递进，可以求得方程组所有的解。

在求解第 1 个 $\Delta\varphi$ 所对应的解时，根据对涡簧储能过程的运动特点分析，可以使用迭代的方法，求涡簧在输入转角 $\Delta\varphi$ 中弯矩的近似解。具体方法如下：

（1）设涡簧在输入角度 $\Delta\varphi$ 前，LS-2 涡簧长度是 L_{20}，AS-1 涡簧有长度为 y_0 的涡簧段转化为 LS-2，$y_0=0$；LS-2 涡簧有长度为 x_0 的涡簧段转化为 AS-3，$x_0=0$。输入角度 $\Delta\varphi$ 后，在 L_{20} 的长度上，LS-2 涡簧受到弯矩 T_{20}。

（2）在 T_{20} 作用下，由式（3-68），得到 AS-1 涡簧有长度为 y_1 的涡簧段转化为 LS-2，由式（3-71），LS-2 涡簧有长度为 x_1 的涡簧段转化为 AS-3。LS-2 涡簧的长度变为 $L_{21}=L_{20}+y_1-x_1$。

（3）以 LS-2 涡簧长度 L_{21} 计算涡簧受到的弯矩 T_{21}。

（4）校核弯矩差 $\Delta T=|T_{21}-T_{20}|$，当弯矩差 ΔT 大于设定的极小量 ε，用 T_{21} 代替 T_{20}，返回到第 2 步，继续前面的第 2、3、4 步，直到 ΔT 小于设定极小量。

（5）当 ΔT 小于设定极小量，认为当前的弯矩 T_{21} 是 LS-2 涡簧受到的实际弯矩 T_2，当前长度 L_{21} 是 LS-2 涡簧长度 L_2，x、y 值是实际涡簧 LS-2 和 AS-1 的变化长度。

根据求得的 x、y 的数据，计算在输入第 1 个 $\Delta\varphi$ 之后，涡簧 3 个形态的基本参数，确定 3 个形态涡簧的形状，涡簧的工作扭矩等于 LS-2 涡簧受到的弯矩 T_2。

再输入第 2 个 $\Delta\varphi$，重复计算相应的数据。通过不断叠加，逐步计算出涡簧在输入 n 个 $\Delta\varphi$ 后涡簧 3 个形态的形状变化和涡簧的弯矩。

这样通过分步叠加的方法，可计算出涡簧在储能过程中的形状变化和弯矩变化与输入的工作转角的关系。输入角度 $\Delta\varphi$ 划分得越小，计算所得数值越精确。

输入工作角度 $\Delta\varphi$ 后，弯矩求解的迭代过程可见图 3-13。

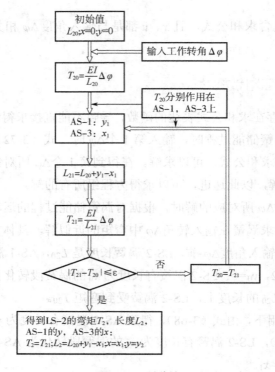

图 3-13　迭代法

3.5.4　形态迭代法的建立

综合前文的论述，本专著提出了一种分析计算大型涡簧形态和弯矩变化规律的方法，命名为形态迭代法。形态迭代法的基本概念是把涡簧分为 3 种状态，每一种状态分别对应不同的涡簧形态，共分为 3 种形态，通过分析涡簧不同状态下 3 种形态之间相互转化，由曲率变化引发的形状和弯矩变化，计算涡簧形态和弯矩与输入工作转角的关系。

具体的实施步骤如下：

（1）确定涡簧的 3 种状态和 3 种形态

形态迭代法把涡簧分为 3 种状态，分别是自由状态、初始状态、储能状态。

自由状态是涡簧完全没有约束情况下的状态，形态是对数螺旋线。

初始状态是涡簧放入涡簧箱内，没有加载外部扭矩的状态，分为两种形态，如图 3-11 中（b）所示，一种是涡簧簧片互相贴紧在涡簧箱内壁上，呈阿基米德螺旋线形状，为 AS-1；一种是与涡簧芯轴相连，呈对数螺旋线形状，为 LS-2。自由状态和初始状态都属于涡簧储能前状态，看做是静态。

储能状态包括涡簧储能开始到储能结束的过程，涡簧的形状和弯矩是一个动态变化过程。在这种状态下涡簧分为 3 种形态，如图 3-11 中（c）所示，一种是阿基米德螺旋线形状的 AS-1，一种是对数螺旋线形状的 LS-2，一种是旋紧在芯轴上呈阿基米德螺旋线形状的 AS-3。3 种形态随着储能过程互相转化。

（2）确定涡簧的基本参数

涡簧的基本参数包括涡簧箱内径、芯轴直径、涡簧全长、厚度等，同时设定初始状态下，AS-1 和 LS-2 涡簧长度，涡簧全长的两个端点极坐标。

（3）计算涡簧储能前状态的参数和弯矩分布

根据涡簧的基本参数，计算 AS-1 和 LS-2 各自端点的极坐标以及公共点的极坐标，各自端点的最大极角及形状函数的参数。

根据初始状态中 LS-2 的参数，计算自由状态的形状参数，确定涡簧最远端的极坐标，自由状态涡簧不受弯矩。

AS-1 是由自由状态的涡簧受到弯矩，弯曲变形后，有部分涡簧转化为 AS-1。根据曲率变化，计算 AS-1 涡簧的截面上受到的弯矩。

初始状态中 LS-2 涡簧不受弯矩。

（4）计算涡簧储能状态的参数和弯矩

初始状态两种形态涡簧的参数以及 AS-1 中存储的弯矩，可以作为已知量。由芯轴输入一个转角 $\Delta\varphi$，依据 3 个状态的弯矩平衡，计算 3 个形态涡簧的长度变化。此时 AS-1 的弯矩 T_1 与 LS-2 的逐次叠加的总弯矩 T_2 平衡，LS-2 与 AS-3 是对应 $\Delta\varphi$ 的 ΔT 平衡。

根据 3 个形态涡簧的新长度，计算 AS-1 的端点极坐标，AS-3 的两个端点极坐标，和 LS-2 的弯矩变化。其中 AS-1 和 AS-3 的端点，就是 LS-2 的端点。LS-2 的弯矩等于涡簧的工作扭矩。

根据结果确定涡簧 3 个形态的基本参数和形状参数，建立新的稳定涡簧状态。

输入下一个转角 $\Delta\varphi$，重复第（4）步的操作，通过涡簧形态变化过程中逐步迭代的方法，计算涡簧的相关参数和弯矩。

当转角 $\Delta\varphi$ 的累加值等于最大工作转角时，储能过程完成。

形态迭代法是针对大型涡簧储能过程实施的一种计算方法，是主要根据涡簧储能过程中形态转化的规律，采用逐次迭代计算的方法进行分析计算，可以有效分析计算涡簧在储能前后的形态变化和弯矩变化规律。

3.5.5 涡簧形状、弯矩变化计算结果

涡簧的基本参数设置与初始状态涡簧计算一致，见表 3-1、表 3-2 和式（3-63），

使用形态迭代法，计算得到涡簧在储能过程中弯矩变化和形状变化结果。

式（3-63）显示，涡簧储能的最大工作圈数是 16.8 圈。在实际储能过程中不会达到这个工作圈数。可以设置芯轴计算圈数为 16 圈，换算成弧度取整，为 100rad。

（1）弯矩计算结果

弯矩的计算结果如图 3-14 所示。

图 3-14 中，涡簧在储能状态时的工作扭矩，即涡簧 LS-2 部分受到的弯矩，随着工作转角的增大而增大，在工作转角的前半段，工作扭矩先快速上升，再趋于平缓；在工作转角的后半段，从平缓逐渐转变为快速上升，曲线显示涡簧的工作扭矩与工作转角的关系，不是线性的，而是非线性的，这与前文关于涡簧工作扭矩的论述一致。

前文分析的工作扭矩与涡簧 LS-2 的长度变化相关，这一论述与图 3-14 中的结论吻合。涡簧在储能状态中的 LS-2 长度，就是在储能开始后，由于涡簧 AS-1 中存在着弯矩，涡簧需要克服 AS-1 中的弯矩，才可以脱离 AS-1 进入 LS-2，增加 LS-2 长度，之后随着输入转角增加，涡簧的工作扭矩增大，AS-1 中涡簧加速进入 LS-2，所以 LS-2 涡簧的长度是先慢后快的增长，涡簧的弯矩表现为图中的先快速增长，后逐渐趋缓。当涡簧的 AS-1 部分完全离开涡簧箱内壁，转变成 LS-2 之后，LS-2 涡簧的长度开始逐渐缩短，转变为 AS-3，长度的变短，导致涡簧的弯矩开始快速增大。

（2）3 种形态涡簧长度计算结果

在储能状态中，AS-1 涡簧长度随着储能过程而逐渐减小，如图 3-15 所示。对比图 3-14 扭矩与转角的曲线，当图 3-15 中 AS-1 涡簧长度为 0 时，对应图 3-14 中曲线的拐点，这时涡簧 LS-2 长度逐渐缩短，涡簧扭矩开始加速上升。

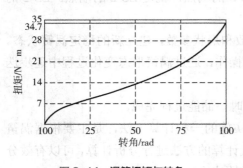

图 3-14　涡簧扭矩与转角

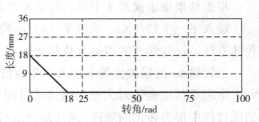

图 3-15　AS-1 涡簧长度与转角

图 3-16 中，涡簧 LS-2 长度变化曲线在前半段中 LS-2 长度快速增加。这一过程中，AS-1 长度不断缩短，变形进入 LS-2，同时 LS-2 也有部分长度变形或进入 AS-3。AS-1 长度缩短速度明显大于 LS-2 缩短的速度，所以呈现 LS-2 涡簧长度快

速增加的现象。

　　图 3-16 中，AS-1 的长度等于 0 后，所有 AS-1 涡簧都转化成 LS-2，LS-2 长度不再增加，随着 AS-3 涡簧长度的增加，LS-2 长度快速变短，呈现图中快速下降的曲线。

　　涡簧储能状态中 AS-3 涡簧的长度变化，如图 3-17 所示。

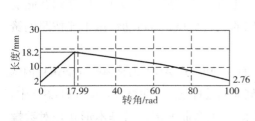
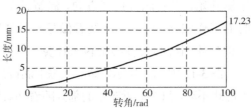

图 3-16　LS-2 涡簧长度与转角　　　　　　图 3-17　AS-3 涡簧长度与转角

　　AS-3 长度随着涡簧芯轴的转角逐渐增加。在储能开始阶段，由于涡簧 AS-1 向 LS-2 转化，LS-2 长度逐渐增长，所以 AS-3 长度增长的比较缓慢。在 AS-1 涡簧全部转化为 LS-2 后，AS-3 涡簧长度开始快速增长。

3.6　储能过程涡簧转动惯量计算

　　涡簧储能装置在工作时，涡簧在芯轴的驱动下做旋转旋紧或放松的动作，以实现储能装置的储能和释能过程。涡簧储能装置要能够应用于实际，并能够对储能和释能过程实现精准的控制，就需要对涡簧的运动和受力做准确的分析判断。要实现这一目的，能够精确分析计算涡簧的转动惯量 J 就成了一个急需解决的问题。

　　涡簧储能装置在工作时，涡簧在芯轴的驱动下做旋紧或放松，以实现储能装置的储能和释能。为实现储能和释能过程的精准控制，需要对涡簧的运动和受力做准确分析和判断。因此，对涡簧转动惯量的研究成为必要。

3.6.1　涡簧转动惯量计算方法分析

　　转动惯量 J 是一个常用的物理量，用于描述物体转动惯性大小，在物体加速或减速的过程中是一个非常重要的参数。转动惯量的定义是：物体每一质点的质量 m 与这一质点到旋转中心轴线的距离 r 的二次方的乘积的总和，其数学表达式为：

$$J = \frac{1}{2}mr^2 \qquad\qquad (3-73)$$

涡簧的工作状态是一端固定在涡簧箱内壁上保持不动，另一端缠绕并固定在芯轴上，随着芯轴的旋转逐渐弯曲变形，最后旋紧在芯轴上。在储能过程中，涡簧不是整体绕着芯轴旋转，在涡簧的全长上各个点的角位移都是不相等的。绕在芯轴上的一端角位移最大，固定在涡簧箱内壁上的一端，没有角位移。因此，从涡簧芯轴侧开始，沿着涡簧长度方向，涡簧各个点处的转动惯量逐步减小。根据涡簧储能时的工作状态，可以把涡簧看做是一种特殊的旋转机械，其转动惯量不能按照涡簧结构整体围绕芯轴轴心旋转来计算。

图 3-11 中（c）所示，储能状态下涡簧具有 3 种形态，AS-1 为整体贴在涡簧箱内壁上静止不动，只有靠近芯轴的部分随着涡簧储能的过程逐渐发生弯曲，参与到 LS-2 中。

LS-2 随着涡簧的储能过程的进行，逐渐发生弯曲变形，其基本形状是对数螺旋线，但其起始点、终点、长度和控制形状参数都在不断变化。沿 LS-2 的长度，涡簧各点处的瞬时旋转中心都不相同。每个点的瞬时旋转中心是位于该点切线的法线方向上，且不在通过涡簧的芯轴轴线的直线上。

AS-3 部分涡簧整体缠绕压紧在芯轴上，随着芯轴的旋转而旋转，可以看做是一个绕芯轴的轴线旋转的整体。随着芯轴的旋转，涡簧 LS-2 会有一部分逐渐脱离 LS-2 的范围，参与进 AS-3 中。

根据对涡簧转动惯量的分析，使用一个连续的函数表示涡簧储能过程中的转动惯量是很困难的。为了简便起见，本专著把涡簧结构离散成为连续、长度均匀的微弧段，且微弧段的质量相等。在输入一个小角度后，通过计算每一个弧段的转动惯量，再把涡簧全长上所有弧段的转动惯量叠加起来，就是一个输入角度内涡簧的转动惯量。

设离散的微弧段有 i 个，微弧段的质量是 m，微弧段到瞬时旋转中心的距离是 r_i，则有涡簧在某一个转角时的转动惯量 J_s 为：

$$J_s = \sum_i m r_i^2$$

(3-74)

再连续转动涡簧芯轴，计算每一个输入转角时涡簧的转动惯量，就可以在整个储能过程中，建立起涡簧转动惯量与芯轴输入转角的一一对应关系。

3.6.2　涡簧转动惯量的计算

3.6.2.1　微弧段转动惯量计算方法分析

在涡簧 LS-2 的长度内取一小弧段，弧段的形状近似取为圆弧，弧长是 ΔS，如

图 3-18 所示。

　　在涡簧储能过程中弧段的位置是在变化的，轴向发生角位移，到芯轴的径向距离变短。取弧段的运动过程连续经历了芯轴 3 个输入角度，弧段的端点连续移动了 3 个位置，分别经历了 3 个点。以弧段的一个端点为基准，把经历的 3 个点分别记为起始点 A、中间点 B 和终点 C。根据 3 个点的坐标，可以确定一个圆。近似认为圆弧段在这个运动过程中是围绕该圆心转动的，且与这个圆同心，则这个圆心为微

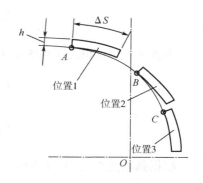

图 3-18　微弧段运动位置

弧段在储能过程中的旋转中心。根据以上分析，可以计算弧段的转动惯量，再根据平行轴定理，计算微弧段相对于整体涡簧的形心，即芯轴的轴线的转动惯量，进而在涡簧的全长进行积分，可以得到在这个运动过程中涡簧的转动惯量。

3.6.2.2　微弧段转动惯量计算

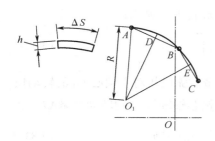

图 3-19　转动惯量的旋转中心

　　如图 3-19 所示，假设涡簧弧段在弯曲过程中经历的 3 个点分别为 A、B、C。

　　连接 A、B 和 B、C，得到线段 AB、BC。过直线 AB 的中点 D，做一条直线 O_1D 与直线 AB 垂直，再过直线 BC 的中点 E，做一条直线 O_1E 与 BC 垂直，则直线 O_1D 与直线 O_1E 交点为 O_1 点，O_1 点是圆弧的圆心。

　　设 3 点的坐标分别为 $A(x_A, y_A, z_A)$、$B(x_B, y_B, z_B)$ 和 $C(x_C, y_C, z_C)$，得中点 $D(x_D, y_D, z_D)$，$E(x_E, y_E, z_E)$ 的坐标分别为：

$$\begin{cases} x_D = \dfrac{x_B + x_A}{2} \\ y_D = \dfrac{y_B + y_A}{2} \\ z_D = \dfrac{z_B + z_A}{2} \end{cases} \quad \begin{cases} x_E = \dfrac{x_B + x_C}{2} \\ y_E = \dfrac{y_B + y_C}{2} \\ z_E = \dfrac{z_B + z_C}{2} \end{cases} \tag{3-75}$$

计算直线 AB 和直线 BC 的斜率为：

$$k_{AB} = \frac{y_B - y_A}{x_B - x_A} \tag{3-76}$$

$$k_{BC} = \frac{y_C - y_B}{x_C - x_B} \tag{3-77}$$

由式（3-74）和式（3-75），直线 O_1D 和 O_1E 的斜率为：

$$k_{O_1D} = -\frac{x_B - x_A}{y_B - y_A} \tag{3-78}$$

$$k_{O_1E} = -\frac{x_C - x_B}{y_C - y_B} \tag{3-79}$$

根据弧段两端点 D、E 坐标，可得两条直线 O_1D 和 O_1E 的方程：

$$\begin{cases} y = k_{O_1D}(x - x_D) + x_D \\ y = k_{O_1E}(x - x_E) + x_E \end{cases} \tag{3-80}$$

求解式（3-80），得圆弧圆心 $D(x_{O_1}, y_{O_1}, z_{O_1})$ 的坐标为：

$$\begin{cases} x_{O_1} = \dfrac{k_{O_1D}x_D - k_{O_1E}x_E - y_D + y_E}{k_{O_1D} - k_{O_1E}} \\ y_{O_1} = k_{O_1E}\left(\dfrac{k_{O_1D}x_D - k_{O_1E}x_E - y_D + y_E}{k_{O_1D} - k_{O_1E}} - x_E \right) + y_E \end{cases} \tag{3-81}$$

以 A 点坐标为参照点，该圆弧段转动惯量的旋转半径 R 为：

$$R_1 = \sqrt{(y_A - y_{O_1})^2 + (x_A - x_{O_1})^2} \tag{3-82}$$

把涡簧微弧段看作是圆弧，弧长是 ΔS，则涡簧微弧段相对于圆心 O_1 的转动惯量。根据平行轴定理，计算涡簧微弧段相对于涡簧芯轴轴线 O 的转动惯量 ΔJ 为：

$$\Delta J = \frac{1}{2}\Delta m\left[R^2 + (R+h)^2 \right] + (x_O^2 + y_O^2)\frac{\Delta S}{2}h \tag{3-83}$$

式中，Δm 为微弧段的质量；h 为涡簧的厚度。

3.6.2.3　涡簧转动惯量的计算

涡簧转动惯量的计算要分为 3 部分，分别对应涡簧储能状态中的 3 种形态。AS-1 中，随着输入角度而减少的涡簧长度是已知的。LS-2 中，对数螺旋线的起始点和终点的极坐标、涡簧的长度以及螺旋线的参数 k 以及每个输入角度对应的增加涡簧长度是已知的。AS-3 中，涡簧的长度、螺旋线的终点极坐标是已知的。

根据以上分析，可以分步计算涡簧的转动惯量。

（1）AS-1 涡簧转动惯量 J_1

AS-1 涡簧的涡簧片层层压紧，静止不动，所以不参与对涡簧的转动惯量的计算，因此，

$$J_1 = 0 \tag{3-84}$$

在 AS-1 涡簧的末端，与 LS-2 过渡的部位，是从静止到运动，逐步参与到涡簧的旋紧过程中。如图 3-12，这一小部分涡簧的长度设为 y，在计算 LS-2 涡簧的转动惯量的时候要考虑进去。

（2）LS-2 涡簧转动惯量计算 J_2

这部分涡簧是随着芯轴的转动而逐步旋紧，形状也是在逐步变化的，因此对涡簧转动惯量的影响最大。根据对离散后涡簧弧段转动惯量的计算，由式（3-74）、式（3-83），可得：

$$J_2 = \sum_i \left\{ \frac{1}{2} \Delta m \left[R^2 + (R+h)^2 \right] + \left(x_O^2 + y_O^2 \right) \frac{\Delta S}{2} h \right\} \tag{3-85}$$

式中，R_i 为第 i 个涡簧段的旋转半径。

随着芯轴输入角度的变化，会有部分涡簧从 AS-1 中脱离进入 LS-2，这部分涡簧也要参与转动惯量的计算。新进入 LS-2 的涡簧段需要经过 3 个输入角度，才可以计算转动惯量。

同样，随着芯轴输入角度的变化，LS-2 涡簧会有一部分涡簧段缠绕在芯轴上，进入 AS-3。这部分涡簧段在开始的两个输入角度时，相对于 LS-2 是不能计算转动惯量的。

在对涡簧弧段转动惯量计算时，是通过弧段在 3 个输入转角中经历的 3 个点，计算弧段的旋转中心。这样就使得在开始输入第 1、2 个转角时，不能计算 LS-2 涡簧转动惯量。考虑到为了保证计算的准确度，计算时的输入转角非常小，对涡簧其他方面的计算影响不到，这里可以忽略对第 1、2 转角时 LS-2 涡簧转动惯量的计算，近似对应在以第 3、4 输入角度对应的转动惯量值所建立的直线上。这是在前两个输入角度时，对整个 LS-2 涡簧转动惯量的近似计算，也可以应用在独立涡簧段的转动惯量计算上，例如从 AS-1 进入到 LS-2 的涡簧段。

（3）AS-3 涡簧转动惯量计算 J_3

AS-3 涡簧的涡簧片旋紧在芯轴上，彼此压紧，其转动方式是随着芯轴的转动而转动，没有相对移动。AS-3 涡簧可以近似看做是一个圆筒，绕着芯轴的轴线旋转，壁厚为涡簧片叠加的厚度。AS-3 涡簧螺旋线的参数在前文中已经计算，可以作为已知量使用。从 LS-2 涡簧进入 AS-3 的涡簧段，相当于增加了涡簧段的长度，

其值可以直接参与 AS-3 的转动惯量值的计算。

由式（3-74），可得 AS-3 的转动惯量 J_3：

$$J_3 = \frac{\rho_{\mathrm{m}} h}{4b} \left[(a + b\theta)^4 - a^4 \right]$$ （3-86）

式中，ρ_{m} 为涡簧材料的密度；θ 为 AS-3 涡簧的极角。

涡簧总的转动惯量是 3 个形态转动惯量之和，即：

$$J = J_1 + J_2 + J_3$$ （3-87）

把式（3-84）～式（3-86）代入式（3-87），其中 AS-1 的转动惯量 $J_1=0$，得到涡簧储能状态的转动惯量 J：

$$J = \sum_i \left\{ \frac{1}{2} \Delta m \left[R^2 + (R+h)^2 \right] + (x_O^2 + y_O^2) \frac{\Delta S}{2} h \right\} + \frac{\rho_{\mathrm{m}} h}{4b} \left[(a+b\theta)^4 - a^4 \right]$$ （3-88）

式（3-88）表示的是涡簧在芯轴输入一个角度时的转动惯量。当芯轴连续输入角度时，参照以上计算方法，可以得到涡簧在不同角度下的转动惯量。

3.6.3 转动惯量计算结果

涡簧的基本参数设置与储能状态涡簧计算时一致，得到涡簧转动惯量与输入角度的关系曲线：

图 3-20 所示，涡簧在储能开始的时候，转动惯量已经有数值了，是因为在初始状态，LS-2 涡簧有一定的长度，当开始储能时，LS-2 涡簧随着芯轴转动而旋紧，AS-3 长度等于 0，LS-2 涡簧的转动惯量就是图中最初的数值。随着芯轴转动，LS-2 涡簧逐渐有一部分旋紧进去 AS-3，同时 AS-1 涡簧会有部分长度进入 LS-2，且 LS-2 长度增长明显高于进入 AS-3 长度，所以涡簧转动惯量会在开始的阶段快速上升。

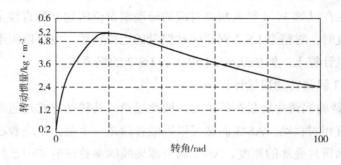

图 3-20 涡簧的转动惯量

当 AS-1 完全转化为 LS-2 后，LS-2 涡簧长度开始逐渐缩短，形状逐渐被旋紧，导致 LS-2 涡簧转动惯量开始减小，同时 AS-3 长度逐渐增长，其转动惯量逐渐增大，所以涡簧转动惯量逐渐下降，且最终值是接近 AS-3 的转动惯量，不会等于零。

参考文献

[1] LI Zhanhua, HAN Jingtao. Simulation of residual stress in cold working of flat spiral springs [J]. Advanced Materials Research, 2014, 941/942/943/944: 1977-1980.

[2] 吴家龙. 弹性力学[M]. 北京: 高等教育出版社, 2010.

[3] 张英会, 刘辉航, 王德成. 弹簧手册[M]. 北京:机械工业出版社, 2017.

[4] 韩璞, 董泽, 姚万业. 最优化算法的发展及应用[J]. 计算机仿真, 2003(z1): 67-70.

[5] 李宝磊, 吕丹桔, 刘兰娟. 多元优化算法可达性分析[J]. 系统工程与电子技术, 2015, 37(7): 1670-1675.

[6] 邓露, 许爱强, 吴忠德. 基于遗传算法的故障样本优化选取方法[J]. 系统工程与电子技术, 2015, 37(7): 1703-1708.

[7] 柯俊, 史文库, 钱琛. 采用遗传算法的复合材料板簧多目标优化方法[J]. 西安交通大学学报, 2015, 49(8): 102-108.

[8] 谢颖, 李吉兴, 杨忠学. 改进遗传蚁群算法及其在电机结构优化中的研究[J]. 电机与控制学报, 2015, 19(10): 64-70.

[9] 程珩, 张水明, 权龙. 基于约束主导混合粒子群算法的风力机叶片优化方法研究[J]. 机械工程学报, 2015(1): 176-181.

[10] SAXENA N, TRIPATHI A, MISHRA K K, et al. Dynamic-PSO: AN improved particle swarm Optimizer [C]// 2015 IEEE Congress on Evolutionary Computation, Japan, 2015: 212-219.

第4章

机械弹性储能用涡簧储能过程的
有限元数值分析

4.1 引言

在储能过程中，随着芯轴输入转角的增大，涡簧的弯矩和形状在不断变化，涡簧截面上的应力分布及变化规律将直接影响到涡簧的可靠性和安全性，也关系到储能系统的平稳运行。在工作极限弯矩作用下，涡簧结构的稳定性会影响到系统的极限工作扭矩。涡簧的频率和振型也会影响到储能系的平稳运行。这些内容都需要做分析研究。以储能过程为例，本章将对机械弹性储能用涡簧的应力、稳定性、模态、连接结构等进行有限元分析。

4.2 储能过程涡簧的应力分析

在储能过程中涡簧的 3 个形态，只有 LS-2 涡簧受到的弯矩与工作扭矩相同，且在工作扭矩下发生弯曲变形。AS-1 和 AS-3 的弯矩不发生变化。因此，本章对 LS-2 涡簧做应力分析。涡簧的结构是细长杆，通常使用矩形横截面。在储能过程中，涡簧在工作扭矩作用下发生弯曲。涡簧的受力情况可以看做是只受到弯矩作用的纯弯曲情况[1]。

4.2.1　涡簧极坐标方程的建立

LS-2 涡簧的形状是对数螺旋线，在做应力分析时，用直角坐标描述其边界条件会变得相当复杂，使用极坐标可以使边界条件的描述更加简单，使问题更易于求解。所以本专著采用极坐标推导涡簧的力学基本方程。

如图 4-1，在涡簧的 LS-2 中截取一个厚度为 $\mathrm{d}\rho$ 的两个圆柱面和夹角为 $\mathrm{d}\varphi$ 的两个径向平面围成的微分单元体 *ABCD*。

用 σ_ρ 表示径向正应力，σ_φ 表示环向正应力，$\tau_{\rho\varphi}$ 和 $\tau_{\varphi\rho}$ 分别为圆柱面和径向平面上的切应力。根据切应力互等关系，有 $\tau_{\rho\varphi}=\tau_{\varphi\rho}$。考虑到应力随位置的变化，假设 *AB* 面上的应力分量为 σ_ρ 和 $\tau_{\varphi\rho}$，则 *CD* 面上的应力分量为 $\sigma_\rho+\dfrac{\partial\sigma_\rho}{\partial\rho}\mathrm{d}\rho$ 和 $\tau_{\rho\varphi}+\dfrac{\partial\tau_{\rho\varphi}}{\partial\rho}\mathrm{d}\rho$；

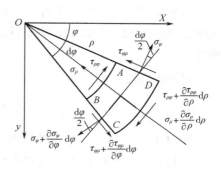

图 4-1　单元体受力分析

如果 *AD* 面上的应力分量为 σ_φ 和 $\tau_{\rho\varphi}$，则 *BC* 面上的应力分量为 $\sigma_\varphi+\dfrac{\partial\sigma_\varphi}{\partial\varphi}\mathrm{d}\varphi$ 和 $\tau_{\rho\varphi}+\dfrac{\partial\tau_{\rho\varphi}}{\partial\varphi}\mathrm{d}\varphi$。同时，体力分量在极坐标径向 ρ 和环向 φ 方向的分量分别为 F_ρ 和 F_φ。

取单元体的厚度为一个单位，建立它的平衡微分方程。

各面上的力在 ρ 方向上平衡，即 $\Sigma F_\rho=0$，且 $\sin\dfrac{\mathrm{d}\varphi}{2}\approx\dfrac{\mathrm{d}\varphi}{2}$，$\cos\dfrac{\mathrm{d}\varphi}{2}\approx 1$，因此有：

$$\left(\sigma_\rho+\frac{\partial\sigma_\rho}{\partial\rho}\mathrm{d}\rho\right)(\rho+\mathrm{d}\rho)\mathrm{d}\varphi-\sigma_\rho\rho\mathrm{d}\varphi-\left(\sigma_\varphi+\frac{\partial\sigma_\varphi}{\partial\varphi}\mathrm{d}\varphi\right)\mathrm{d}\rho\sin\frac{\mathrm{d}\varphi}{2}-\sigma_\varphi\mathrm{d}\rho\sin\frac{\mathrm{d}\theta}{2}+$$
$$\left(\tau_{\varphi\rho}+\frac{\partial\tau_{\varphi\rho}}{\partial\varphi}\mathrm{d}\varphi\right)\mathrm{d}\rho\cos\frac{\mathrm{d}\varphi}{2}-\tau_{\varphi\rho}\mathrm{d}\rho\cos\frac{\mathrm{d}\varphi}{2}+F_\rho\rho\mathrm{d}\rho\mathrm{d}\varphi=0 \tag{4-1}$$

忽略上式中的高一阶的无穷小量，整理后得：

$$\frac{\partial\sigma_\rho}{\partial\rho}+\frac{\partial\tau_{\rho\varphi}}{\rho\partial\varphi}+\frac{\sigma_\rho-\sigma_\varphi}{\rho}+F_\rho=0 \tag{4-2}$$

各面上的力在 φ 方向上平衡，即 $\Sigma F_\varphi=0$，得：

$$\frac{\partial\tau_{\rho\varphi}}{\partial\rho}+\frac{\partial\sigma_\varphi}{\rho\partial\varphi}+\frac{2\tau_{\rho\varphi}}{\rho}+F_\varphi=0 \tag{4-3}$$

联立式（4-2）、式（4-3），得到单元体的极坐标平衡微分方程，

$$\begin{cases} \dfrac{\partial \sigma_\rho}{\partial \rho} + \dfrac{\partial \tau_{\rho\varphi}}{\rho\partial \varphi} + \dfrac{\sigma_\rho - \sigma_\varphi}{\rho} + F_\rho = 0 \\ \dfrac{\partial \tau_{\varphi\varphi}}{\rho} + \dfrac{\partial \sigma_\varphi}{\rho\partial \varphi} + \dfrac{2\tau_{\varphi\varphi}}{\rho} + F_\varphi = 0 \end{cases} \tag{4-4}$$

在极坐标系中，u_ρ、u_φ 分别为径向位移和环向位移。

极坐标对应的应变分量为：径向线应变 ε_ρ，即径向微分线段的正应变；环向线应变 ε_φ 为环向微分线段的正应变；切应变 $\gamma_{\rho\varphi}$ 为径向和环向微分线段之间的直角改变量。

可知径向线应变 ε_ρ 为：

$$\varepsilon_\rho = \partial u_\rho / \partial \rho \tag{4-5}$$

环向线应变 ε_φ 一般由两种原因引起，如图 4-2 所示：

当只有径向位移 u_ρ 时，可以得到线段 AB 的伸长率，即：

$$\frac{(\rho + u_\rho)\mathrm{d}\varphi - \rho\mathrm{d}\varphi}{\rho\mathrm{d}\varphi} = \frac{u_\rho}{\rho} \tag{4-6}$$

当只有环向位移 u_φ，可以得到线段 AB 的伸长率，即：

$$\frac{\partial u_\varphi}{\partial s} = \frac{\partial u_\varphi}{\rho\partial \varphi} \tag{4-7}$$

式（4-6）和式（4-7）相加，可以得到环向应变 ε_φ：

$$\varepsilon_\varphi = \frac{\partial u_\varphi}{\rho\partial \varphi} + \frac{u_\rho}{\rho} \tag{4-8}$$

设微分单元体 ABCD 在变形后变为 A'B'C'D'，如图 4-3 所示。

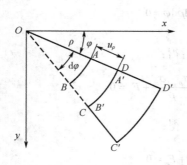

图 4-2　环向应变

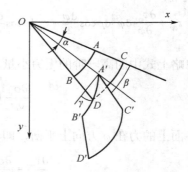

图 4-3　单元体变形

切应变分量 $\gamma_{\rho\varphi}$ 的计算式为：

$$\gamma_{\rho\varphi} = \gamma + (\beta - \alpha) \tag{4-9}$$

式中，γ 为环向微分线段 AB 向 ρ 方向转过的角度，即：

$$\gamma = \frac{\partial u_\rho}{\partial s} = \frac{1}{\rho}\frac{\partial u_\rho}{\partial \varphi} \tag{4-10}$$

β 表示径向微分线段 AD 向 φ 方向转过的角度：

$$\beta = \partial u_\varphi / \partial \rho \tag{4-11}$$

α 等于 A 点的环向位移除以该点的径向坐标 ρ，即：

$$\alpha = u_\varphi / \rho \tag{4-12}$$

将式（4-10）～式（4-12）代入式（4-9），得到切应变分量 $\gamma_{\rho\varphi}$：

$$\gamma_{\rho\varphi} = \gamma_{\varphi\rho} = \frac{\partial u_\varphi}{\partial \rho} + \frac{\partial u_\rho}{\rho\partial \varphi} - \frac{u_\varphi}{\rho} \tag{4-13}$$

联立式（4-5）、式（4-8）、式（4-13），得到极坐标形式的几何方程：

$$\begin{cases} \varepsilon_\rho = \dfrac{\partial u_\rho}{\partial \rho} \\[2mm] \varepsilon_\varphi = \dfrac{\partial u_\varphi}{\rho\partial \varphi} + \dfrac{u_\rho}{\rho} \\[2mm] \gamma_{\rho\varphi} = \gamma_{\varphi\rho} = \dfrac{\partial u_\varphi}{\partial \rho} + \dfrac{\partial u_\rho}{\rho\partial \varphi} - \dfrac{u_\varphi}{\rho} \end{cases} \tag{4-14}$$

式中，u_ρ/ρ 为由径向位移产生的环向应变；u_φ/ρ 为由环向位移产生的刚体转动角度。

在平面应力状态下物理方程的极坐标形式为：

$$\begin{cases} \varepsilon_\rho = \dfrac{1}{E}\left(\sigma_\rho - \mu\sigma_\varphi\right) \\[2mm] \varepsilon_\varphi = \dfrac{1}{E}\left(\sigma_\varphi - \mu\sigma_\rho\right) \\[2mm] \gamma_{\rho\varphi} = \dfrac{\tau_{\rho\varphi}}{G} = \dfrac{2(1+\mu)}{E}\tau_{\rho\varphi} \end{cases} \tag{4-15}$$

在平面应变状态下，将式（4-15）中的 E 和 μ 分别用 $\dfrac{E}{1-\mu^2}$ 和 $\dfrac{\mu}{1-\mu}$ 代换，物

理方程的极坐标形式为式（4-16）。

$$
\begin{cases}
\varepsilon_\rho = \dfrac{1-\mu^2}{E}\left(\sigma_\rho - \dfrac{\mu}{1-\mu}\sigma_\varphi\right) \\[2mm]
\varepsilon_\varphi = \dfrac{1-\mu^2}{E}\left(\sigma_\varphi - \dfrac{\mu}{1-\mu}\sigma_\rho\right) \\[2mm]
\gamma_{\rho\varphi} = \dfrac{\tau_{\rho\varphi}}{G} = \dfrac{2(1+\mu)}{E}\tau_{\rho\varphi}
\end{cases}
\tag{4-16}
$$

采用应力函数的方法求解，直角坐标系下的应力形式的协调方程：

$$
\nabla^2\left(\sigma_x + \sigma_y\right) = 0
\tag{4-17}
$$

式中

$$
\nabla^2 = \frac{\partial^2}{\partial x^2} + \frac{\partial^2}{\partial y^2}
$$

根据直角坐标和极坐标的变换关系，即：

$$
x = \rho\cos\varphi, \quad y = \rho\sin\varphi
\tag{4-18}
$$

可以得到：

$$
\nabla^2 = \frac{\partial^2}{\partial\rho^2} + \frac{1}{\rho}\frac{\partial}{\partial\rho} + \frac{1}{\rho^2}\frac{\partial^2}{\partial\varphi^2}
\tag{4-19}
$$

另外，注意到应力不变量 $\sigma_x + \sigma_y = \sigma_\rho + \sigma_\varphi$，在极坐标系下，平面问题的由应力表达的变形协调方程变换为：

$$
\nabla^2\left(\sigma_x + \sigma_y\right) = \left(\frac{\partial^2}{\partial\rho^2} + \frac{1}{\rho}\frac{\partial}{\partial\rho} + \frac{1}{\rho^2}\frac{\partial^2}{\partial\varphi^2}\right)(\sigma_\rho + \sigma_\varphi) = 0
\tag{4-20}
$$

涡簧微体的体力为 0，采用应力解法，得到应力结果：

$$
\begin{cases}
\sigma_\rho = \dfrac{\partial U}{\rho\partial\rho} + \dfrac{\partial^2 U}{\rho^2\partial\varphi^2} \\[2mm]
\sigma_\varphi = \dfrac{\partial^2 U}{\partial\rho^2} \\[2mm]
\tau_{\rho\varphi} = \dfrac{\partial U}{\rho^2\partial\varphi} - \dfrac{\partial^2 U}{\rho\partial\rho\partial\varphi} = -\dfrac{\partial}{\partial\rho}\left(\dfrac{\partial U}{\rho\partial\varphi}\right)
\end{cases}
\tag{4-21}
$$

式中，$U(\rho,\varphi)$ 是极坐标形式的应力函数。

将式（4-21）代入式（4-17），得到关于应力函数 $U(\rho,\varphi)$ 的等式为：

$$\left(\frac{\partial^2}{\partial\rho^2}+\frac{\partial}{\rho\partial\rho}+\frac{\partial^2}{\rho^2\partial\varphi^2}\right)\left(\frac{\partial^2 U}{\partial\rho^2}+\frac{\partial U}{\rho\partial\rho}+\frac{\partial^2 U}{\rho^2\partial\varphi^2}\right)=0 \tag{4-22}$$

4.2.2　涡簧应力的计算及分析

　　涡簧 LS-2 的几何形状是对数螺旋线，不具有轴对称性质。但是涡簧在储能过程中只受到弯矩作用，属于纯弯曲问题，在涡簧任意横截面的内力具有轴对称性质。因此涡簧 LS-2 的应力计算是一个典型的轴对称应力问题。

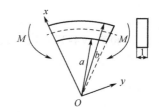

图4-4　涡簧微弧受力

　　截取的涡簧微段可以看做是一个圆弧，如图 4-4 所示。

　　涡簧微段内半径为 a，外半径为 b，两端受弯矩作用，设单位宽度的弯矩为 M。取曲率中心为坐标原点 O，从弧段的任一端量取极角 φ。

　　对于轴对称应力问题，式（4-22）中的 $U(\rho,\varphi)$ 与 φ 无关，因此可以变为常微分方程，为：

$$\left(\frac{\mathrm{d}^2}{\mathrm{d}\rho^2}+\frac{1}{\rho}\frac{\mathrm{d}}{\mathrm{d}\rho}\right)\left(\frac{\mathrm{d}^2 U}{\mathrm{d}\rho^2}+\frac{1}{\rho}\frac{\mathrm{d}U}{\mathrm{d}\rho}\right)=0 \tag{4-23}$$

　　把上式展开，引入 $\rho=\mathrm{e}^t$，并整理，可以得到常系数微分方程：

$$\frac{\mathrm{d}^4 U}{\mathrm{d}t^4}-4\frac{\mathrm{d}^3 U}{\mathrm{d}t^3}+4\frac{\mathrm{d}^2 U}{\mathrm{d}t^2}=0 \tag{4-24}$$

　　解式（4-24），并引入 $\rho=\mathrm{e}^t$，得到通解为：

$$U=A\ln\rho+B\rho^2\ln\rho+C\rho^2+D \tag{4-25}$$

　　将式（4-25）代入式（4-21），得到如下应力表达式：

$$\begin{cases}\sigma_\rho=\dfrac{A}{\rho^2}+B(1+2\ln\rho)+2C \\[2mm] \sigma_\varphi=-\dfrac{A}{\rho^2}+B(3+2\ln\rho)+2C \\[2mm] \tau_{\rho\varphi}=0\end{cases} \tag{4-26}$$

　　根据边界条件，可以确定式（4-26）中的常数 A、B、C。

　　涡簧 LS-2 在储能过程中的边界条件：

$$\begin{cases} \left(\sigma_\rho\right)_{\rho=a} = 0 \\ \left(\sigma_\rho\right)_{\rho=b} = 0 \\ \left(\tau_{\rho\varphi}\right)_{\rho=a} = 0 \\ \left(\tau_{\rho\varphi}\right)_{\rho=b} = 0 \\ \int_a^b \sigma_\varphi \mathrm{d}\varphi = 0 \\ \int_a^b \rho\sigma_\varphi \mathrm{d}\varphi = M \end{cases} \tag{4-27}$$

将式（4-27）代入式（4-26），整理得到方程组：

$$\begin{cases} A = \dfrac{4M}{N}a^2b^2\ln\dfrac{b}{a} \\ B = \dfrac{2M}{N}\left(b^2-a^2\right) \\ C = \dfrac{M}{N}\left[b^2-a^2+2\left(b^2\ln b - a^2\ln a\right)\right] \end{cases} \tag{4-28}$$

式中

$$N = \left(b^2-a^2\right)^2 - 4a^2b^2\left(\ln\dfrac{b}{a}\right)^2$$

将结果式（4-28）代入式（4-26），可以得到涡簧 LS-2 的应力计算式：

$$\begin{cases} \sigma_\rho = \dfrac{4M}{N}\left(\dfrac{a^2b^2}{\rho^2}\ln\dfrac{b}{a} - b^2\ln\dfrac{b}{\rho} + a^2\ln\dfrac{a}{\rho}\right) \\ \sigma_\varphi = \dfrac{4M}{N}\left(-\dfrac{a^2b^2}{\rho^2}\ln\dfrac{b}{a} + b^2\ln\dfrac{b}{\rho} + a^2\ln\dfrac{a}{\rho} + b^2 - a^2\right) \\ \tau_{\rho\varphi} = \tau_{\varphi\rho} = 0 \end{cases} \tag{4-29}$$

这里只关心涡簧受到的弯曲应力 σ_φ，其分布大致情况如图 4-5 所示。

从图 4-5 中可以看到，涡簧在受到弯矩作用时，在外边界（$\rho=b$）处，弯曲拉应力最大，中心轴在靠近内边界的一侧。

4.2.3 有限元建模及分析

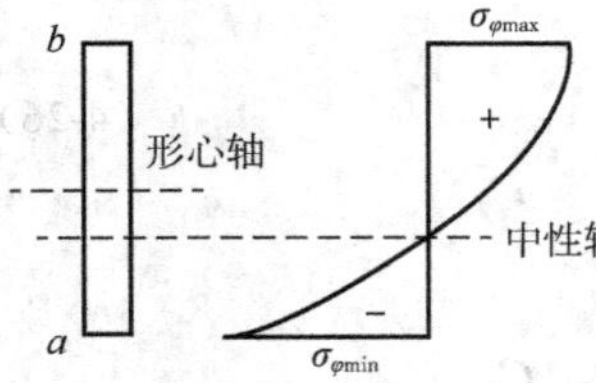

图 4-5 涡簧应力分布

涡簧在某一个瞬时受到弯矩作用只发生弹性变形，可采用一般的线性问题分析方法，不用考虑材料的非线性。使用有限元分析软件 ANSYS 的 workbench 模块，建立涡簧有限元模型做应力分析时，不考虑大变形的设置。

4.2.3.1　涡簧的有限元模型

根据涡簧截面结构建立矩形截面涡簧的有限元模型。涡簧在储能过程中受到的工作扭矩等于涡簧 LS-2 的弯矩。由于在 LS-2 的长度上，涡簧受到的弯矩是相等的，本节中截取 LS-2 上一段弧段，分析涡簧的应力情况。

涡簧的储能过程可以看做是一个静力学过程[2]。当涡簧在芯轴驱动下受到弯矩作用发生弯曲变形的时候，涡簧可以看做处于平衡状态，这个过程可以在 AYSYS 软件的静力学分析模块中分析。以下为极限工况下涡簧的应力分析，其中弯矩取工作过程中的最大弯矩。

以矩形截面涡簧为例，设置涡簧的基本参数，如图 4-6 所示。

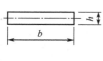

图 4-6　矩形截面

涡簧横截面尺寸为 b=10mm，h=2mm，截取一段圆弧形的矩形涡簧，弧长 l 为 80mm，直径 R 为 80mm，选取涡簧材料为 55CrMnA 弹簧钢带[1]，其泊松比 λ=0.3，密度 ρ=7850kg/m³，其他性能参数、材料、涡簧最大、最小工作扭矩（根据《涡簧计算手册》），见表 4-1。

表 4-1　涡簧材料性能

弹簧类型	弹性模量 E/GPa	抗拉强度 σ_b/MPa	材料	T_2/N·m	T_1/N·m
矩形涡簧	197	1653	55CrMnA	9.918	4.959

根据以上数据，在 ANSYS 软件系统中在建模，得到涡簧的有限元模型，如图 4-7 所示。

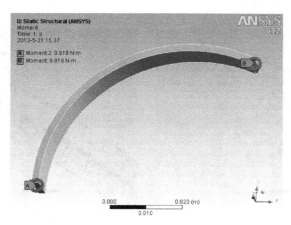

图 4-7　矩形截面涡簧

当涡簧上作用最大工作扭矩 T_2 时,涡簧弯曲变形。根据涡簧储能过程中的实际受力情况,涡簧弧段两端自由,在两端面上受到弯矩作用,可绕圆弧中心旋转。

4.2.3.2　涡簧的应力分析

根据涡簧在储能的过程中的工作情况,添加边界条件(图4-8)。

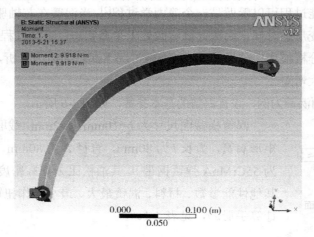

图4-8　边界条件

涡簧只在两个端面上施加相等的弯矩作为施加的载荷,以模拟实际工作中弯曲变形的涡簧部分。

设置结果的显示比例为1:1,应力分析采用 Von-MisesStress(Miese 等效应力),得到图4-9分析结果。

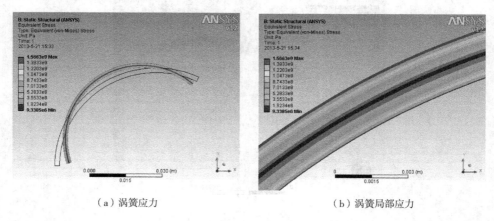

(a)涡簧应力　　　　　　　　　　　　　(b)涡簧局部应力

图4-9　涡簧应力

4.2.3.3　结果的对比分析

图 4-9（a）中，显示了涡簧在最大工作扭矩作用下发生弯曲变形的应力图，其中线框表示施加弯矩之前涡簧弧段的形状。由图（a）可知，涡簧弧段受到弯矩作用，发生了弯曲变形，且变形量很大，对应的实际情况是涡簧在工作扭矩作用下沿长度发生形变，旋紧在涡簧的芯轴上，完成涡簧储能的过程。

图 4-9（b）显示了局部放大的涡簧在最大工作扭矩作用下截面上的应力分布情况。内边界上受到压应力，外边界上受到拉应力，图（b）中显示的应力值是用颜色表示的应力绝对值。应力大小是层状分布的，内外边界处应力最大，中间的中性层处应力等于 0。中性层稍稍靠近内边界处。中性层向内边界的方向上，颜色显示的应力变化区域比中性层向外边界方向上的对应区域要宽，表示应力在以中性层为分界面，向外边界的方向上，应力变化更大一些。

4.3　储能过程涡簧的稳定性分析

4.3.1　钢梁的稳定性

当结构受到载荷达到某一数值，若再增加一个微小的增量，则结构的平衡状态将发生很大的改变，这种现象叫结构的失稳或者结构屈曲。对于钢梁而言，是指钢梁丧失了整体的稳定性或者局部稳定性，在载荷超过了临界载荷后，发生变形，导致承载力变化。涡簧的长度远大于截面尺寸，可以看做是细长的钢梁。在储能系统的储能过程中，涡簧受到工作扭矩超过临界载荷造成结构失稳，会导致储能装置失效，储能过程中断，要在特定工作情况下对涡簧的稳定性做分析[3-4]。

对于钢梁稳定性的情况，可以分成 3 个类型：分支点失稳、极值点失稳、跃越失稳。

（1）分支点失稳

理想轴心压杆和理想的中面内受压的平板失稳均属于分支点失稳，也称做第 1 类稳定。分支点失稳又分为稳定分支点失稳和不稳定分支点失稳。如图 4-10 所示。

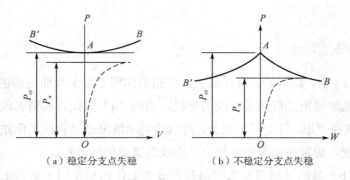

（a）稳定分支点失稳 （b）不稳定分支点失稳

图 4-10 **分支点失稳**

图 4-10（a）所示，按小挠度理论轴心受压杆件屈曲后，挠度增加时载荷略微增加，其载荷-挠度曲线是 AB 或者 AB'，这种平衡状态时稳定的，属于稳定分支点失稳。图 4-10（b）所示，受压结构在屈曲后只能在远比屈曲载荷低的条件下维持平衡状态，其载荷-挠度曲线是 OAB 或者是 OAB'，属于不稳定分支点失稳。

（2）极值点失稳

图 4-11 所示为极值点失稳示意图。

偏心受压构件在轴向压力作用下产生弯曲变形，载荷-挠度曲线上升段 OAB，构件挠度随载荷增加，处于稳定状态，经过极值点 B，载荷下降。曲线只有极值点，没有分叉点，构件弯曲变形的性质相对分支点失稳没有改变，称为极值点失稳，也称第 2 类失稳。

（3）跃越失稳

图 4-12 所示为跃越失稳示意图。

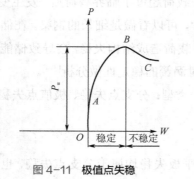

图 4-11 **极值点失稳**

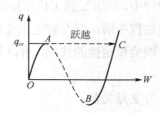

图 4-12 **跃越失稳**

两端铰接的较平坦拱形结构，在均布载荷 Q 的作用下挠度 W，先有稳定的上升段 OA，当达到曲线的最高点 A 点时，会突然跳跃到一个非常临近的具有很大变形的 C 点。拱结构下垂。这种失稳现象称为跃越失稳。

根据涡簧的实际工作情况分析，涡簧的失稳情况属于分支点失稳，即第 1 类稳定。如果涡簧在弯矩平面内失稳属于稳定分支点失稳，如果在弯矩平面外失稳属于不稳定分支点失稳。

4.3.2 有限元建模及分析

4.3.2.1 储能过程涡簧的稳定性情况

在储能过程中，见图 3-11（c），涡簧 AS-1 层层压紧在涡簧箱内壁上，固定不动；AS-3 层层旋紧在芯轴上，作为一个整体随芯轴旋转。可以认为这两个部分是整体固定的，只是长度随着涡簧的储能过程发生变化，所以这两部分的涡簧不存在稳定性问题。涡簧 LS-2 只在两端处受到弯矩作用，没有其他的载荷或者支撑，这部分的涡簧的稳定性需要分析研究。

涡簧的截面宽度比厚度大得多，沿厚度方向的抗弯截面系数相对于宽度方向上小得多。LS-2 涡簧在弯矩作用下发生弯曲变形，在弯矩平面内，涡簧做大角度的回转。由于涡簧在储能过程中始终处于弹性变形阶段，所以涡簧整体弯曲变形的情况是正常的，不计入失稳的情况。

涡簧在弯矩平面内发生弯曲时，在涡簧的侧面没有外载荷或者支撑，当弯矩达到某一个上限值后，LS-2 涡簧可能会在弯矩作用下发生扭曲变形或偏转，涡簧失去稳定性，导致涡簧承受弯矩的能力急剧下降。

涡簧的稳定性可以通过 ANSYS 有限元软件建模分析。ANSYS 使用的稳定性分析方法有两种，分别是非线性屈曲分析和特征值屈曲分析。特征值屈曲分析是传统的弹性屈曲分析方法，是预测一个理想弹性结构的理论屈曲强度。非线性屈曲分析方法是用逐渐增加载荷的非线性静力学分析技术来求得使结构开始变得不稳定时的临界载荷。在储能过程中，涡簧始终处于材料的弹性范围内，且认为涡簧材料是理想的弹性材料，不考虑材料的初始缺陷和其他非线性因素，所以对涡簧的稳定性分析，可以使用特征值屈曲分析方法，计算涡簧在最大工作扭矩作用下的屈曲载荷系数和模态。

4.3.2.2 有限元软件建模及分析

根据涡簧截面的形状特点，在涡簧储能过程的某一个时刻，可以把涡簧看做是双轴对称截面的细长弹性简支梁，两端面受纯弯矩作用。由于涡簧的长度远大于涡簧的截面尺寸，在涡簧的 LS-2 上全长上建立有限元模型，会导致曲面过多，运算量非常大，计算困难，所以可以截取不同长度的涡簧段，分别做有限元分析，对比结果，分析涡簧的稳定性。

使用三维造型软件 Pro/Engineer 建立不同长度的涡簧弧段的三维模型，输入 ANSYS 有限元分析软件中的 Workbench 模块，做涡簧的稳定性分析。

以矩形截面涡簧作为分析对象，如图4-6，截取两个长度的弧段，涡簧结构尺寸见表4-2。

表4-2　涡簧弧段尺寸

弧段	弧段半径/mm	弧段圆心角/ (°)	截面宽度/mm	截面厚度/mm
1	80	90	40	2
2	80	180	40	2

根据《涡簧计算手册》计算涡簧的最大工作扭矩 T_2 和最小工作扭矩 T_1。涡簧材料的性能参数，见表4-3。

表4-3　涡簧材料性能

弹性模量 E/GPa	抗拉强度 σ_b/MPa	材料	T_2/N·m	T_1/N·m
197	1 653	55CrMnA	39.67	19.84

根据给定的参数，使用实体单元，材料选择工程钢材，在 ANSYS 软件中建立涡簧弧段的有限元模型，并划分网格。网格尺寸要小于涡簧的厚度尺寸，以便更好显示涡簧在弯矩作用下发生屈曲前后的应力情况。边界条件的设置需要符合 LS-2 涡簧在储能过程中的情况如图4-13所示。

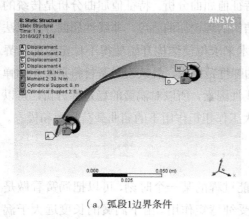

　　　　（a）弧段1边界条件　　　　　　　　　（b）弧段2边界条件

图4-13　边界条件

在涡簧弧段的两端添加弯矩，并设置约束，限制涡簧两端面始终与弯矩平面垂直，在涡簧的侧面上没有支撑和载荷。

涡簧稳定性分析前，要先做涡簧的静力学分析，使用最大工作扭矩 T_2 加载，并分析涡簧在载荷作用下的变形和应力应变情况。在静力学分析结束后，对涡簧弧段做稳定性分析。分析两个涡簧弧段的稳定性情况，并对比结果。表 4-4 显示弧段稳定性分析的载荷系数。

表4-4　弧段载荷系数

阶数	1	2	3	4	5	6
弧段 1 载荷系数	12.76	14.744	22.412	24.628	29.97	33.552
弧段 2 载荷系数	10.98	19.098	19.962	22.302	25.915	28.095

如图 4-14 是两种弧段稳定性分析的结果，只列举比较有代表性的结果。

图 4-14（a）、（b）显示的是两个弧段在稳定性分析的第 1 阶的结果，一般在做稳定性分析时，最关心的是第 1 阶临界弯矩。图（c）、（d）显示的是两个弧段第 5 阶的分析结果，在第 5 阶时，涡簧弧段的出现扭曲变形。图（e）、（f）显示的是在分析的 6 阶模态中，侧向偏移最大的结果，图中显示是 z 方向的偏移距离。

4.3.3　结果分析

从 ANSYS 分析结果看，在第 1 阶到第 4 阶所对应的模态表示，涡簧是在弯矩作用下发生的弹性弯曲，涡簧的截面形状没有变化，这种变形是涡簧储能弹性势能的正常过程，不考虑涡簧失稳的问题。

通过观察，在涡簧分析结果的第 5 阶，涡簧沿宽度方向的局部形状发生扭曲，说明涡簧在这个弯矩下会在涡簧的截面上发生局部的失稳情况，这种情况可以认为是涡簧在弯矩平面内失稳，承受的弯矩会急剧下降，导致涡簧失稳的情况出现。此时，载荷系数很大且弧段 1 和弧段 2 的长度相差 1 倍。可以推断，在涡簧储能过程中，涡簧受到的弯矩远远达不到失稳的临界弯矩，可以不考虑这种失稳情况对涡簧的影响。

涡簧侧向偏移结果显示涡簧的偏移量非常少，只是涡簧宽度的 1%，涡簧没有失稳情况发生。通过对两种涡簧段的分析发现，在弯矩平面外的偏移量随长度的变化增加得很少。可以认为是由于涡簧的宽度尺寸远大于厚度尺寸，导致涡簧在弯矩平面外方向的抗弯刚度远大于弯矩平面内的抗弯刚度。同时考虑涡簧在储能时是安装在涡簧箱内，工作空间有限制，所以在涡簧储能过程中，可以不考虑涡簧在弯矩平面外的失稳情况。

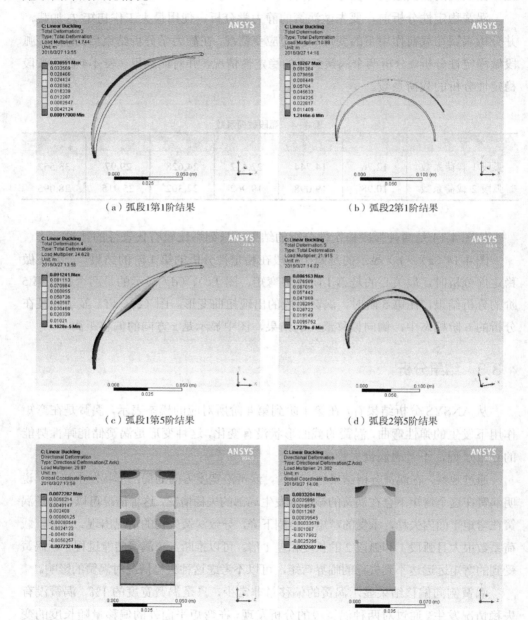

（a）弧段1第1阶结果　　　　　　　　　　（b）弧段2第1阶结果

（c）弧段1第5阶结果　　　　　　　　　　（d）弧段2第5阶结果

（e）弧段1侧向最大偏移　　　　　　　　　（f）弧段2侧向最大偏移

图4-14　稳定性分析结果

4.4 涡簧模态分析

4.4.1 模态分析方法

模态是机械结构的固有振动特性，每一个模态具有特定的固有频率、阻尼比和模态振型。模态分析要获得机械结构的模态参数，如果通过模态分析方法搞清楚了结构物在某一易受影响的频率范围内，各阶主要模态的特性，就可预知结构在此频段内，在外部或内部各种振源作用下实际振动响应。

模态分析方法就是以振动理论为基础以模态参数为目标的分析方法。一般模态分析分为 3 类：一是有限元分析法（finite element analysis，FEA）；二是基于输入输出模态试验的试验模态分析法（experimental modal analysis，EMA）；三是基于仅测量输出的运行模态分析法（operational modal analysis，OMA）。

前文分析涡簧的力学特性时把储能过程看做是静力学过程，忽略了涡簧振动方面的因素。但是在储能系统工作时，系统的机械结构必然会引发振动，涡簧作为一个细长结构的机械零件，其自身的振动特性会对这一过程中有重要的影响，所以要对涡簧的频率和振型做分析研究。涡簧振动情况的分析是使用有限元数值分析的方法分析其模态。

4.4.2 单体涡簧模态分析

4.4.2.1 有限元建模及分析

ANSYS 有限元分析软件具有强大的模态分析能力，可以使用 ANSYS 软件的 Workbench 模块对涡簧做模态分析[5-6]。

选用矩形截面的涡簧作为分析对象，如图 4-6，具体涡簧的性能参数见表 4-3，涡簧的结构等参数见表 4-5。

表 4-5　涡簧性能参数

弹簧的横截面尺寸	弹簧长度	最大转矩	芯轴直径	松卷时的圈数
40mm×2mm（$b \times h$）	20m	39.67N・m	0.08m	22

　　先通过三维建模软件 Pro/engineer 建立涡簧的三维模型，再引入到 ANSYS 系统中，进行有限元分析。在 ANSYS 的 workbench 模块中，使用系统默认的三维实体单元类型进行有限元建模。根据储能涡簧的工作特点，涡簧的一端固定在芯轴上，另一端固定在涡簧盒的内壁上，以此设计边界条件。

　　由于涡簧材料的变形属于弹性变形，涡簧在分析的时候采用一般的线性问题分析方法，不需要特别定义非线性材料。涡簧模态分析设置模态阶数设置为 10，提取其中的 1 阶、6 阶、10 阶的频率和振型进行对比分析。图 4-15 显示了涡簧的振型，图（a）、（b）、（c）是矩形涡簧的振型，显示比例是 0.1。

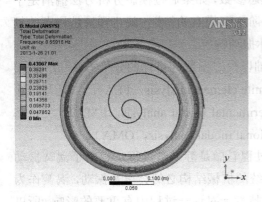
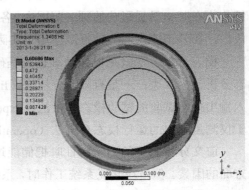

（a）涡簧1阶振型　　　　　　　　　　　　　　（b）涡簧5阶振型

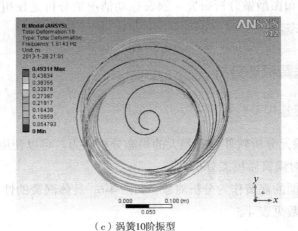

（c）涡簧10阶振型

图 4-15　涡簧的振型

　　表 4-6 给出了相应阶数的固有频率。

表 4-6　涡簧部分阶数的固有频率

阶数	1	5	10
频率/Hz	0.55916	1.3408	1.6143

4.4.2.2　单体涡簧模态分析结果

由表 4-6 可知，涡簧的频率非常低，第 1 阶只有 0.55916Hz，属于柔性非常大的机械结构。涡簧可以看做是长度远大于涡簧的截面尺寸的细长杆，弯曲成螺旋形，只在涡簧的两端固定安装，侧向没有支撑，所以涡簧应该属于柔性很大的结构，这样的结构发生振动后，在没有约束的情况下，振幅会非常大。

由图 4-15（a）可知，涡簧在 xy 平面内，即弯矩平面内的平行振动，振幅相当于涡簧的直径；由图（b）可知，涡簧在 xy 平面内发生中部弯曲振动，涡簧片弯曲扭转，彼此重叠；由图（c）可知，涡簧沿着 y 方向发生了纵向两次弯曲。

因此，当涡簧大柔性结构发生共振后，涡簧在工作扭矩平面内会剧烈地平行振动，导致涡簧片彼此压紧摩擦，引起工作扭矩的大幅度波动。在纵向也会大幅度振动，与涡簧的其他装置互相撞击，造成能量的损失和零件的损坏。避免涡簧在工作时发生共振现象非常重要。

4.4.3　涡簧箱模态分析

4.4.3.1　有限元建模及分析

储能和释能是一个动态的过程，涡簧在储能箱中旋转会引发振动。通过对单体涡簧箱模态分析，研究其自身的振动特性，确定固有频率并分析振型。

在 Creo 中建立单体涡簧箱实体模型，导入 ANSYS workbench 中，涡簧采用玻璃纤维材料，其余采用普通 65#钢材料。使用系统默认的三维实体单元类型进行有限元建模，如图 4-16 所示。

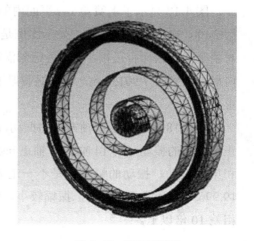

图 4-16　有限元模型

（1）频率分析

分析时，在涡簧箱上添加固定约束，避免在有限元软件中前 3 阶无效振动。由于涡簧具有柔性，对单体涡簧箱模态分析提取前 20 阶，其中表 4-7 中为第 1 阶、第 2 阶、第 8 阶、第 14 阶、第 20 阶的频率。

表 4-7　单体涡簧箱各阶频率

模态阶	1	2	8	14	20
频率/Hz	0.11845	0.12057	0.42211	0.71413	1.0462

由表 4-7 可知，第 1 阶固有频率只有 0.11845Hz，第 20 阶频率也只有 1.0462Hz，涡簧箱的频率很低，在运行过程中极易发生共振现象；并且整体的机械结构柔性很大，涡簧可以看成是截面为矩形长度远大于涡簧箱的细长梁并卷成螺旋形，两端固定。不论是储能还是释能，都是由涡簧的一端带动另外一端，而涡簧两侧没有固定约束，因而在设计中涡簧箱两侧面需固定侧板来有效避免振动。

（2）振型分析

针对单体涡簧箱的振型，主要考虑涡簧安装在箱体中的振动情况。以涡簧箱的轴向为 y 轴，则其侧面为 xoz 平面，涡簧相对 x、y、z 三轴的振型分析可以视为两种情况：xoz 平面内的振动和沿 y 轴方向的振动。本专著分别取第 2、8、14、20 阶振型分析。

图 4-17 显示了涡簧箱 xoz 平面内的振型，图（a）、（b）、（c）、（d）是矩形涡簧第 2、8、14、20 阶的振型，显示比例是 5。在相对 x 轴方向的振型，整体的振动相对整个涡簧箱而言是很小的，考虑到涡簧的厚度只有 3mm，第 20 阶的振动在平面内最大达到了 7.9013mm，达到涡簧厚度的 2 倍多，使涡簧片弯曲振动，彼此产生重叠。

图 4-18 显示了沿 y 轴方向的振动，相对 y 轴振动会出现 3 种情况，分别为 y 轴正负方向的振动（第 14 阶），y 轴正向振动（如第 2 阶）和基本不振动（如第 6 阶和第 20 阶）。振动的幅度也是不一定的，如第 14 阶振动，振幅较大，绝对值为 19.9965mm；第 7 阶振动，振幅较小，绝对值为 1.8286mm，振幅最大值与最小值相差 10 倍以上。

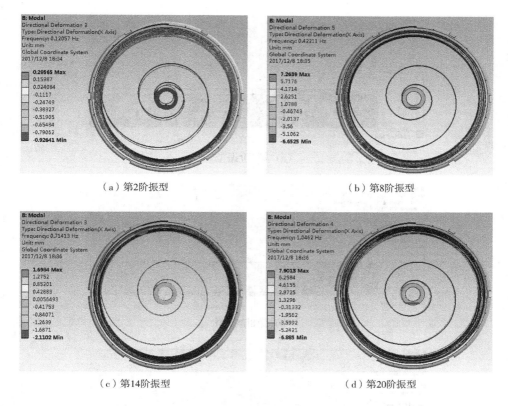

（a）第2阶振型　　　　　　　　　　　　（b）第8阶振型

（c）第14阶振型　　　　　　　　　　　　（d）第20阶振型

图 4-17　相对 x 轴振型

当涡簧箱发生共振后，箱体中涡簧在工作扭平面（xoz 平面）内会剧烈地平行振动，从而弹簧片之间相互摩擦，引起工作弯矩的波动；在轴向（y 轴）方向也会发生振动，与侧板相互碰撞，造成能量损耗和零件的破坏。并且由于涡簧柔性较大，可能既发生平面内振动，也发生轴向振动，因此避免箱体在运行时共振是非常重要的。

4.4.3.2　涡簧箱模态分析结果

建立单体涡簧箱的有限元模型，利用有限元软件进行模态分析，通过模态分析，涡簧箱第 1 阶固有频率只有 0.11845Hz，第 20 阶频率也只有 1.0462Hz，这种频率下单体涡簧箱极易共振，即单体涡簧箱属于低频大柔性体机构；主要分析了单体涡簧箱中涡簧的振动情况，虽然在涡簧两个端部都固定，但是涡簧不管在轴向还是在径向都会发生相对较大的振动。

（a）第2阶振型

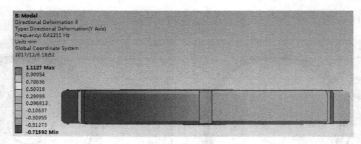

（b）第8阶振型

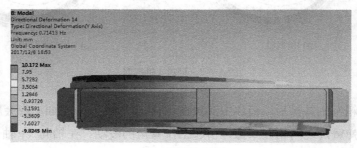

（c）第14阶振型

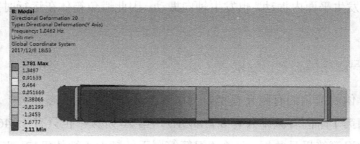

（d）第20阶振型

图4-18　相对 y 轴振型

4.5   涡簧连接结构力学分析

4.5.1   涡簧内端连接强度分析

4.5.1.1   连接强度理论计算

　　大型涡簧储能箱由多个单体涡簧箱通过芯轴并联而成，单体涡簧箱中平面涡簧是核心部件，其内端与芯轴连接，外端与涡簧箱内壁连接。涡簧内端与芯轴连接方式通常有 V 型槽固定、弯钩固定、齿式固定、销式固定，不同连接方式各有特点，但通常适用于芯轴直径尺寸较小时，由于机械弹性储能系统采用大型涡簧储能箱，要保证连接的可靠性和安全性，常规的连接方式已不适用。针对涡簧内端与芯轴的连接，提出了芯轴盒-螺钉组-压块的连接方式，通过建立连接的实体模型（图 4-19）与有限元模型，分析连接中各零件的应力及其分布，并针对连接易发生失效的部位对其进行分析校核[7]。

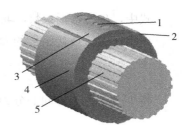

图 4-19   **涡簧内端连接实体模型**
1—螺钉；2—涡簧；3—压块；
4—芯轴盒；5—芯轴

　　理论计算针对单个涡簧内端连接体进行，其主要几何参数见表 4-8，涡簧材料选用玻璃纤维，芯轴盒和压块选用 65#钢材，材料性能参数见表 4-9。

表 4-8   弹性储能箱主要几何参数及材料参数（单位：mm）

储能箱外径 D_1	芯轴直径 D_2	芯轴盒径向厚度	压块（半径×径向最大距离）	涡簧（厚度 h×宽度 b）
1060	100	25	75×11	3×120

表 4-9   弹簧钢、玻璃纤维机械性能参数

材料	弹性模量 E/GPa	材料的密度 ρ/kg·m^{-3}	抗拉强度极限 σ_b/MPa
65#	200	7850	400
玻璃纤维	40	2540	900

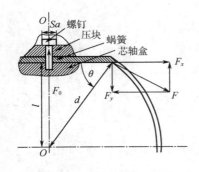

图 4-20 **连接力学模型**

涡簧内端与芯轴连接处的力学模型如图 4-20 所示。一般情况下涡簧的最大理论极限弯矩 T_{max}：

$$T_{max} = Z_p \sigma_b \tag{4-30}$$

式中，Z_p 为塑形断面系数，$Z_p = bh^2/4$，m^3；σ_b 为涡簧材料的抗拉强度，MPa。

已知涡簧的基本参数 h 和 b：

$$T_{max} = \frac{0.12 \times 0.003^2}{4} \times 900 \text{ N} \cdot \text{m} = 243 \text{ N} \cdot \text{m} \tag{4-31}$$

涡簧的最大工作弯矩 T_s：

$$T_s = K T_{max} = 0.9 \times 243 \text{ N} \cdot \text{m} = 218.7 \text{ N} \cdot \text{m} \tag{4-32}$$

式中，K 为修正系数，取 0.9。

作用在螺钉连接组上的力 F 为：

$$F = T_s / d \tag{4-33}$$

将 F 分解为 x 方向的分力 F_x 和 y 方向的分力 F_y：

$$\begin{cases} F_x = F \sin\theta \\ F_y = F \cos\theta \end{cases} \tag{4-34}$$

将 F_y 平移至螺钉组连接轴线 OO 处，则附加弯矩 M 为

$$M = F_y d \cos\theta \tag{4-35}$$

由此看出，螺钉组连接不仅受到横向载荷 F_x 与轴向载荷 F_y，而且受到倾覆力矩 M 作用。代入参数，由式（4-33）~式（4-35），得 F、F_x、F_y、M 分别为 2916N、2371.68N、1695.17N 和 73909.41N · mm。

受轴向载荷的螺钉其主要失效形式为拉断和塑性变形；受横向载荷的螺钉主要失效形式为剪断和压溃。螺钉的失效大都为疲劳破坏，失效截面剧烈变化引起集中应力产生，大约有 90% 的螺钉属于螺杆疲劳破坏，计算时需要保证螺杆的疲劳静强度。初步选用 4 个 M8 螺钉进行连接强度计算。

（1）在轴向力 F_y 作用下，每个螺钉受到的轴向力 F 为：

$$F = F_y / 4 = 592.92 \text{ N} \tag{4-36}$$

（2）计算螺钉预紧力

连接首先保证所需的预紧力，预紧力的大小是根据螺钉组受力的大小以及连接的工作要求而定。螺纹连接件拧紧后的预紧应力不得大于其材料屈服点 σ_s 的 80%，对于一般连接所用的螺钉，预紧力 F_0 为：

$$F_0 = (0.5 \sim 0.6)\sigma_s A_s \tag{4-37}$$

式中，σ_s 为螺钉材料屈服极限，Pa；A_s 为螺栓公称横截面面积，m^2。

选择性能等级为 4.6 的螺钉，则 σ_s=240MPa，对公制 M8 的螺钉 A_s 为 $36.6mm^2$，参数代入式（4-37）得到预紧力 F_0=4392N。

（3）螺钉受到预紧力 F_0 与轴向工作力 F_y 的作用，强度计算准则为：

$$\begin{cases} \sigma_{ca} = \dfrac{1.3F_2}{\dfrac{\pi}{4}d_1^2} \leqslant [\sigma] \\ F_2 = F_0 - \dfrac{C_b}{C_b + C_m}F \end{cases} \tag{4-38}$$

式中，F_2 为螺钉总拉力，N；d_1 为螺纹小径，m；$\dfrac{C_b}{C_b + C_m}$ 为螺钉相对刚度。

由螺钉强度条件，这里的螺钉连接的相对刚度取 0.2，螺钉小径为 7.18mm，式（4-38）得到 σ_{ca}=137.28MPa。安全系数 S 取 1.5，$[\sigma]$=σ_s/1.5=160MPa，$\sigma_{ca}<[\sigma]$，满足强度条件。

（4）对于倾覆力矩 M 的作用，由于螺钉并排布置在对称轴 OO 线上，即螺钉中心与对称轴中心的距离为 0，故可以忽略倾覆力矩对螺钉的影响。

（5）在横向力 F_x 的作用下，螺钉受到剪切应力与挤压应力，其强度计算准则为：

$$\begin{cases} \tau = \dfrac{4F_x}{m\pi d_0^2} \leqslant [\tau_p] \\ \sigma_p = \dfrac{F_x}{\delta d_0} \leqslant [\sigma_{pp}] \end{cases} \tag{4-39}$$

式中，m 为受剪切面数；d_0 为螺钉受剪处直径，m；$[\tau_p]$ 为许用切应力，Pa；δ 为受挤压高度，m；$[\sigma_{pp}]$ 为最弱者许用应力，Pa。

此处的受剪切面数 m 为 3，受剪直径与螺纹小径相等，M8 螺钉在盲孔内受挤压高度 δ 为 7mm，螺钉在受到静载荷时的许用切应力 $[\tau_p]$=σ_s/2.5=96MPa，许用挤压应力 $[\sigma_{pp}]$=σ_s/1.25=192MPa，代入参数到式（4-39）得：τ=4.87MPa$\ll[\sigma_{pp}]$，σ_p=11.92MPa$\ll\sigma_{pp}$，剪切应力和挤压应力均满足条件。

4.5.1.2　有限元分析

（1）有限元模型

在 Creo 中建立连接的实体模型，将连接实体模型导入 ANSYS Workbench 中，涡簧采用玻璃纤维材料，其余采用普通 65#钢材料。分别对涡簧与芯轴盒、涡簧与压块的接触类型设置为 no separation，且接触面均设置在涡簧上，目标面为芯轴盒与压块上；其他接触位置设置为 bonded，如图 4-21 所示。

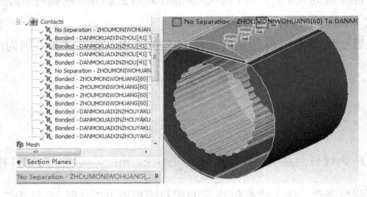

图 4-21　接触对设置

使用系统默认的网格划分方式，共 28953 个节点，15896 个单元。有限元模型如图 4-22 所示。

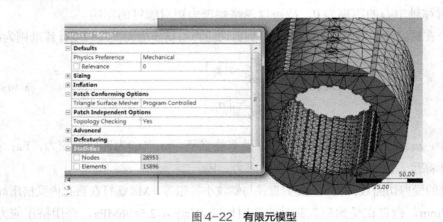

图 4-22　有限元模型

（2）边界条件

模型主要分析连接体中螺钉组及与之相接触部位的应力，由于芯轴通过花键与芯轴盒连接，通过螺钉固定并带动连接体旋转，所以在涡簧与螺钉连接部位施加固定约束；在芯轴盒上设置驱动转矩 T_s；在螺钉上设置预紧力 F_0，如图 4-23 所示。

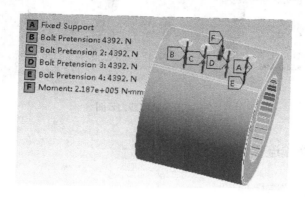

图 4-23　边界条件

（3）应力分析

螺钉在结构中起到连接固定的作用，同时受到力与力矩的作用，对芯轴盒-螺钉组-压块的连接结构进行有限元接触仿真分析。为了便于观察，取中间螺钉的剖面和螺钉单独分析。

观察图 4-24 和图 4-25，整体受到的主要应力集中在螺钉与被连接件接触面周围，应力值随着离螺钉距离变大而减小。连接体中最大应力值为 129.27MPa，位于压块螺钉孔下边缘，图中 max 位置，因为该位置不仅受到工作载荷和螺钉预紧力挤压作用，而且边缘位置易产生应力集中；由于螺钉沿轴向并列布置，每个螺钉的应力分布情况相似，零件间与螺钉接触的部位有明显应力变大现象，螺钉上最大应力值为 120.79MPa，位于螺杆和涡簧与压块接触面相切部位周围，如图 4-25 所示，即图 4-24 中箭头所指位置，该部位易发生疲劳失效，与理论计算结果 137.28MPa 相比，相差不大。

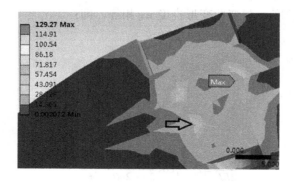

图 4-24　剖视应力云图

图 4-25　螺钉应力云图

4.5.2　涡簧外端连接强度分析

4.5.2.1　涡簧外端连接模型

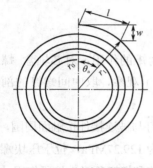

图 4-26　衬片数学模型

衬片与涡簧通过螺钉连接于箱体内壁，衬片安装后与涡簧相贴合并随着涡簧的曲率变化而变化，由于在涡簧与箱体连接部分涡簧形状符合阿基米德螺旋线，因此衬片形状也符合阿基米德螺旋线[8]。

如图 4-26 所示，长度为 l 的衬片在涡簧作用下，由 r_0 到 r_1 转过的角度记为 θ_a，在垂直方向下弯曲的距离记为 w，可以近似看为：

$$\theta_a = \frac{l}{(r_0 + r_1)/2} \tag{4-40}$$

$$w = r_0 - r_1 \cos\theta_a = r_0 - r_1 \cos\frac{2l}{r_0 + r_1} \tag{4-41}$$

衬片在涡簧作用下的变形可以视为一悬臂梁受到弯矩 M_e 下的弯曲变形，令垂直方向下弯曲的长度 w 与弯曲变形挠度 w_B 相等，即：

$$w = w_B \tag{4-42}$$

其中，

$$w_B = M_e l^2 / 2EI \tag{4-43}$$

因此有：

$$\frac{M_e l^2}{2EI} = r_0 - r_1 \cos\frac{2l}{2a + 2b\theta_0 - b\theta_a} \tag{4-44}$$

即：

$$M_{\mathrm{e}} = \frac{2EI}{l^2}\left(r_0 - r_1\cos\frac{2l}{2a + 2b\theta_0 - b\theta_{\mathrm{a}}}\right) \qquad (4\text{-}45)$$

由式（4-45）得到梁受到的弯矩 M_{e} 与梁的长度 l 有关。

4.5.2.2 有限元分析

弹性储能系统方案中，选用 10kW 实验用双馈电机，其额定转速为 1000r/min，最大转矩为 366.66N·m，减速器传动比为 3，则作用在涡簧芯轴上的最大转矩 M_{q} 为 1099.98N·m。衬片使用弹簧钢，选用 65#碳素钢，其截面是宽度 t 为 120mm、高度 h 为 3mm 的矩形；涡簧材料选用玻璃纤维，具有更低的材料密度和更高的储能密度。衬片材料和涡簧材料机械性能见表 4-3。涡簧箱内壁半径 R 设计为 480mm，阿基米德螺旋蜗的圈数 n 取 10 圈，则涡簧形状的极坐标参数中 $b=3/2\pi$ mm/rad，$a=R-2n\pi b=480$mm-30mm$=450$mm。

在 Creo 中建立涡簧初始形态实体模型，如图 4-27 所示。

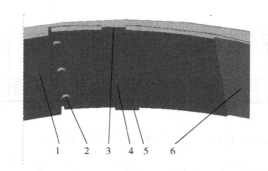

图 4-27 衬片连接实体模型

1—涡簧箱；2—螺钉；3—左凸耳；4—衬片；5—右凸耳；6—涡簧

其中涡簧 6 与箱体 1 内壁采用衬片-螺钉组固定，为更好地研究连接处涡簧与衬片的力学性能，截取涡簧与箱体固定部分进行涡簧连接有限元分析。衬片长度不同，涡簧受到的弯矩也不同，分别采用长度为 100mm、125mm、150mm、175mm、200mm、225mm 的衬片进行有限元分析。

（1）有限元模型

将衬片连接实体模型导入 ANSYS Workbench 中，采用系统默认的网格划分方法，网格单元为 solid187。长度为 150mm 的衬片连接，其总节点个数为 31952，总单元个数为 18057，有限元模型如图 4-28 所示。

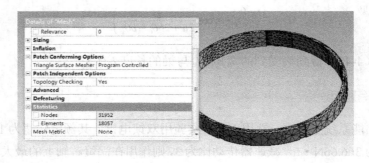

图 4-28　有限元模型

（2）边界条件

模型中主要对涡簧和衬片进行有限元分析，在涡簧箱上施加固定约束，衬片的凸耳上施加圆柱支撑约束，涡簧上施加驱动弯矩 M_q，不同长度的衬片所受初始弯矩 M_e 根据式（4-45）计算得到，见表 4-10，其方向与驱动弯矩 M_q 相反。

表 4-10　初始时衬片所受弯矩

衬片长度 l/mm	100	125	150	175	200	225
转过角度 θ/rad	0.208	0.260	0.313	0.365	0.417	0.469
计算弯矩 M_l/N·m	118.826	118.361	117.919	117.467	116.989	116.478

衬片长度为 150mm 连接的边界条件如图 4-29 所示。

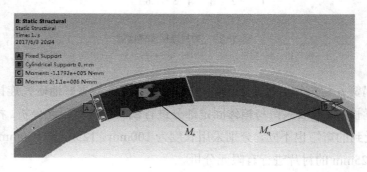

图 4-29　边界条件

（3）涡簧应力分析

不同长度衬片连接下涡簧的等效应力，为了让结果有更好的对比显示，保持最大值与最小值不变，如图 4-30 所示。当 l 等于 100mm、125mm、150mm、175mm、200mm、225mm 时所对应的最大等效应力分别为 47.57MPa、45.486MPa、43.068MPa、46.154MPa、49.288MPa、46.719MPa，尽管不同长度下的最大等效应力值有差异，但出现的位置均在衬片的中间的螺钉孔处。

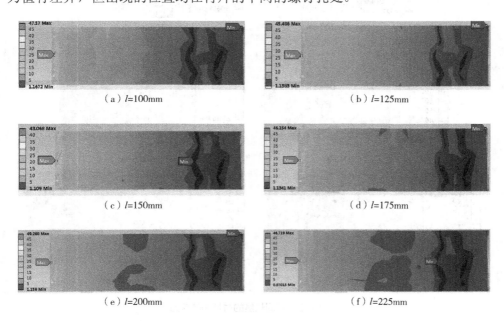

（a）l=100mm　　　　　　　（b）l=125mm

（c）l=150mm　　　　　　　（d）l=175mm

（e）l=200mm　　　　　　　（f）l=225mm

图 4-30　不同长度衬片连接下涡簧等效应力

从应力云图上看，涡簧应力值整体上从左到右在减小，但是在离固定端长度为 l（即衬片长度）位置周围有部分增大现象，并且这种现象随着 l 的增加会愈加不明显。随着衬片长度增加，涡簧中的较小应力单元区域增大，表明涡簧受到的平均应力值在减小。图 4-31 为不同衬板长度 l 下涡簧单元受到的平均应力值，该值随着长度 l 增加而减小，且降低速度减缓。表明涡簧受到的影响随着衬片长度的增加而减小。

（4）衬片应力分析

为更好观察对比结果，调整衬片等效应力显示，保持最大值与最小值不变，如图 4-32 所示。

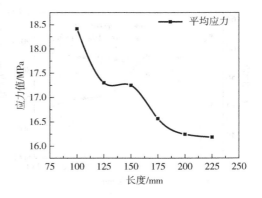

图 4-31　不同长度衬片连接下涡簧平均应力

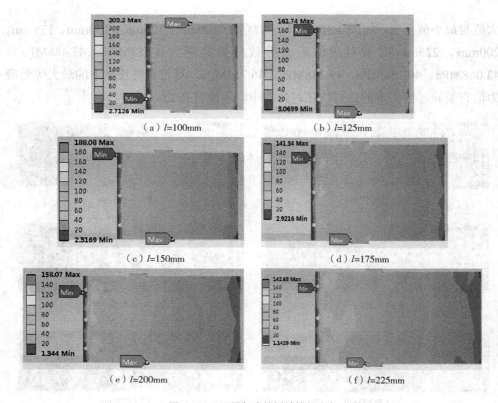

（a）l=100mm

（b）l=125mm

（c）l=150mm

（d）l=175mm

（e）l=200mm

（f）l=225mm

图 4-32　不同长度的衬片等效应力

对于不同长度衬片，除了 l=100mm 衬片的最大等效应力出现在右凸耳位置，其余长度的最大等效应力出现在左凸耳位置，且凸耳处的应力大于螺钉处受到的应力，这是由于螺钉与凸耳同时提供固定作用，而凸耳离自由端较近，产生的应变比螺钉处应变大；最小等效应力出现在衬片与螺钉连接一侧的边缘且不为 0，这是因为衬片受载后变形，产生弧面切向力，使衬片固定端一侧受挤压作用从而产生微小的压缩变形。

设小应力单元比例 s 定义为 $s=N_{\sigma i}/N_n$，$N_{\sigma i}$ 表示单元应力 $\sigma_i \leqslant 80MPa$ 的单元数，N_n 为衬片的总单元数。图 4-33 表示涡簧平均应力、小应力单元比例 s 与衬片长度 l 的关系。

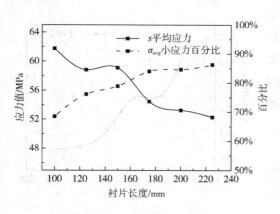

图 4-33　不同衬片应力变化

　　可以看出：随着衬片长度增加，平均应力值减小且降低率减缓，而小应力单元比例增加。这表明随 l 增加，衬片取决定作用的大应力单元比例逐渐降低，并且衬片的应力过渡趋于平缓，但是长度过大（即小应力单元过多）会增加衬片的质量，过小则会导致平均值过大、增大最大应力值和应力变化较为激烈，因此，结合涡簧与衬片相应的强度分析，在实际应用中衬片长度取 175mm 左右较为合适。

参考文献

[1]　汤敬秋. 机械弹性储能用大型涡卷弹簧力学特性研究[D]. 北京: 华北电力大学(北京)，2016：15-36.

[2]　汤敬秋，王璋奇，米增强，等. 基于涡簧的机械弹性储能技术及储能密度的提高方法[J]. 中国工程机械学报，2013, 11(3): 200-204.

[3]　周俐俐，等. 钢结构[M]. 北京: 中国水利水电出版社，知识产权出版社，2009.

[4]　陈骥. 钢结构稳定理论与设计[M]. 北京: 科学出版社，2003.

[5]　段巍，冯恒昌，王璋奇. 弹性储能装置中平面涡卷弹簧的有限元分析[J]. 中国工程机械学报，2011(4): 493-498.

[6]　DUAN W, FENG H, LIU M, et al. Dynamic analysis and simulation of flat spiral spring in elastic energy storage device [C]//2012 Asia-Pacific Power and Energy Engineering Conference, 2012: 1-4.

[7]　汤敬秋，方涛，段巍，等. 机械弹性储能箱涡簧内端连接强度分析[J]. 机械设计与制造，2020(1): 169-172.

[8]　段巍，方涛，汤敬秋，等. 机械弹性储能箱涡簧衬片连接强度分析[J]. 机械设计与制造，2017(11): 251-254.

第5章

机械弹性储能用涡簧储能密度的
计算及设计优化

5.1 引言

　　大型涡簧作为机械弹性储能技术中的重要储能元件，除了前文分析研究的涡簧的结构设计、力学特性等，涡簧的储能量和储能密度决定了储能系统的存储能量的能力，是机械弹性储能技术能够进入实际应用的重要保障，是非常重要的研究内容。本章针对涡簧结构和储能过程的特点，将研究涡簧储能量和储能密度的计算方法和提高涡簧储能密度的方法，主要研究提出了一种异型结构涡簧，并针对平面涡簧采用微分进化（differential evolution，DE）算法对其涡簧结构进行了优化设计。

5.2 涡簧储能密度概述

　　储能涡簧的储能过程是指涡簧在弯矩作用下发生弯曲变形做功，即涡簧在工作扭矩的作用下发生一定的工作转角。涡簧做功的计算式可以简写成：

$$W = T\varphi \tag{5-1}$$

　　式中，W 为工作扭矩做功；T 为工作扭矩，等于涡簧受到的弯矩；φ 为涡簧的工作转角。

储能密度是指在一个计量单位的储能材料里存储的可供使用能量的量，可用以表征储能材料存储能量的能力。通常情况下使用的储能密度可以分为两种，一种是以单位容积计量存储的能量多少，一种是以单位质量计量存储的能量多少。

储能涡簧的储能密度，可以表征为涡簧存储的能量与涡簧装置的容积的比值，即单位体积涡簧材料所存储的能量，也可以表征为涡簧存储的能量与涡簧装置的质量的比值，即单位质量涡簧材料所存储的能量。

由于涡簧在储能过程中的形状是变化的，涡簧装置的容积比实际涡簧本身的体积要大得多。如果只计算涡簧本身的体积，则涡簧的体积和质量成比例。根据以上分析，储能涡簧的储能密度可用单位质量的涡簧材料中存储的能量的量来计量的。

由式（5-1），涡簧的储能密度的计算式可以写成：

$$\rho_w = E/m \tag{5-2}$$

式中，ρ_w 为涡簧的储能密度；E 为涡簧的储能量；m 为涡簧的质量。

不考虑涡簧储存能量和释放能量过程中的摩擦等损耗，也不考虑涡簧储能状态时能量的损耗，认为涡簧在工作扭矩作用下做的功完全转换为涡簧的弹性势能存储在涡簧内，并且存储的能量能够完全释放利用，则涡簧的储能量等于涡簧在工作扭矩作用下转过一定的工作角度所做的功，即 $E=W$。由式（5-1）、式（5-2），得到涡簧的储能密度与工作扭矩和转角的关系：

$$\rho_w = T\varphi/m \tag{5-3}$$

5.3 涡簧储能密度的分析计算及优化

对涡簧储能密度的分析和计算，首先要分析涡簧在工作扭矩作用下做的功，计算涡簧的储能密度，分析涡簧储能密度的特点，进一步分析涡簧储能密度的提高和优化方法。

5.3.1 涡簧储能量的分析计算

在涡簧储能工作转角 φ 确定的情况下，涡簧储能量只与涡簧工作扭矩 T 有关，也就是与涡簧受到的弯矩有关。涡簧在储能状态的时候，LS-2 涡簧的弯矩是非线性的,并且涡簧受到的弯矩是作用在 LS-2 涡簧的长度 L_2 的,即涡簧在工作扭矩作用下做的功是工作扭矩对 LS-2 涡簧做的功。LS-2 涡簧的长度 L_2 是非线性变化的,导致涡簧的储能量也是非线性。

由式(3-67)可以知道,涡簧的弯矩 T_2 是随着输入转角 φ 的增大逐渐累加的数值,涡簧储能过程中的 AS-1 部分减少的长度 y 和 LS-2 部分减少的长度 x 都是转角 φ 的函数。弯矩 T_2 在输入角度 $\Delta\varphi$ 时的计算式可以写成一个求和公式,表示弯矩 T_2 的累积叠加的特点。相对于每一个输入角度 $\Delta\varphi$ 的弯矩 T_2 的增量 ΔT_2 可以表示:

$$\Delta T_2(\varphi) = \frac{EI}{L_2 + y(\varphi) + x(\varphi)}\Delta\varphi \tag{5-4}$$

由式(5-1),可以得到涡簧在输入转角 $\Delta\varphi$ 时所做的功:

$$\Delta W = \left[\sum_n \Delta T_2(\varphi)\right]\Delta\varphi = \left[\sum_n \frac{EI}{L_2 + y(\varphi) + x(\varphi)}\Delta\varphi\right]\Delta\varphi \tag{5-5}$$

式中,n 为 $\Delta\varphi$ 累积到当前输入角度 φ 的次数。

由式(5-4)、式(5-5),可以得到涡簧储能完毕后工作扭矩对涡簧做的功 W:

$$W = \sum_n \left[\sum_n \frac{EI}{L_2 + y(\varphi) + x(\varphi)}\Delta\varphi\right]\Delta\varphi \tag{5-6}$$

根据涡簧储能量的计算分析,储能量是随着涡簧的工作转角的叠加量,其计算方法可以参照前文对涡簧储能状态时的弯矩计算方法和迭代方法。具体步骤如下:

(1)计算涡簧储能前的基本参数

设定涡簧的基本参数,包括涡簧箱内径、芯轴直径、涡簧的长度、厚度等。设定初始状态下,AS-1 和 LS-2 涡簧的长度,涡簧全长的两个端点的极坐标。

计算 AS-1 和 LS-2 各自端点的极坐标以及公共点的极坐标,各自涡簧的最大极角。根据曲率变化,计算 AS-1 涡簧截面上受到的弯矩。

(2)计算涡簧的储能量分量

已知初始状态两种形态涡簧的参数以及 AS-1 中存储的弯矩。当由芯轴输入一个转角 $\Delta\varphi$ 时,依次计算涡簧 3 个形态新的基本参数,建立新的稳定的涡簧状态。根据式(5-4),计算 LS-2 涡簧的弯矩 T_2。根据式(5-5)计算涡簧在这个转角 $\Delta\varphi$ 过程中的储能分量 ΔW。

(3)输入下一个转角 $\Delta\varphi$,重复第 2 步的操作,计算涡簧的储能量。

(4)当转角 $\Delta\varphi$ 的累加值等于最大工作转角时,根据式(5-6)得到涡簧的最大储能量 W。

根据式（5-6），把 E 和 I 从式中提出来，可以得到储能量计算公式为：

$$W = EI \sum_n \left[\sum_n \frac{EI}{L_2 + y(\varphi) + x(\varphi)} \Delta\varphi \right] \Delta\varphi \qquad (5-7)$$

用函数 $N(\varphi)$ 代替式（5-7）中求和部分，得：

$$N(\varphi) = \sum_n \left[\sum_n \frac{1}{L_2 + y(\varphi) + x(\varphi)} \Delta\varphi \right] \Delta\varphi \qquad (5-8)$$

函数 $N(\varphi)$ 是关于工作转角 φ 的函数。同时根据式（3-67）可以知道，函数 $N(\varphi)$ 也与涡簧基本参数和形状参数相关。

把函数 $N(\varphi)$ 称为涡簧储能量计算式中的储能参量函数，可以得到涡簧的储能量的计算式，为：

$$W = N(\varphi)EI \qquad (5-9)$$

观察式（5-9），可以认为涡簧的储能量是以涡簧材料的弹性模量 E 和涡簧截面惯性矩 I 为系数，$N(\varphi)$ 为参数的函数。涡簧的储能量与弹性模量 E 和涡簧截面惯性矩 I 为系数以及储能参量函数 $N(\varphi)$ 成正比。

5.3.2 涡簧储能密度影响因素的分析

（1）涡簧储能装置的基本参数

根据对涡簧储能量的分析计算，可以得到涡簧储能密度的计算方法，通过对涡簧储能密度的分析，找到对储能密度影响比较大的结构和相关参数，对其进行优化，可以有效提高涡簧储能密度。

由式（5-3）、式（5-9），可以得到涡簧储能密度的计算式，如式（5-10）所示。

$$\rho_{\mathrm{w}} = \frac{N(\varphi)EI}{m} \qquad (5-10)$$

其中 $N(\varphi)$ 与涡簧储能装置中基本参数和形状参数相关。这里计算涡簧的储能密度，只考虑涡簧本身的储能密度，并且对涡簧形状做了基本设定，所以在分析涡簧储能密度的过程中，不考虑 $N(\varphi)$ 的影响。

式（5-10）中的 m 是涡簧的质量。当涡簧的材料和结构尺寸不变时，质量是一个确定值。当材质和结构发生变化时，m 会对涡簧的储能密度产生影响。

（2）涡簧材料弹性模量的分析

式（5-10）中 E 是涡簧材料的弹性模量。在材料弹性范围内，材料的 E 越大，涡簧的储能密度越大，是成正比的。目前常见的涡簧材料有 3 种，钢材是最常见的也是使用量最大的，还有碳纤维材料和玻璃纤维材料等，力学性能各有不同[1-5]。这 3 种材料的弹性模量、材料的密度和抗拉强度极限的参数见表 5-1。

表 5-1　三种材料性能

性能比较项目	弹簧钢	玻璃纤维	碳纤维
抗拉强度 σ_b/MPa	2700	4800	7000
弹性模量 E/GPa	200	90～120	250～400
密度 ρ_m/kg·m^{-3}	7850	2520	1780

根据式（5-9）、式（5-10），涡簧的弯矩是一个与输入转角相关的求和公式，可以通过迭代运算求得，但是不适合于几种材料储能量的计算比较。所以本专著中使用一个细长杆代替涡簧，近似地对 3 种材料做储能量和储能密度的计算。

设细长杆的长度为 l，截面厚度为 h，惯性矩为 I。根据材料力学弯曲理论，计算一定长度的细长杆在材料允许的最大弯矩作用下弯曲的角度。由《材料力学》弯矩相关理论计算涡簧的弯矩，作为涡簧弯曲做功的弯矩使用，如式（5-11）：

$$T_{\max} = \sigma_b \frac{2I}{h} \tag{5-11}$$

在弯矩 $T_{\max}$ 作用下，细长杆发生的转角为：

$$\varphi = \frac{T_{\max} l}{EI} = \sigma_b \frac{2l}{Eh} \tag{5-12}$$

由式（5-1）、式（5-11）、式（5-12），计算细长杆在最大弯矩作用下做的功，也就是细长杆存储的能量。当细长杆的结构尺寸确定的时候，式中的 I、l、h 都是常数，细长杆存储的能量可以写成：

$$W = C\sigma_b^2/E \tag{5-13}$$

式中，$C = 2Il/h^2$，表示一个常数。

根据式（5-3），式（5-13）可以得到细长杆的储能密度的计算式 ρ_w：

$$\rho_w = C\sigma_b^2/\rho_m EV \tag{5-14}$$

式中，V 为细长杆的体积；ρ_m 为涡簧材料密度。

根据式（5-13）、式（5-14）计算 3 种材料的储能量和储能密度，见表 5-2。

表5-2　3种材料储能量和储能密度

比较项目	弹簧钢	玻璃纤维	碳纤维
储能量/J	36450000C	192000000C	122500000C
储能密度/（J/kg）	4640（C/V）	76190（C/V）	68820（C/V）

从表5-1和表5-2可以知道，虽然碳纤维的弹性模量和抗拉强度都很高，但是相同条件下，玻璃纤维的储能量和储能密度都比碳纤维高，其中显示弹簧钢的储能量和储能密度是3种材料中最低的，但是钢材存量大，价格便宜，所以还是目前应用最多的涡簧材料。

以上对储能量和储能密度的计算结果是使用细长杆代替涡簧，使用材料力学弯曲理论代替涡簧储能过程而做的近似计算，这个计算结果不是很准确，但是可以定性地分析涡簧材料性能对储能量和储能密度的影响。根据计算结果对比，涡簧材料弹性模量不是越高越好，要与抗拉强度互相匹配，才可以达到比较大的储能量和储能密度。

（3）涡簧截面惯性矩的分析

式（5-10）中I是涡簧横截面上的惯性矩。目前使用的涡簧的结构基本都是以矩形作为横截面的形状的细长杆件，其截面形状如图5-1所示。

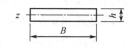

图5-1　涡簧截面形状

图5-1所示，涡簧的横截面的宽度是B，厚度是h，涡簧在受到弯矩作用产生弯曲时z轴是截面的旋转轴。

同样，用一根细长杆代替涡簧，使用材料力学杆件弯曲理论计算细长杆的储能量和储能密度，近似分析涡簧截面惯性矩对储能量和储能密度的影响。设细长杆的长度是l，横截面的结构尺寸与涡簧的相同。

在做涡簧截面结构对储能量和储能密度影响的分析时，由于弯矩计算结果是截面惯性矩的倍数，使用涡簧在储能过程中的最大弯矩T计算涡簧在工作角度φ中做的功，对涡簧截面结构的分析结果没有影响，可以使用涡簧的最大弯矩代替涡簧做功过程中的弯矩。

由式（5-1）、式（5-11），可以得到涡簧的储能量W：

$$W = \frac{2I}{h}\sigma_b\varphi \qquad (5\text{-}15)$$

由矩形惯性矩的计算方法，得到细长杆储能量的计算公式：

$$W = \frac{Bh^2}{6}\sigma_b\varphi \qquad (5\text{-}16)$$

根据式（5-3）、式（5-16）可以得到细长杆的储能密度 ρ_w：

$$\rho_w = h\sigma_b\varphi/6\rho_m l \tag{5-17}$$

由式（5-15）、式（5-17）可知，细长杆的储能量与惯性矩有关系，由于惯性矩是由截面形状尺寸决定的，所以储能量与截面形状的尺寸相关。当旋转角度 φ 确定的时候，储能量与截面的宽度 B 成正比，与截面上的厚度 h 的平方成正比。储能密度与截面宽度 B 无关，与截面上的厚度 h 成正比。

以上的分析结果是使用细长杆代替涡簧做的近似计算，这个计算结果不是很准确，但是可以定性分析涡簧横截面的尺寸对储能量和储能密度的影响。

5.3.3　提高涡簧储能密度的方法

根据对涡簧储能密度的分析，可以知道提高涡簧储能密度的方法可以分为两个方向：一是选用高弹性模量、高抗拉强度的优质涡簧材料，在上文的对比中，玻璃纤维的性能优于碳素纤维，而碳素纤维的性能优于弹簧钢；二是改变涡簧横截面的结构尺寸，上文中的分析表明，矩形截面的宽度对储能密度没有影响，而厚度则可以提高涡簧的储能密度。

在涡簧材料已经选定情况下，本专著考虑对涡簧横截面结构尺寸做结构上的设计优化。选用矩形横截面的涡簧，其横截面如图 5-1 所示。

涡簧在受到弯矩作用后，其横截面绕着图 5-1 中的 z 轴旋转。涡簧相对于 z 轴的惯性矩 I 的计算公式，如式（5-18）所示。

$$I_z = Bh^3/12 \tag{5-18}$$

涡簧截面的宽度 B 和惯性矩 I 成正比，厚度 h 的三次方和惯性矩 I 成正比。在式（5-17）中表明，涡簧截面的宽度 B 与涡簧的储能密度无关，这里不再考虑。

涡簧惯性矩 I 与涡簧截面厚度 h 的三次方成正比。当厚度 h 达到最大，即位于涡簧弯曲的外表面上，涡簧惯性矩 I 最大。当厚度 h 逐渐减小，直到接近截面的中性轴时，涡簧惯性矩 I 也逐渐减小，直至等于 0。所以在涡簧横截面上，随着厚度 h 的变化，涡簧面积对惯性矩 I 的贡献是不一样的。涡簧距离截面中性轴越远，惯性矩 I 越大，当涡簧接近中性轴处时，惯性矩 I 的值近似等于 0。由式（5-11）可以知道，涡簧弯矩的变化与截面惯性矩的变化相关。

基于以上的分析，可以考虑在保持涡簧截面积不变的情况下，把涡簧截面远离涡簧截面的中性轴，这样相当于增大了涡簧的厚度 h，从而增大了涡簧弯矩，同时又没有改变涡簧的质量，由此可提高涡簧的储能密度。但是这样设计结果就是增大了涡簧的体积，在长度等结构尺寸不变的情况下，会造成到涡簧工作转角的减小，影响到涡簧的储能量。

综合以上设计思想，可以考虑在涡簧横截面外形尺寸保持不变的情况下，把对涡簧惯性矩贡献小的面积去除掉，只保留对惯性矩贡献大的面积。这样做的结果是可以在少量减小涡簧惯性矩的同时，去除掉大量的涡簧质量，从而提高涡簧的储能密度。

涡簧截面改变之后，可以把这种涡簧称为异型截面涡簧，如图5-2所示。

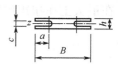

图5-2　**异型截面**

图中，在涡簧矩形截面的基础上，在中性轴z附近对称设计矩形槽，并在矩形槽一侧设计半圆形槽。矩形槽是宽度为c、深度为a的长槽，在槽的末端做半圆形的槽，半圆槽与矩形槽的两个面是相切的。这样的结构在涡簧截面的两侧各做一个，两个槽是对称的。涡簧截面两端对称的槽就是在截面上去掉的面积。长槽面积与涡簧矩形面积的比值，就是在涡簧上去除的质量与原涡簧质量的比值。长槽面积在惯性矩的计算中占的比重，则是远小于剩余部分占的比重。

5.3.4　涡簧储能密度的优化

（1）设计分析

根据图5-2所示的异型截面，可以计算这样截面的涡簧储能密度。异型截面相对于z轴的惯性矩可以计算：

$$I_z = \frac{Bh^3}{12} - 2\frac{ac^3}{12} - \frac{\pi c^4}{64} \tag{5-19}$$

由式（5-16）、式（5-20）可以得到异型截面涡簧的储能量：

$$W = \frac{2\sigma_b\varphi}{h}\left(\frac{Bh^3}{12} - 2\frac{ac^3}{12} - \frac{\pi c^4}{64}\right) \tag{5-20}$$

由式（5-21），设涡簧长度为l，可以得到异型截面涡簧的储能密度计算式。

$$\rho_w = \frac{2\sigma_b\varphi\left(\dfrac{Bh^3}{12} - 2\dfrac{ac^3}{12} - \dfrac{\pi c^4}{64}\right)}{\rho_m lh\left[Bh - \left(2ac + \dfrac{\pi c^2}{4}\right)\right]} \tag{5-21}$$

计算异型截面涡簧的储能密度的时候，可以把中性轴处的结构尺寸作为设计变量，以涡簧的储能密度计算式的倒数为目标函数，寻求储能密度的最优解。

由于涡簧在储能过程中的受力可以认为是纯弯曲作用，涡簧截面上的剪力等于 0，不用考虑涡簧截面的剪切应力。观察图 5-2，沿着截面中性轴减少面积，在中性轴上减少的面积最多，两侧面之间的距离最短。当中性轴处涡簧的面积过窄的时候，一旦异型截面涡簧受到很大的弯矩，有可能导致在中性轴上两侧面距离最短的地方发生结构失稳。

异型截面涡簧可以看做是一个工字型梁，参照梁稳定性的计算方法，计算涡簧在最大工作扭矩作用下的稳定性[7-8]。

$$T_{cr} = \frac{\pi^2 E I_z}{l^2} \sqrt{\frac{I_w}{I_z}\left(1 + \frac{l^2 G I_t}{\pi^2 E I_w}\right)} \tag{5-22}$$

式中，I_z 为涡簧相对于 z 轴的惯性矩；I_w 为涡簧翘曲惯性矩；I_t 为涡簧抗扭惯性矩；G 为涡簧材料剪切模量，取 $80 \times 10^4 \text{MPa}$。

涡簧翘曲惯性矩的计算公式：

$$I_w = I_z h^2/4 \tag{5-23}$$

式中，h 为涡簧的厚度。

由图 5-2 可以得到 I_w 的计算结果：

$$I_w = \left(\frac{Bh^3}{12} - 2\frac{ac^3}{12} - \frac{\pi c^4}{64}\right)h^2 \Big/ 4 \tag{5-24}$$

涡簧抗扭惯性矩的计算公式：

$$I_t = \frac{1}{3}\sum_i^n b_i t_i^2 \tag{5-25}$$

式中，b_i 为涡簧截面各部分的厚度；t_i 为涡簧截面各部分的宽度；n 为涡簧截面个数；l 为涡簧长度。

由图 5-2 可以得到 I_t 的计算结果：

$$I_t = \frac{1}{3}\big[(h-c)B + (B-a-c)c\big] \tag{5-26}$$

根据稳定性的临界弯矩计算公式，得到涡簧的临界稳定应力。

$$\sigma_{cr} = \frac{1}{W_x}\frac{\pi^2 E I_z}{l^2}\sqrt{\frac{I_w}{I_z}\left(1 + \frac{l^2 G I_t}{\pi^2 E I_w}\right)} \tag{5-27}$$

式中，W_x 为涡簧截面抗弯截面系数。

涡簧稳定性的临界弯矩应满足以下关系式：

$$\sigma_{cr} \geqslant -0.36f \tag{5-28}$$

式中，梁的整体稳定系数近似取为 0.36；f 为材料的抗弯强度设计值，2.15×10^9Pa。

（2）数学模型建立及求解

根据上面分析得到的数据公式，建立涡簧的优化数学模型。

设计变量：

$$x = \begin{bmatrix} x_1 \\ x_2 \end{bmatrix}, x_1 = a, x_2 = c \tag{5-29}$$

目标函数：

$$\min f(x) = \frac{\rho_{\mathrm{m}} l h \left[Bh - \left(2ac + \dfrac{\pi c^2}{4} \right) \right]}{\sigma_{\mathrm{b}} \varphi \left(\dfrac{Bh^3}{6} - \dfrac{x_1 x_2^3}{3} - \dfrac{\pi x_2^4}{32} \right)} \tag{5-30}$$

约束条件：

$$\text{s.t.} \quad \text{s.t.} \begin{cases} g_1(x) = x_1 > 0 \\ g_2(x) = x_2 > 0 \\ g_3(x) = \dfrac{\sigma_{\mathrm{cr}}}{\varphi_{\mathrm{b}} f} - 1 \geqslant 0 \end{cases}$$

根据目标函数和约束条件，选择内点惩罚函数法求最优解。惩罚函数如式（5-31）：

$$\Phi\left(x, r^{(k)}\right) = f(x) + r^{(k)} \sum_{u=1}^{3} \frac{1}{g_u(x)} \tag{5-31}$$

初始点取为 $x(0) = [0.1, 0.1]^{\mathrm{T}}$。取惩罚因子的初始值 $r^{(0)} = 3$，降低系数 $c = 0.7$，收敛精度 $\varepsilon \leqslant 10^{-6}$，用 powell 方法求函数 $\Phi(x, r^{(0)})$ 的无约束极值。

如图 5-2，涡簧长度 $L = 20$m，截面宽度 $B = 10$mm，厚度 $h = 2$mm。根据优化数学模型计算求解。计算结果为：

$$x = \begin{bmatrix} 2.5381 \\ 1.4595 \end{bmatrix} \tag{5-32}$$

由计算结果知道，图 5-2 中的 $a = 2.5381$mm，$c = 1.4595$mm。

5.3.5 优化结果分析

根据上面论述的提高涡簧储能密度的方法及涡簧截面的结构数据，分别计算矩形截面涡簧和异型截面涡簧的惯性矩和储能密度。两种截面涡簧的惯性矩可以做对比，分析图 5-2 中异型截面涡簧惯性矩的变化。通过对比两种截面涡簧的储能密度，可以分析这种提高涡簧储能密度方法是否有效。

计算之前，需要先设置涡簧截面结构尺寸和相关参数，见表 5-3。

表 5-3　涡簧截面尺寸

涡簧类型	a/mm	B/mm	d/mm	h/mm
矩形截面涡簧	—	10	—	2
异型截面涡簧	2.5381	10	1.4595	2

根据给出的参数，计算并对比两种截面涡簧的惯性矩，如式（5-33）：

$$\begin{cases} I_1 = \dfrac{Bh^3}{12} \\ I_2 = \dfrac{Bh^3}{12} - 2\dfrac{ac^3}{12} - \dfrac{\pi c^4}{64} \end{cases} \quad (5\text{-}33)$$

式中，I_1 为矩形截面涡簧惯性矩，mm^4；I_2 为异型截面涡簧惯性矩，mm^4。

由表 5-4 的惯性矩计算结果，可知两种截面涡簧的惯性矩差别很小，在涡簧截面的中性轴附近去除材料，对涡簧的惯性矩影响不大。

表 5-4　涡簧材料性能

涡簧类型	弹性模量 E/GPa	抗拉强度 σ_b/MPa	惯性矩
矩形涡簧	197	1653	6.67
异型涡簧	197	1653	5.13

计算涡簧储能密度之前，要设置涡簧的相关参数。涡簧材料性能见表 5-4。

由于前面对涡簧工作扭矩的分析，涡簧的扭矩是一个连续求和的函数，不适合这里对涡簧储能量的计算分析。为了分析涡簧储能密度，要先计算涡簧的工作扭矩。这里的计算只是为了验证涡簧储能密度的变化，所以涡簧的工作扭矩 T 近似看做是线性的，使用最大扭矩和最小扭矩的平均值 T 为：

$$T = (T_1 + T_2)/2 \quad (5\text{-}34)$$

由式（5-34）分别计算矩形截面涡簧和异型截面涡簧的平均工作扭矩 T。

由材料力学梁结构弯曲理论公式，可以得到涡簧所受的弯矩与涡簧的转角 φ 的关系式：

$$T = 2\pi n E I / l \quad (5\text{-}35)$$

式中，工作圈数 n 与弯曲变形角度 φ 相关，即有 $\varphi = 2\pi \times n$。

由材料力学梁结构弯曲理论公式得到涡簧转角 φ 的公式为：

$$\varphi = \frac{\sigma_b l}{Eh} \times 2 \tag{5-36}$$

由式（5-36）可知，当矩形涡簧和异型涡簧的材料、横截面的厚度和涡簧的长度都相等，且作用在两种涡簧上的扭矩为各自的最大工作扭矩 T_2 时，两种涡簧的变形量是相等的，即两种涡簧弯曲角度 φ 是相等的。

设两种截面涡簧的长度为 l，工作圈数为 n，工作转角为 φ，密度为 ρ_m。由式（5-3）计算出两种截面结构的涡簧的储能量和储能密度，见表 5-5。

表 5-5　涡簧储能数据

弹簧类型	工作扭矩 T/N·m	工作转角/rad	涡簧质量/kg	储能量 W/J	储能密度/J·m^{-3}
矩形涡簧	7.44	φ	$20l\rho_m \times 10^{-6}$	$7.44 \times 2\pi \times n$	$(7.44 \times \varphi)/(20l\rho \times 10^{-6})$
异型涡簧	5.72	φ	$9.26l\rho_m \times 10^{-6}$	$5.72 \times 2\pi \times n$	$(5.72 \times \varphi)/(9.26l\rho \times 10^{-6})$

注：储能密度=工作扭矩×工作角度，除以涡簧质量。

根据表 5-5 的计算结果可知，当矩形截面涡簧和异型截面涡簧选取相同的材料，采用相同的长、宽、厚外形尺寸，并在各自的极限工作扭矩作用下，旋转相同的工作圈数，得到的储能密度是不同的，异型截面涡簧的储能密度明显高于矩形截面涡簧，其比值 i 如式（5-37）：

$$i = \frac{(5.72 \times \varphi)/(9.296l\rho_m \times 10^{-6})}{(7.44 \times \varphi)/(20l\rho_m \times 10^{-6})} = \frac{5.72 \times 20}{7.44 \times 9.26} = 1.66 \tag{5-37}$$

由式（5-37）可知，异型截面涡簧的储能密度是矩形截面涡簧的储能密度的 1.66 倍，异型截面的设计结构对提高涡簧的储能密度效果明显。

5.3.6　有限元建模分析

由于异型截面涡簧横截面的两侧去掉了部分材料，异型截面涡簧的工作扭矩比矩形截面涡簧的工作扭矩略微小一些。为了研究涡簧截面修改前后的受力情况，本专著可使用 ANSYS 有限元分析软件对两种截面的涡簧在极限弯矩下的变形和应力情况做对比分析，研究截面修改前后涡簧的应力值和应力分布情况的变化。

取涡簧的结构见图 5-1 和图 5-2，尺寸见表 5-3。由于涡簧的长度远大于涡簧的横截面的尺寸，为了减少计算量，可以取涡簧的一段弧度做分析，对比研究两种截面涡簧的变形和应力情况。

分别截取圆弧形的矩形涡簧和异型涡簧各一段，弧长 l 均为 80mm，直径 R 为 80mm，选取涡簧材料为 55CrMnA 弹簧钢带，其泊松比 $\lambda=0.3$，密度 $\rho=7850\text{kg/m}^3$，其他性能参数、材料、涡簧最大、最小工作扭矩，见表 5-6。

表 5-6　涡簧材料性能

弹簧类型	弹性模量 E/GPa	抗拉强度 σ_b/MPa	材料	T_2/N·m	T_1/N·m
矩形涡簧	197	1653	55CrMnA	9.918	4.959
异型涡簧	197	1653	55CrMnA	9.149	4.574

根据以上数据，使用 ANSYS 软件建模，使用实体建模，得到两种截面涡簧的有限元模型。当涡簧受到最大工作扭矩 T_2 时，涡簧处于储能完毕的静止状态。根据涡簧的受力情况，截取的涡簧弧段两端是自由的，两端面上作用大小等于最大工作扭矩 T_2 的弯矩，涡簧可以在弯矩平面内弯曲变形。图 5-3 表示了两种截面涡簧弧段的有限元模型，在弯矩作用之前，两种截面的涡簧的外形弧度是一样的。

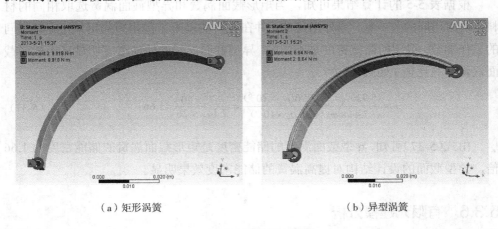

（a）矩形涡簧　　　　　　　　（b）异型涡簧

图 5-3　涡簧有限元模型

由于涡簧工作过程处于其弹性变形范围内，因此可采用一般的线性问题分析方法，不为涡簧定义非线性材料。涡簧受到弯矩作用后，变形量很大，要进行有限元分析时需要设定大变形选项。对两个模型分别做分析，得到两种涡簧弧段的变形图和应力图，如图 5-4 所示，显示比例为 1∶1。

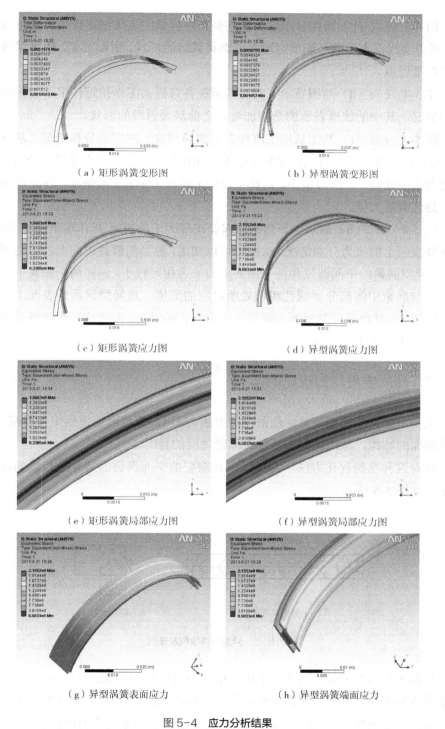

（a）矩形涡簧变形图　　　　　　（b）异型涡簧变形图

（c）矩形涡簧应力图　　　　　　（d）异型涡簧应力图

（e）矩形涡簧局部应力图　　　　（f）异型涡簧局部应力图

（g）异型涡簧表面应力　　　　　（h）异型涡簧端面应力

图 5-4　应力分析结果

图 5-4（a）、（b）两图显示了两种涡簧在各自最大工作扭矩作用下发生弯曲变形，其中的线框表示的是施加弯矩之前涡簧弧段的形状。由图可知，两种涡簧弧段的变形量近似。

图 5-4（c）、（d）两图显示了两种涡簧在各自最大工作扭矩作用下的整体应力分布情况，其中的线框表示的是施加弯矩之前涡簧弧段的形状。

图 5-4（e）、（f）两图显示了两种涡簧的局部放大的应力分布情况。从（c）、（f）两图可以很清楚地看到，涡簧在最大工作扭矩作用下，应力成层状分布，在其横截面的中性轴处，应力最小。远离中性轴，涡簧的应力逐渐增加，在距离中性轴最远处达到最大值。

图 5-4（g）、（h）显示了异型截面涡簧在最大工作扭矩 T_2 作用下发生变形后，在其外表面上的应力分布情况。从图中可以知道，异型涡簧外表面上的应力不是恒定值，异型涡簧的中间部位和两个侧翼上的应力相对较小。涡簧两个侧翼中空部分的平面与涡簧中间部分半圆孔相切处所对应的部位，是异型涡簧外表面上应力最大的区域，同时也是异型涡簧内表面上应力最大的区域，表示这几个区域是异型涡簧结构上应力集中的区域。

5.3.7　储能密度结构优化的实现

上文中论述的提高涡簧储能密度的方法，是以涡簧截面的惯性矩为目标，优化涡簧截面的结构，从而达到提高涡簧储能密度的目的。

针对这种结构优化方法，提出了一种新型的平面涡簧的簧片结构以实现这种方法，如图 5-5 所示。

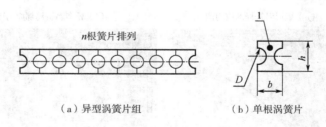

（a）异型涡簧片组　　　　　　（b）单根涡簧片

图 5-5　异型涡簧结构及排列

如图 5-5（a）所示，涡簧片组由多根异型簧片排列构成。如图 5-5（b）所示，异型簧片组中的异型簧片 1 的结构，是在矩形结构的基础上，在两个侧面分别制作两个对称的半圆槽，半圆槽的圆心放置在涡簧受工作扭矩的弯曲中性面上，同时保证簧片 1 的远离中性面的两端,具有一定的厚度。多根异型簧片紧密排列构成异型簧片组,一端固定在涡簧箱 2 的内壁上,另一端固定在涡簧主轴 3 上,并压紧多根异型簧片 1,如图 5-6 所示。

涡簧主轴 3 安装在支架 4 的轴承上。涡簧箱的箱体 2 与支架 4 一样固定在地面,如图 5-7 所示。

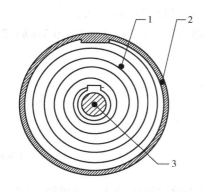
图 5-6　异型涡簧安装
1—异型簧片;2—涡簧箱;3—涡簧主轴

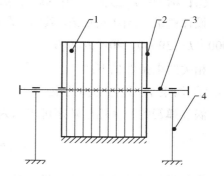
图 5-7　涡簧装配
1—异型簧片;2—涡簧箱;3—涡簧主轴;4—支架

通过这种新型的平面涡簧的簧片结构的设计使用,可以提高涡簧的储能密度,进而提高以涡簧为储能部件的机械弹性储能系统的储能密度。

5.4　基于微分进化的涡簧结构优化设计

涡卷弹簧作为机械弹性储能装置的储能核心元件,根据储能特性对涡卷弹簧进行优化设计,可使得机械弹性储能装置具有更好的储能特性。鉴于微分进化算法具有简单、快速和鲁棒性等优点[10-11],故选用微分进化算法作为优化设计方法,选取 3 种不同的储能特性指标作为优化目标函数,运用微分进化算法对该涡卷弹簧进行优化设计。

5.4.1　优化问题的描述

如上所述,与涡卷弹簧储能特性直接相关的参量有储能容量和储能密度,其中储能密度分为体积能量密度和质量能量密度。为优化涡卷弹簧的储能特性,分别以上述 3 个储能特性指标最大为目标函数，对涡卷弹簧进行优化设计。在数学上这一优化问题可以表示为：

给定 D、E、ρ_{sp}、σ_b、k_1、T_{req}，其中 T_{req} 为机械弹性储能机组要求的最大输出转矩，ρ_{sp} 为弹簧材料的密度。

目标函数：

①目标一：E_p 最大；②目标二：ρv 最大；③目标三：ρw 最大。

设计变量：$x=[B, h, L, d]$，其中，设计变量范围如下：$20 \leqslant B \leqslant 85$，$0.3 \leqslant h \leqslant 2.2$，$6000 \leqslant L \leqslant 30000$，$40 \leqslant d \leqslant 90$。

相关约束条件如下：

① 约束 1：输出力矩约束

涡卷弹簧的最大输出转矩可表示为：

$$T_{max} = k_1 \frac{Bh^2}{6} \sigma_b \tag{5-38}$$

为使弹簧能够正常工作，设计时一般其最大输出转矩应大于要求值，即：

$$T_{req} \leqslant T_{max} \tag{5-39}$$

② 约束 2：强度系数约束

涡卷弹簧的强度系数 m 表达式如下：

$$m = d/2h \tag{5-40}$$

从表达式可知，强度系数是一个无量纲量。若强度系数 m 太小，则因弹簧内圈卷绕曲率半径太小而弯曲应力大，并且则在内端有较大的应力集中而造成损坏；强度系数过大，则会使得直径过大或者厚度太小，直径过大会使得有效圈数过少，厚度过小则会使得弹簧带所能承受力矩变小，所以强度系数应控制在一定范围内，一般取 $m=12.5\sim25$，即：

$$12.5 \leqslant m \leqslant 25 \tag{5-41}$$

③ 约束 3：工作转数的约束

理论工作转数对涡卷弹簧储能特性有一定影响，过小的工作转数不利于储能，故在此要求，理论工作转数不小于 5 转，即：

$$n_2 - n_1 \geqslant 5 \tag{5-42}$$

将式（5-33）和式（5-34）代入上式有：

$$\frac{1}{2h}\left[\left(\sqrt{\frac{4Lh}{\pi}+d^2}-d\right)-\left(D-\sqrt{D^2-\frac{4Lh}{\pi}}\right)\right]\geqslant 5 \tag{5-43}$$

5.4.2　3种目标函数下涡簧的优化设计结果

优化设计的初始给定条件与2.5.1节传统设计一致，即：要求的最大输出转矩 $T_{max}=3.75\times10^4$N·mm，材料抗拉强度 $\sigma_b=1646$MPa，弹性模量 $E=2.06\times10^5$MPa，弹簧外端部固定系数 $k_1=0.85$，$\rho_{sp}=7.85\times10^{-3}$g/mm³，外盒内径取传统设计所得值，$D=264.3$mm。优化算法选用文献提出的改进微分进化算法，其中，交叉因子、变异因子和种群规模分别取为 0.3、0.8 和 50。利用 MATLAB 软件编程对问题进行求解，优化结果见表5-7。

表5-7　采用不同目标函数优化后得到的外形

外形	宽度 B/mm	厚度 h/mm	长度 L/mm	芯轴直径 d/mm	强度系数 m
外形 1	85	2.2	9965.534	55	12.5
外形 2	62.109	2.2	9965.534	55	12.5
外形 3	58.104	2.2	6000	55	12.5

注：以下分析中，外形1、外形2和外形3分别表示目标一（储能容量最大）、目标二（体积能量密度最大）和目标三（质量能量密度最大）下所得到的优化外形。

从表5-7可以看出，3种不同目标函数下的优化外形有所差异，由于质量能量密度和体积能量密度表达式中不包含宽度 B，但输出力矩约束中包含宽度 B，故以这两个储能特性指标最大为目标进行优化设计得到的宽度值只要满足约束值均是合理的。

为比较3种目标函数下涡簧优化外形的异同，将表2-9中的结果分项绘制于图5-8中，其中，图5-8（a）～（e）分别比较了3种目标函数下涡簧优化外形的宽度 B、厚度 h、长度 L、芯轴直径 d 和强度系数 m。

从图5-8（a）中可以看出，选择目标一时，所得优化外形的宽度 B 取优化范围的上界（85mm），在弹簧工作圈数一定的情况下，弹簧宽度 B 与储能容量 E_p 成正比关系，即弹簧宽度 B 越大其储能容量 E_p 也越大。

图5-8（b）表明，3种目标函数下优化外形的厚度 h 均取优化范围的上界（2.2mm）。在弹簧最大圈数和最小圈数平方差及储能箱内壁直径 D 一定的情况下，储能容量 E_p 和体积能量密度 ρ_v 与弹簧带厚度的立方 h^3 成正比关系，质量能量密度 ρ_W 与弹簧带厚度的平方 h^2 成正比关系，故优化外形的厚度都取得了各自的上界。

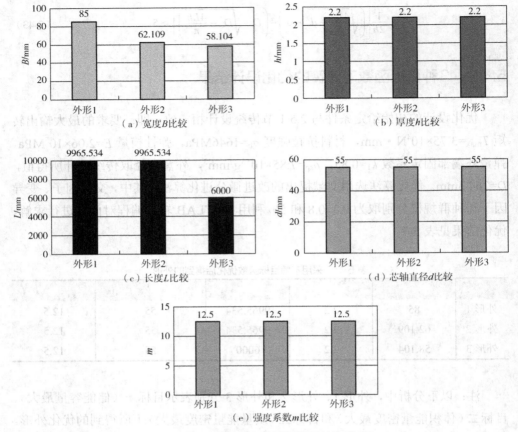

图 5-8　3 种目标函数下涡簧优化设计结果比较

图 5-8（c）显示，目标三下所得的优化外形，涡簧长度 L 取优化范围的下界（6m）。弹簧最大圈数和最小圈数平方差及储能箱内壁直径 D 一定的情况下，质量能量密度 ρ_W 与弹簧带长度的平方 L^2 成反比关系，因此，涡簧长度 L 越小其质量能量密度 ρ_W 越大。

图 5-8(d)显示，3 种目标函数下优化外形的芯轴直径 d 均取相同的值（55mm）。

图 5-8（e）则说明，3 种目标函数下优化后涡簧的强度系数 m 均取许可范围下界（12.5），这是因为在其他参量确定的情况下，强度系数越小，芯轴直径越细，涡簧工作圈数越大，储能容量和储能密度越大。

根据上述分析，可得到如下推论：在给定的优化范围下，3 种目标函数对优化外形的弹簧厚度 h，芯轴直径 d 和强度系数 m 的影响是相同的，3 种目标函数下涡簧优化外形的芯轴直径 d 相等而弹簧厚度 h 均取上界，强度系数 m 均取许可范围的下界。

由于储能箱内壁直径 D 确定，涡簧在整个储能过程中所占空间体积 V_b 一定，可知目标一和目标二基本等效，所以目标一和目标二对优化外形的厚度 h、长度 L 和芯轴直径 d 的影响相同，即：选取目标一或目标二时，优化得到的参量除了宽度 b 之外，其余参量相同。

5.4.3　3 种目标函数下优化设计后涡簧储能特性的比较

为分析选取的 3 种目标函数对涡簧储能特性指标的影响，表 5-8 给出了 3 种优化目标函数及传统设计下涡簧所对应的不同储能特性指标的计算值。

表 5-8　传统设计与 3 种优化设计下涡簧的储能特性指标比较

外形	储能容量/J	体积能量密度/J·mm⁻³	质量能量密度/J·g⁻¹
传统设计	6935931.276	2.528	670.627
外形 1	17604963.419	3.775	1203.437
外形 2	12863851.476	3.775	1203.437
外形 3	11210484.453	3.517	1861.972

为更好地揭示传统设计与 3 种优化设计下涡簧的储能特性指标差异，将表 5-8 的储能特性指标进行分项比较，结果如图 5-9 所示，其中，图 5-9（a）、（b）和（c）分别比较了 3 种优化设计与传统设计下涡簧的储能容量、体积能量密度和质量能量密度。

首先，将优化设计结果与传统设计进行比较，结果如下。

第一，从图 5-9（a）中可以得出：传统设计、外形 1、外形 2 和外形 3 所对应的储能容量分别为 6935931.276J、17604963.419J、12863851.476J 和 11210484.453J，外形 1、外形 2 和外形 3 所对应的储能容量分别比传统设计提高了 153.823%、85.467% 和 61.629%。

第二，从图 5-9（b）中可以得出：传统设计、外形 1、外形 2 和外形 3 所对应的体积能量密度分别为 2.528J/mm³、3.775J/mm³、3.775J/mm³ 和 3.517J/mm³，外形 1、外形 2 和外形 3 所对应的体积能量密度分别比传统设计提高了 49.328%、49.328% 和 39.122%。

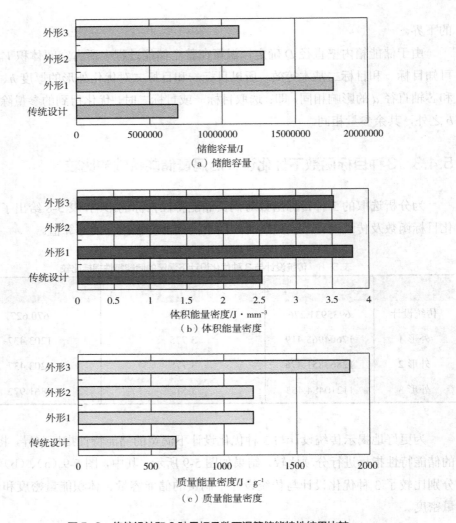

图 5-9　传统设计和 3 种目标函数下涡簧储能特性结果比较

第三，从图 5-9（c）可以得出：传统设计、外形 1、外形 2 和外形 3 所对应的质量能量密度分别为 670.627J/g、1203.437J/g、1203.437J/g 和 1861.972J/g，外形 1、外形 2 和外形 3 所对应的质量能量密度分别比传统设计提高了 79.450%、79.450% 和 177.646%。

其次，将优化设计结果相互进行比较，结果如下：

第一，对于目标一下外形 1，其储能容量比传统设计、外形 2 和外形 3 分别提高了 153.823%、36.856%、57.040%，同时，外形 1 的体积能量密度与外形 2 相等，均为 3.775J/mm³，因为储能箱外盒内径确定，储能容量取最大值时，体积能量必然最大，即：目标一和目标二基本等效。此外，此时的质量能量密度较传统设计提高了 79.450%。

第二，对于目标二下的外形 2，其体积能量密度较传统设计和外形 3 分别提高了 49.328%、7.336%，同时外形 2 的储能容量和质量能量密度较传统设计分别提高 85.467%、79.450%。

第三，对于目标三下的外形 3，其质量能量密度较传统设计、外形 1、外形 2 分别提高了 177.646%、54.721%、54.721%，同时外形 3 的储能容量和体积能量密度较传统设计分别提高了 61.629%、39.122%。

根据以上分析，可总结出以下规律：不同优化目标下优化外形的 3 种储能特性指标（储能容量、体积能量密度和质量能量密度）不同，其中 3 种目标函数下优化外形的体积能量密度相近程度最大，3 种目标函数下优化外形的质量能量密度相异程度最大；不同目标下优化外形的 3 种储能特性指标较传统设计均有较大的提高；外形 1 和外形 2 下优化外形的体积能量密度和质量能量密度相同，进一步说明了目标一和目标二基本等效。

5.4.4　3种目标函数下取不同弹簧厚度范围时涡簧的优化设计

以上根据涡簧优化设计的结果，得到了如下推论：在给定的优化范围下，3 种目标函数对优化外形的芯轴直径 d、弹簧厚度 h 和强度系数 m 的影响是相同的，即 3 种目标函数下涡簧优化外形的芯轴直径 d 相等而弹簧厚度 h 均取上界，强度系数 m 均取许可范围的下界。

为验证这一推论，本节将涡簧设定一定的厚度范围，考察 3 种目标函数下，优化设计后涡簧的厚度、长度和芯轴直径的变化情况。在本节优化设计中，将涡簧厚度取为 9 个优化范围，每个优化范围的下界均设为 0.3mm，而上界则从 1.6mm 逐渐增大为 3.5mm，详细的取值范围见表 2-11。除厚度范围依据设定变化之外，其余设计参量的取值范围、微分进化算法的参数设置、约束条件和初始给定条件均与第 4 节相同。

3 种目标函数下不同厚度范围所对应的优化设计结果见表 5-9～表 5-11，分别表示了不同的弹簧厚度范围下以目标一（储能容量最大）、目标二（体积能量密度最大）和目标三（质量能量密度最大）为目标函数所得的优化设计结果。

表 5-9　目标一下涡簧不同厚度范围所对应的优化设计结果

厚度范围		优化外形				
序号	范围值/mm	宽度 B/mm	厚度 h/mm	长度 L/mm	芯轴直径 d/mm	强度系数 m
Ⅰ	[0.3 1.6]	85	1.6	12816.264	40	12.5
Ⅱ	[0.3 1.8]	85	1.8	11720.319	45	12.5
Ⅲ	[0.3 2.0]	85	2	10781.587	50	12.5
Ⅳ	[0.3 2.2]	85	2.2	9965.535	55	12.5
Ⅴ	[0.3 2.5]	85	2.5	8919.146	62.5	12.5
Ⅵ	[0.3 2.8]	85	2.8	8036.143	70	12.5
Ⅶ	[0.3 3.0]	85	3	7518.432	75	12.5
Ⅷ	[0.3 3.2]	85	3.2	7047.313	80	12.5
Ⅸ	[0.3 3.5]	85	3.5	6413.569	87.5	12.5

表 5-10　目标二下涡簧不同厚度范围所对应的优化设计结果

厚度范围	优化外形				
	宽度 B/mm	厚度 h/mm	长度 L/mm	芯轴直径 d/mm	强度系数 m
Ⅰ	67.217	1.6	12816.264	40	12.5
Ⅱ	54.124	1.8	11720.319	45	12.5
Ⅲ	66.970	2	10781.587	50	12.5
Ⅳ	67.358	2.2	9965.535	55	12.5
Ⅴ	76.464	2.5	8919.145	62.5	12.5
Ⅵ	47.842	2.8	8036.143	70	12.5
Ⅶ	55.316	3	7518.432	75	12.5
Ⅷ	72.123	3.2	7047.313	80	12.5
Ⅸ	65.641	3.5	6413.569	87.5	12.5

表 5-11　目标三下涡簧不同厚度范围所对应的优化设计结果

厚度范围	优化外形				
	宽度 B/mm	厚度 h/mm	长度 L/mm	芯轴直径 d/mm	强度系数 m
Ⅰ	84.886	1.6	6000	40	12.5

续表

厚度范围	优化外形				
	宽度 B/mm	厚度 h/mm	长度 L/mm	芯轴直径 d/mm	强度系数 m
Ⅱ	76.965	1.8	6000	45	12.5
Ⅲ	65.902	2	6000	50	12.5
Ⅳ	84.057	2.2	6000	55	12.5
Ⅴ	76.243	2.5	6000	62.5	12.5
Ⅵ	66.326	2.8	6000	70	12.5
Ⅶ	61.936	2.962	6000	74.057	12.5
Ⅷ	69.725	2.962	6000	74.057	12.5
Ⅸ	70.495	2.962	6000	74.057	12.5

从表 5-9 中可以看出，当厚度范围上界从 1.6mm 逐渐增大为 3.5mm 时，目标一下的优化外形宽度 B 均取优化范围上界（85mm），优化外形厚度 h 亦均取优化范围上界，强度系数 m 均取许可范围下界（12.5），芯轴直径 d 取强度系数许可范围下界（12.5）所对应的值，优化外形长度 L 从 12816.264mm 减小至 6413.569mm，优化后涡簧的理论工作转数从 22.28 减小至 5.96。

从表 5-9 和表 5-10 中可以发现在不同弹簧厚度范围下，目标一和目标二下优化外形参量中除宽度 B 外，各参量变化情况相同，这进一步说明在储能箱内径 D 确定的情况下，目标一和目标二在优化涡簧外形方面是基本等效的。

从表 5-11 中可以看出，当厚度范围从上界 1.6mm 逐渐增大至 2.8mm 时，目标三下优化外形厚度 h 均取优化范围上界，强度系数 m 均取许可范围下界（12.5），长度 L 均取优化范围下界（6m），理论工作转数从 16.67 减小至 7.87；当厚度范围上界从 3.0mm 逐渐增大至 3.5mm 时，优化外形保持不变，厚度 h 均取 2.962mm，长度 L 均取优化范围下界（6m），强度系数 m 均取许可范围的下界（12.5），理论工作转数均为 7.870 9。

为比较不同弹簧厚度范围下 3 种目标函数对优化外形的影响，将不同厚度范围下 3 种目标函数的优化外形厚度 h、长度 L、芯轴直径 d 和强度系数 m 分别进行了比较，比较结果显示于图 5-10（a）～（d）中。

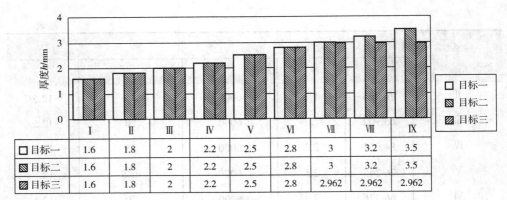

厚度范围序列	I	II	III	IV	V	VI	VII	VIII	IX
□ 目标一	1.6	1.8	2	2.2	2.5	2.8	3	3.2	3.5
▨ 目标二	1.6	1.8	2	2.2	2.5	2.8	3	3.2	3.5
▨ 目标三	1.6	1.8	2	2.2	2.5	2.8	2.962	2.962	2.962

（a）不同弹簧厚度范围下3种目标函数优化外形的厚度比较

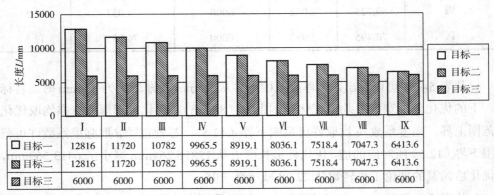

厚度范围序列	I	II	III	IV	V	VI	VII	VIII	IX
□ 目标一	12816	11720	10782	9965.5	8919.1	8036.1	7518.4	7047.3	6413.6
▨ 目标二	12816	11720	10782	9965.5	8919.1	8036.1	7518.4	7047.3	6413.6
▨ 目标三	6000	6000	6000	6000	6000	6000	6000	6000	6000

（b）不同弹簧厚度范围下3种目标函数优化外形的长度比较

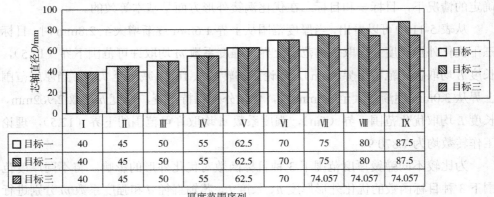

厚度范围序列	I	II	III	IV	V	VI	VII	VIII	IX
□ 目标一	40	45	50	55	62.5	70	75	80	87.5
▨ 目标二	40	45	50	55	62.5	70	75	80	87.5
▨ 目标三	40	45	50	55	62.5	70	74.057	74.057	74.057

（c）不同弹簧厚度范围下3种目标函数优化外形的芯轴直径比较

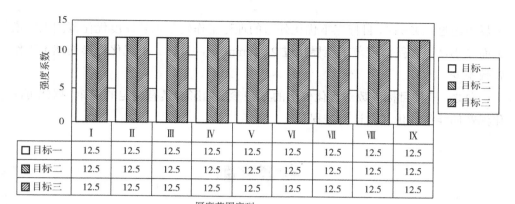

（d）不同弹簧厚度范围下3种目标函数优化外形的强度系数比较

图5-10 不同弹簧厚度范围下3种目标函数的优化外形比较

结合表5-9～表5-11中的优化设计结果，可得到如下结论：

第一，从图5-10（a）中可以看出，当弹簧厚度范围上界不高于2.962mm时，3种目标下优化外形厚度 h 均取优化范围上界，当弹簧厚度范围上界大于2.962mm时，目标二和目标一下的优化外形的厚度 h 仍取优化范围上界，目标三下优化外形厚度 h 均取2.962mm，这是因为在给定的优化范围下，质量能量密度最优值收敛于弹簧厚度2.962mm；

第二，从图5-10（b）中可以看出，当弹簧厚度范围的上界从1.6mm逐渐增大至3.5mm时，目标一和目标二下优化外形的长度从12816.264mm减小至6413.569mm，目标三下的优化外形的长度则均取优化范围下界（6m）；

第三，从图5-10（c）中可以看出，当弹簧厚度范围上界不高于2.962mm时，3种目标下优化外形的芯轴直径相等，当弹簧厚度范围上界大于2.962mm时，目标一和目标二下优化外形的芯轴直径相等并随弹簧厚度范围的变化而变化，目标三下优化外形的芯轴直径不变；

第四，从图5-10（d）中可以看出，不同弹簧厚度范围下，3种目标函数下优化外形的强度系数 m 均取许可范围的下界（12.5）。

由以上分析结果可知，不同厚度优化范围下，3种目标对优化外形强度系数 m 的影响相同；当弹簧厚度优化范围的上界不超过2.962mm时，3种目标函数对优化外形的厚度 h 和芯轴直径 d 的影响相同，当弹簧厚度优化范围的上界超过2.962mm时，3种目标函数对优化外形的厚度 h 和芯轴直径 d 的影响不同，所以第4节所得推论在一定条件下成立。此外，不同弹簧厚度范围下目标一和目标二下优化外形的理论工作转数随弹簧厚度优化范围的上界增大而减小，当弹簧厚度范围上界不超过 2.926 时，目标三下优化外形的理论工作转数也随厚度优化范围上界增大而减小，当弹簧厚度范围上界超过 2.926mm 时，目标三下优化外形的理论工作转数不变。

总之，三种目标函数对优化外形的某些参量的影响具有确定的规律，据此可简化涡簧储能特性优化设计的过程。

参考文献

[1] HE Min, ZHANG Daohai. Dynamic mechanical properties, thermal, mechanicalproperties and morphology of long glass fiber-reinforced [J]. Journal of Thermoplastic Composite Materials, 2016, 29(3): 425-439.

[2] PINTSUK G, COMPAN J, KOPPITZ T, et al. Mechanical and thermo-physical characterization of three-directional carbon fiber composites for W-7X and ITER [J]. Fusion Engineering and design. 2009, 84(7/8/9/10/11): 1525-1530.

[3] GALEHDAR A., NICHOLSON K J., CALLUS P J, et al. The strong diamagnetic behaviour of unidirectional carbon fiber reinforced polymer laminates [J]. Journal of Applied Physics, 2012, 112(11): 11392.

[4] CHEN Jen-San, CHEN I-Shein. Deformation and vibration of a spiral spring [J]. International Journal of Solids and Structures, 2015, 64: 166-175.

[5] LEZZI P J, XIAO Q R, TOMOZAWA M. Strength increase of silica glass fibers by surface stress relaxation: a new mechanical strengthening method [J]. Journal of Non-Crystalline Solids, 2013, 379: 95-106.

[6] 汤敬秋, 王璋奇, 米增强, 等. 一种提高储能密度的方法以及风力发电机组的储能装置: 2009203518322 [P]. 2010-11-17.

[7] 周俐俐, 等. 钢结构[M]. 北京: 中国水利水电出版社, 知识产权出版社, 2009.

[8] 陈骥. 钢结构稳定理论与设计[M]. 北京: 科学出版社, 2003.

[9] 汤敬秋, 王璋奇, 米增强, 等. 基于涡簧的机械弹性储能技术及储能密度的提高方法[J]. 中国工程机械学报, 2013, 11(3): 200-204.

[10] STRON R, PRICE K. Differential evolution - a simple and efficient adaptive scheme for global optimization over continuous spaces [R]. Technical Report TR2952012, ICSI, 1995.

[11] STRON R, PRICE K. Differential evolution: a simple and efficient heuristic for global optimization over continuous spaces [J]. Journal of Global Optimization, 1997, 11: 341-359.

第6章

机械弹性储能用联动式储能箱结构设计及其模块化安装调试技术

6.1 引言

储能箱结构优化设计直接决定着机械弹性储能的储能容量。为此,本章设计了一种新颖的联动式储能箱结构,该联动式储能箱采用了串联连通的"手拉手"方式,其最大的优点是采用简单的结构设计,在基本不改变储能箱输出特性的基础上,增大了储能容量,平滑了输出特性,既利于使用,又方便控制。同时,本章还将探讨联动式储能箱的模块化封装技术、推拉式装配技术和安装调试技术。

6.2 现有提高涡簧储能量的结构设计分析

涡簧是一种常见的机械结构,提高涡簧储能容量是众多学者和业界研究的热点问题。文献[1]提出了一种双二耳钩型平面涡簧的设计方案,能够提高扭矩,避免脱钩现象的发生;文献[2]提出了一种便于安装的涡簧设计方案;文献[3-4]基于平面涡簧的屈伸特性,分别提出了两种储能方案,但储能方案中使用的涡簧数目较少,且是非联动形式;文献[5]发明了一种"套合"形式的可无限扩充的涡形弹簧储能装置,且需在隔板外缘处额外设置二凹环,本质而言,是一种"半联动"方式,需在一组传动装置释放完毕后，另一组装置才开始释放，因此，其输出特性将呈现"突变"特征；文献[6-7]也给出了两种涡簧箱结构设计方案，但涡簧箱之间的连接采用了齿轮（或齿轮组），每个涡簧箱内设置一组涡簧片，采用齿轮连接方式增加了系统的复杂度，使系统实现困难，维护量加大，单组涡簧片不利于大容量储存电能。

为解决机械弹性储能的储能容量问题，本专著提出了一种新颖的运动型、联动式储能箱结构。其实，对于机械弹性储能，应用时较为关心的除了储能量外，还有储能箱输入输出外特性，因此，设计联动式储能箱结构的初衷在于保证箱体结构尽量简单的基础上，一方面增加储能量，另一方面也期望改善储能箱的输入输出特性。

6.3　联动式储能箱结构设计及工作原理分析

6.3.1　联动式储能箱的结构设计

本节基于涡簧的弹性储能原理，为机械弹性储能系统提供了一种新型的联动式储能箱结构设计方案。联动式储能箱由多个涡簧箱构成，相邻涡簧箱组经联轴器相互连接，每个涡簧箱组由一对通过连杆彼此连接的涡簧箱组成，第 1 个涡簧箱经主轴与电机转子相连，最后一个涡簧箱主轴固定。

图 6-1～图 6-4 中分别给出了单个涡簧箱侧面结构、单个涡簧箱正面结构、单个涡簧箱组结构和联动式储能箱结构示意图。

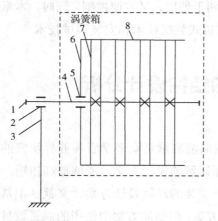

1—联轴器；2—轴承；3—固定座；4—主轴；
5—箱体轴承；6—箱体；7—涡簧片；8—涡簧壁

图 6-1　单个涡簧箱侧面结构

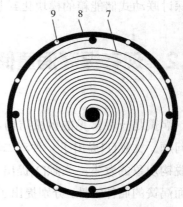

7—涡簧片；8—涡簧壁；9—连接孔

图 6-2　单个涡簧箱正面结构

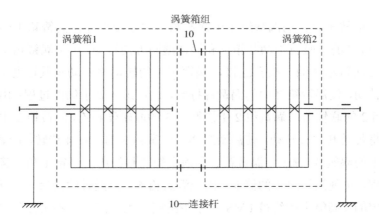

图6-3　单个涡簧箱组结构

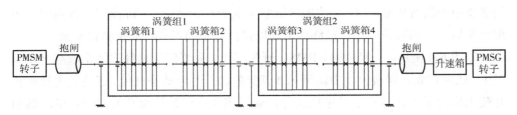

图6-4　4个涡簧箱或两个涡簧组构成的联动式储能箱结构

下面结合图6-1～图6-4对联动式储能箱的结构组成做详细阐述。

如图6-1和图6-2所示，单个涡簧箱由主轴4、箱体轴承5、箱体6、片状涡簧7、涡簧壁8组成，主轴4经轴承2支撑于固定座3上，主轴4一端装有联轴器1，另一端悬空，涡簧壁8上均匀分布有若干连接孔9，连接孔9用来放置连接杆10；涡簧箱中片状涡簧7由适当分布于主轴4上的多组涡簧片（图6-1中为4组）组成，每组涡簧片由多根涡簧片（图6-2中为4根）组成，每根涡簧片的两端分别与主轴4和涡簧壁8连接。

如图6-3所示，单个涡簧组由一对通过连杆10相连的涡簧箱组成，连杆10放置于各自涡簧箱连接孔9中，起到连接两个涡簧箱的作用。

如图6-4所示，储能箱由多个涡簧组（图6-4中为2个）构成，相邻涡簧组主轴经联轴器相互连接，第1个涡簧组1的涡簧箱1经主轴、抱闸与PMSM转子相连，第2个涡簧组2涡簧箱4经主轴、抱闸、升速箱与PMSG的转子相连。

6.3.2　联动式储能箱的工作原理

联动式储能箱的工作原理可描述如下：

如图6-4所示，当储能时，PMSM工作，假设来自电网的电能驱动电机转子正向旋转，电机转子将带动涡簧组 1 中涡簧箱 1 主轴旋转并使涡簧箱 1 中涡簧片旋紧，涡簧片旋紧的同时将带动其箱体和涡簧壁同方向转动，由于涡簧箱 1 的连接孔经过连杆与涡簧箱 2 的连接孔连接，涡簧箱 1 的转动将带动与其连通的涡簧箱 2 的涡簧壁转动，使涡簧箱 2 中的涡簧片拧紧，涡簧组 1 处于储能过程；由于涡簧组 1 中涡簧箱 2 的联轴器与涡簧组 2 中涡簧箱 3 的联轴器相连，涡簧箱 2 中涡簧片拧紧的同时将带动其主轴转动，使涡簧组 2 中涡簧箱 3 的主轴 4 旋转，旋紧涡簧组 2 涡簧箱 3 中的涡簧片，随后，涡簧箱 3 和涡簧箱 4 将经历涡簧箱 1 和涡簧箱 2 同样的储能过程，实现涡簧组 2 的储能；由于涡簧箱 4（储能时的最后一个涡簧箱）的主轴是固定的（储能中始终被 PMSG 侧的抱闸抱紧），能量将不再被传递出去；从以上分析可以看出，当多个涡簧箱采用这种连通方式进行串联连接时，一旦第 1 个涡簧箱中的涡簧片被旋紧，就将顺序旋紧其他所有涡簧箱中的涡簧片，直到能量传递到最后一个涡簧箱为止，最终涡簧就以弹性势能的形式将能量储存起来。

如图 6-4 所示，当释能时，PMSG 开始工作，需要储能箱释放能量带动 PMSG 发电，此时首先让涡簧组 2 中涡簧箱 4 锁紧的涡簧片释放弹性能，带动其主轴旋转并使电机转子旋转运行于发电机状态，涡簧箱 4 中涡簧片松开的同时将带动其箱体和涡簧壁同方向转动，由于涡簧箱 3 的连接孔经过连杆与涡簧箱 4 的连接孔连接，涡簧箱 4 的转动将带动与其连通的涡簧箱 3 的涡簧壁转动，使涡簧箱 3 中的涡簧片松开，涡簧组 2 处于释能过程；由于涡簧组 2 涡簧箱 3 的联轴器与涡簧组 1 涡簧箱 2 的联轴器相连，涡簧箱 3 中涡簧片松开的同时将带动其主轴转动，使涡簧组 1 涡簧箱 2 中的主轴旋转，松开涡簧组 1 涡簧箱 2 中的涡簧片，随后，涡簧箱 2 和涡簧箱 1 将经历涡簧箱 4 和涡簧箱 3 同样的释能过程，实现涡簧组 1 能量的释放；由于涡簧箱 1（释能时的最后一个涡簧箱）的主轴是固定的（释能中始终被 PMSM 侧的抱闸抱紧），能量释放的"信号"将不再被往后传递；同样可以看出，当多个涡簧箱采用这种连通方式释能时，一旦第 1 个涡簧箱中的涡簧片松开，就将顺序带动其他所有涡簧箱中的涡簧片松开，直到能量传递到最后一个涡簧箱为止，最终逐渐地将弹性势能释放完毕；由此，联动式储能箱实现了电能的输入、储存和输出。

6.3.3　联动式储能箱用支撑装置

大型涡簧储能箱是机械弹性储能技术的一种具体实现，它由多对储能箱串联组成，每对储能箱由两个互相对称的涡簧箱连接而成 。储能箱内安装大型涡簧。涡簧一端固定在芯轴上，另外一端固定在储能箱的内壁上。在储能时，输入芯轴驱动涡簧旋紧储能，涡簧带动第 1 个储能箱转动。两个串联的储能箱固定连接，一起旋转，驱动第 2 个储能箱内的涡簧旋紧储能，涡簧的弯矩作用在第 2 个储能箱内的芯轴上，所有串联的储能箱依次传递扭矩，实现储能。释能过程是储能过程的逆过程。

大型涡簧储能箱由于结构尺寸的原因，导致自重很大。在实现串联的时候，两个涡簧箱的芯轴是分段式的，导致每个涡簧箱在结构上相当于一个悬臂梁的结构，在长期运行时涡簧箱的芯轴容易发生弯曲变形，涡簧箱会发生偏心现象，导致储能箱在运行时发生偏心现象，整个储能结构在运行过程中发生振动，严重影响到涡簧箱的储能和释能过程。

一种复合支撑结构可以很好地解决大型涡簧储能箱偏心的问题。复合支撑结构是由多个支撑结构组合构成的，放置在每一对储能箱的下面实现支撑功能，属于多支撑复合开放式结构。复合支撑结构的支撑点构成与储能箱壳体同心的圆弧，可以在能量存储与释放时与储能箱很好地配合，给与大型涡簧储能箱的壳体和芯轴有较好的安全性支撑，有效避免偏离轴心现象的出现。

复合支撑结构的结构由一组轴承与支撑壳体组成。支撑壳体上制作安装孔，孔的轴心与储能箱壳体呈同心分布，轴承通过支撑轴安装在安装孔上，均匀分布在圆周上，并与储能箱壳体接触，支撑箱体的重量，防止了芯轴在运行过程中偏离轴心旋转；在储能系统运行时接触部位的轴承与储能箱壳体的摩擦方式为滚动摩擦。

复合支撑结构的实现方法如图 6-5 所示。

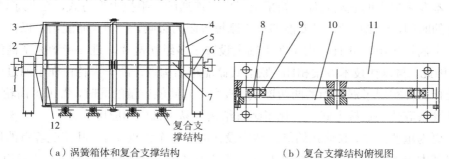

（a）涡簧箱体和复合支撑结构　　　　　　（b）复合支撑结构俯视图

图 6-5　涡簧箱复合支撑结构

1—联轴器；2—储能箱左端盖；3—储能箱左部分壳体；4—储能箱右端盖；5—储能箱右部分壳体；
6—芯轴底座；7—芯轴；8—支撑轴；9—轴承；10—复合支撑挡板；11—复合支撑壳体；12—单体涡簧箱

大型涡簧储能箱复合支撑结构的安装结构如图 6-5 所示，复合支撑壳体 11 固定安装在涡簧储能设备的基础平面上。复合支撑壳体 11 与复合支撑挡板 10 配合安装，并使用螺钉固定。3 个一组的轴承 9 均匀分布于复合支撑壳体 11 的圆周，轴承 9 的内圈与支撑轴 8 的中间轴段配合安装。支撑轴 8 的两端轴段与复合支撑壳体 11 和复合支撑挡板 10 的轴孔配合安装，小挡板安装在支撑轴 8 的两端轴段上，对轴承沿着支撑轴 8 的轴向定位。

如图 6-5（a）所示，在涡簧储能系统运行时，输入扭矩通过联轴器 1 带动芯轴旋紧涡簧，驱动储能箱壳体 3 带动储能箱壳体 5 一起转动，储能箱壳体 5 内的涡簧旋紧，输入的扭矩作用在储能箱壳体 5 内的芯轴上，依次传递扭矩，实现储能过程。在储能过程中，储能箱壳体是旋转的。复合支撑结构安装在储能箱壳体的下面，3 个轴承的外圈与储能箱壳体接触，与储能箱壳体一起转动，支撑储能箱的重量，避免储能箱在转动时的偏心现象。

大型涡簧储能箱复合支撑结构是对大型涡簧储能系统的重要支撑部件。大型涡簧的储能箱体重量很大，并且储能箱体由两根芯轴分别支撑，芯轴是悬臂状态，在储能箱体自身重力作用下会发生的偏心现象，导致箱体旋转时发生振动，并且箱体连接处的螺栓会受到较大的剪力，加入复合支撑结构，既可以保障系统运行过程的平稳性，又可以增加储能箱连接部分的安全性。

6.3.4　联动式储能箱的优点分析

由上所述，涡簧储能箱设计最为关注的是储能量和输入输出外特性，下面就从这两个方面分析一下采用联动式储能箱结构所带来的优点。

本专著提出的联动式储能箱采用了串联连通的"手拉手"方式，延长了储能/释能的时间，理论而言，只要能够克服摩擦等阻力影响，联动式储能箱可以任意串联多个涡簧箱组。并且，由于在主轴上设置了多组涡簧片，进一步增大了储能容量。因此，与以往技术方案相比，联动式储能箱结构设计的一大特色在于通过简单的连杆构件实现了涡簧箱的两两连接，极大提升储能容量的同时，省去了齿轮、皮带或链条等传动连接方式，简化了装置结构，易于推广和应用。

更为重要的是，联动式储能箱结构设计的另一个优点在于，其储能容量的增加不仅基本未改变储能箱最大输出扭矩，而且还平滑了储能箱输出特性，或者说，串接多个涡簧箱组并未改变储能箱输出特性中最大扭矩和最小扭矩，只是拉长了储能/释能时间，相当于储能箱输出增加或减少得更为平缓，改善了储能箱的输入输出外特性，这将利于储能和发电的控制。图 6-6 比较了串联 4 个涡簧箱的联动式储能箱输出外特性与单个、多个涡簧箱独立输出外特性，单个涡簧箱输出最大扭矩和最小扭矩分别为 $T_{\max}$ 和 $T_{\min}$，释放时间为 t_s，其输出外特性为图中点画线，而由图 6-6 所示的 4 个涡簧箱组成的联动式储能箱输出外特性为图中实线 a，其释放时间将为 $4t_s$，但输出的最大扭矩和最小扭矩仍然分别为 $T_{\max}$ 和 $T_{\min}$，也就是说，其输出特性变得更加平缓、可控；若不采用联动式储能箱结构，而采用"半联动"或"不联动"方式，那么，4个涡簧箱单独连续释放输出的外特性将是单个涡簧箱输出外特性的4次连续，与联动式储能箱相比，这种输出外特性一方面具有"突变"特性，另一方面也更加陡阶。综上所述，联动式储能箱与单个涡簧箱相比，对其控制更为容易，其储能和释放过程的控制也变得更易操作、更加安全。

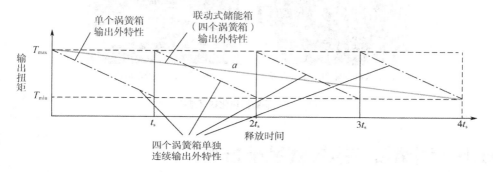

图6-6　联动式储能箱与单个、多个涡簧箱输出外特性比较

6.4　涡簧标准化模块封装技术

基于前文设计的模块化-推拉式机械装配结构，首先需要对如图6-7所示的涡簧进行模块化封装，该封装能提升装置安全性，避免涡簧弹出，同时方便于联动式储能箱组的参数配置和机械安装。

图6-7　封装前的涡簧

依据前文所提的储能箱组机械结构设计理念，单个涡簧外侧加钢制封装，如图6-8（a）矩形框范围所示，涡簧外圈固定在封装内壁上，涡簧内圈接头固定有"L"形连接板，用于固定在储能箱芯轴上。封装外壁有3对如图6-8（b）所示的矩形

槽，用于卡接储能箱内壁的矩形齿。

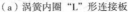

（a）涡簧内圈"L"形连接板　　　　　（b）涡簧封装外矩形槽

图6-8　涡簧模块化封装结构

6.5　涡簧模块推拉式装配技术

如何把涡簧安全方便地安装进机械弹性储能箱箱体是储能箱装配过程中的核心问题。如前文所述，单个涡簧模块化封装外壁有3对矩形键槽配对储能箱内壁3对矩形齿，涡簧模块化封装安装的时候，由涡簧封装外壁矩形槽与箱体内壁固定的矩形齿配合，如图6-9（a）所示，涡簧芯轴花键槽与储能箱芯轴花键齿配合，如图6-9（b）所示，将涡簧模块化封装沿矩形定位齿推入储能箱箱体内，到固定位置后，把涡簧模块化封装内圈接头"L"形连接板安装在储能箱芯轴上，单个涡簧模块化封装便安装好了。文中储能箱箱体内在芯轴上并排安装了6个涡簧模块化封装，图6-10为安装完两个涡簧模块化封装的状态，很清晰地显示出两个封装是交错60°安装的，6个涡簧模块化封装依次旋转60°交错安装，这样可以使储能箱受力均衡，有利于储能箱机械结构的稳定。

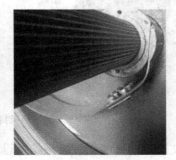

（a）矩形键槽配合机械结构　　　　　（b）花键槽配合机械结构

图6-9　涡簧模块化封装推拉式机械装配结构

图 6-10　部分涡簧封装安装完成

6.6　联动储能箱组安装调试技术

（1）机组安装调平基础板

为固定联动式储能箱组、电磁制动器、加减速齿轮箱、PMSM 以及 PMSG 等装置，特设计了基础版。基础板共 4 块，每一块长 2.4m，宽 1.2m。基础板与地面的连接，并使用工字钢制作支架固定，可在支架上调平基础板。基础板上端面经铣削研磨，并制作了 4 道 T 型槽，用来安装定位机械弹性储能机组所有设备的底座，图 6-11 是多块基础板安装后的情景，在地面上安装大型工字钢制作的支撑架，以支撑架为基准，安装并调平基础板，最后用螺栓固定。

图 6-11　安装调平基础版

（2）联动式储能箱组的装配

为避免涡簧模块化封装发生侧向移动，封装之间增加隔板，如图 6-12（a）所示，将储能单元封装依次推入箱体固定后，装配如 6-12（b）所示的支撑结构，单个储能箱便安装完毕了，如图 6-12（c）所示。

（a）涡簧封装隔板　　　　　（b）储能箱结构支撑　　　　　（c）单个储能箱

图 6-12　储能箱机械安装

　　机械弹性储能样机包含 3 组储能箱。在安装全部储能箱之前，要使用工字钢制作大型框架，与地面固定，在工字钢框架上放置基础板，调整好基础板的水平，把垫铁满焊，保证在设备安作过程中不会发生移动，再通过螺栓固定的方法，把基础板固定在工字钢框架上。根据设计尺寸，固定好底座，依次把 3 对储能箱安装在底座上，用螺栓固定。通过调整底座的位置，调平 3 对储能箱的水平度，保证 3 对储能箱芯轴的同轴度。图 6-13（a）为储能箱芯轴支撑，图 6-13（b）为储能箱体底部支撑，将储能箱依次固定连接，联动式储能箱组便装配好了，如图 6-14 所示。

（a）储能箱芯轴支撑　　　　　　（b）箱体底部支撑

图 6-13　联动式储能箱组装配支撑结构

图 6-14　联动式储能箱组

参考文献

[1] 浙江英科弹簧有限公司. 平面涡卷弹簧: CN 201320212875.9 [P]. 2013-11-20.

[2] 克恩-里伯斯(太仓)有限公司. 平面涡卷弹簧: CN200810040809.1 [P]. 2011-08-03.

[3] 常熟市天银机电有限公司. 风力发电系统的机械储能机构: CN200910026075.6 [P]. 2009-08-19.

[4] 杨长易. 环保型弹性储能电站: CN201210280642.2 [P]. 2012-08-08.

[5] 杨晋中. 可无限扩充的蜗型弹簧储能装置: CN97227942.3 [P]. 1997-09-23.

[6] 米增强, 王璋奇, 余洋, 等. 电网用弹性储能发电系统: CN201020126983.0 [P]. 2010-11-17.

[7] 米增强, 余洋, 王璋奇, 等. 永磁电机式弹性储能发电系统: CN201110008030.3 [P]. 2011-01-14.

[8] 米增强, 余洋, 王璋奇. 一种基于机械弹性的联动式储能箱: CN201110450712.X [P]. 2011-11-29.

[9] 李建林, 修晓青, 吕项羽, 等. 储能系统容量优化配置及全寿命周期经济性评估研究综述[J]. 电源学报, 2018, 78(4): 7-19.

第7章

永磁电机式机械弹性储能系统的
数学模型

7.1 引言

 永磁电机式机械弹性储能系统是典型的机电一体化系统，储能涡簧、永磁同步电机、变频器等是组成该系统的关键核心部件，建立全系统数学模型是研究系统控制方法的前提。本章构建了永磁电机式机械弹性储能系统的数学模型，在分析储能涡簧扭转变形特性的基础上，提出了一种基于分段分态思想的储能涡簧转动惯量计算方法；分别建立了 ABC 系统和 dq0 系统下永磁同步电机的数学模型；构建了双脉冲宽度调制（pulse width modulation，PWM）变频器模型，分析了空间矢量脉冲宽度调制（space vector pulse width modulation，SVPWM）技术的基本工作原理。

7.2 永磁同步电机的数学模型

7.2.1 永磁同步电机结构

 永磁同步电机由固定的定子和旋转的转子两大部分组成，定子主要由电枢绕组、硅钢片、机壳及端盖等组成。在定子铁芯内圆中均匀分布着定子槽，在定子槽

内按规律嵌放着三相星形连接的对称交流绕
组。转子通常由永磁体磁钢、转子铁芯、转子
轴和套环等组成。图 7-1 给出了一台两极面装
式永磁同步电机的结构。从图 7-1 可知，转子
铁芯上装有成对的制成特定形状的永磁体，由
它们产生恒定的磁通。

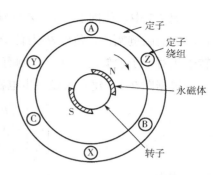

图 7-1　永磁同步电机结构

7.2.2　建模假设

永磁同步电机工作时，定转子之间存在着相对运动，安装于转子上的永磁体与
三相电枢绕组，以及三相电枢绕组之间均有互相影响，因此，永磁同步电机电磁关
系极为复杂。研究已表明，永磁同步电机系统是一个高阶、非线性、强耦合的多变
量复杂系统。为简化研究，在建立模型之前，作几点假设如下[1-3]：

① 忽略空间谐波，三相绕组对称，永磁体磁动势沿气隙呈正弦分布；
② 三相供电电压平衡；
③ 忽略铁芯饱和，不计磁滞和涡流损耗；
④ 电枢绕组在定子内表面分布均匀连续；
⑤ 不考虑永磁体的电导率。

7.2.3　静止 ABC 坐标系下的数学模型

根据图 7-1 所示的永磁同步电机结构，选取电动机惯例，绘制永磁同步电机三
相绕组如图 7-2 所示。

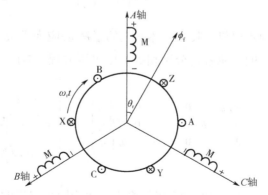

图 7-2　永磁同步电机三相绕组

图 7-2 中，线圈 X、Y、Z 分别表示永磁同步电机定子三相绕组，φ_f 表示永磁体产生的磁链幅值，角度 θ_r 为转子磁极中心线与 A 相磁链轴线间的夹角，ω_r 表示转子相对定子的旋转角速度，则有 $\theta_r = \omega_r t + \theta_0$，$\theta_0$ 表示 θ_r 的初始角。

根据图 7-2，建立永磁同步电机三相定子绕组的电压方程如式（7-1）：

$$
\begin{bmatrix} u_A \\ u_B \\ u_C \end{bmatrix} = \begin{bmatrix} R_A & 0 & 0 \\ 0 & R_B & 0 \\ 0 & 0 & R_C \end{bmatrix} \begin{bmatrix} i_A \\ i_B \\ i_C \end{bmatrix} + p \begin{bmatrix} \phi_A \\ \phi_B \\ \phi_C \end{bmatrix}
\tag{7-1}
$$

式中，u_A、u_B、u_C 和 i_A、i_B、i_C 分别表示 ABC 三相绕组的相电压和相电流；ϕ_A、ϕ_B、ϕ_C 分别表示 ABC 三相绕组的磁链；R_A、R_B、R_C 为 ABC 三相绕组的电阻，p 代表微分算子（d/dt）。

同样地，建立永磁同步电机三相绕组的磁链方程如式（7-2）：

$$
\begin{bmatrix} \phi_A \\ \phi_B \\ \phi_C \end{bmatrix} = \begin{bmatrix} L_A & M_{AB} & M_{AC} \\ M_{BA} & L_B & M_{BC} \\ M_{CA} & M_{CB} & L_C \end{bmatrix} \begin{bmatrix} i_A \\ i_B \\ i_C \end{bmatrix} + p \begin{bmatrix} \phi_r^A \\ \phi_r^B \\ \phi_r^C \end{bmatrix}
\tag{7-2}
$$

式中，L_A、L_B、L_C 分别为 ABC 三相绕组的自感；M_{ij} 为 ABC 三相绕组间的互感；ϕ_r^i 为转子磁链在各相绕组中的投影分量，i, $j = A$、B、C。

根据 7.2.2 节的假设，永磁同步电机三相绕组空间对称，且永磁体磁动势沿气隙呈正弦分布，故转子磁链可表示为：

$$
\begin{bmatrix} \phi_r^A \\ \phi_r^B \\ \phi_r^C \end{bmatrix} = \phi_f \begin{bmatrix} \cos\theta_r \\ \cos\left(\theta_r - \dfrac{2\pi}{3}\right) \\ \cos\left(\theta_r + \dfrac{2\pi}{3}\right) \end{bmatrix}
\tag{7-3}
$$

对于某台永磁同步电机，其永磁体产生的磁链 φ_f 应为常数；再假设 ABC 三相绕组的自感和绕组间的互感各自分别相等，则电压方程（7-1）可转变为：

$$
\begin{bmatrix} u_A \\ u_B \\ u_C \end{bmatrix} = \begin{bmatrix} R_A + pL & 0 & 0 \\ 0 & R_B + pL & 0 \\ 0 & 0 & R_C + pL \end{bmatrix} \begin{bmatrix} i_A \\ i_B \\ i_C \end{bmatrix} - \omega\phi_f \begin{bmatrix} \sin\theta \\ \sin\left(\theta - \dfrac{2\pi}{3}\right) \\ \sin\left(\theta + \dfrac{2\pi}{3}\right) \end{bmatrix}
\tag{7-4}
$$

式（7-4）表明，三相静止 ABC 坐标系下，永磁同步电机的电压方程是一组随

θ 变化的变系数微分方程，求解较为困难。为此，下节通过坐标变换，将永磁同步电机电压方程从静止 ABC 坐标系变换到旋转 $dq0$ 坐标系，使变系数微分方程转化为常系数微分方程，便于求解。

7.2.4　静止 $\alpha\beta$ 坐标系下的数学模型

设永磁同步电机在两相静止 α、β 坐标系的变量为 x_α、x_β，则三相静止坐标系下的数学模型和其有如下变换关系

$$\begin{bmatrix} x_\alpha \\ x_\beta \end{bmatrix} = C_{3s/2s} \begin{bmatrix} 1 & -\dfrac{1}{2} & -\dfrac{1}{2} \\ 0 & \dfrac{\sqrt{3}}{2} & -\dfrac{\sqrt{3}}{2} \end{bmatrix} \begin{bmatrix} x_a \\ x_b \\ x_c \end{bmatrix} \tag{7-5}$$

其中，$C_{3s/2s}$ 为三相静止坐标系向两相静止坐标系变换的变化系数，当采用恒幅值变换时，取 2/3。

则永磁同步电动机在 α、β 轴坐标系下的数学模型可用下列表达式表示

$$\begin{bmatrix} u_\alpha \\ u_\beta \end{bmatrix} = C_{3s/2s} \begin{bmatrix} R_s + \dfrac{\mathrm{d}L_d}{\mathrm{d}t} & \omega_r\left(L_d - L_q\right) \\ -\omega_r\left(L_d - L_q\right) & R_s + \dfrac{\mathrm{d}L_d}{\mathrm{d}t} \end{bmatrix} \begin{bmatrix} i_\alpha \\ i_\beta \end{bmatrix} + \begin{bmatrix} E_\alpha \\ E_\beta \end{bmatrix} \tag{7-6}$$

$$\begin{bmatrix} E_\alpha \\ E_\beta \end{bmatrix} = \left[\left(L_d - L_q\right)\left(\omega_r i_d - i_q\right) + \omega_r \Psi_f\right] \begin{pmatrix} -\sin\theta_r \\ \cos\theta_r \end{pmatrix} \tag{7-7}$$

式中，u_α、u_β 为定子电压在 α、β 轴上的分量；i_α、i_β 为定子电流在 α、β 轴上的分量；R_s 为定子绕组相电阻；ψ_f 为永磁体磁链；ω_r 为转子机械角速度；θ_r 为转子角度；i_d、i_q 为定子 d、q 轴电流；L_d、L_q 为定子 d、q 轴电感，E_α、E_β 为电机的反电动势。

假设定子交直轴电感相等，即 $L_d=L_q=L$，在模型的基础上，可建立新的数学模型，如式（7-8）和式（7-9）所示

定子电流方程

$$\begin{cases} \dfrac{\mathrm{d}i_\alpha}{\mathrm{d}t} = \dfrac{u_\alpha}{L} - \dfrac{R_s}{L}i_\alpha - \dfrac{E_\alpha}{L} \\ \dfrac{\mathrm{d}i_\alpha}{\mathrm{d}t} = \dfrac{u_\beta}{L} - \dfrac{R_s}{L}i_\beta - \dfrac{E_\beta}{L} \end{cases} \tag{7-8}$$

定子磁链方程

$$\begin{cases} \dfrac{\mathrm{d}\psi_\alpha}{\mathrm{d}t} = u_\alpha - R_\mathrm{s}i_\alpha \\[2mm] \dfrac{\mathrm{d}\psi_\beta}{\mathrm{d}t} = u_\beta - R_\mathrm{s}i_\beta \\[2mm] \psi_\mathrm{s} = \psi_\alpha^2 + \psi_\beta^2 \end{cases} \tag{7-9}$$

永磁同步电机的转子运动方程、电磁转矩方程分别为

$$\frac{\mathrm{d}\omega_r}{\mathrm{d}t} = \frac{n_\mathrm{p}}{J}(T_\mathrm{e} - T_\mathrm{L}) - \frac{B_\mathrm{m}}{J}\omega_r \tag{7-10}$$

$$T_\mathrm{e} = \frac{3}{2}n_\mathrm{p}\left(\psi_\alpha i_\beta - \psi_\beta i_\alpha\right) \tag{7-11}$$

式中，ψ_α、ψ_β 为定子磁链 α、β 轴分量；n_p 为转子极对数；J 为转动惯量；T_e 为电磁转矩；T_L 为负载转矩；B_m 为黏滞阻尼系数；ψ_s 为定子 d、q 轴磁链平方和。

7.2.5 旋转 *dq0* 坐标系下的数学模型

将永磁同步电机转子磁极中心线定向于旋转坐标系 d 轴，选取 q 轴超前于 d 轴 90°。

建立 *dq0* 坐标系下的永磁同步电机三相绕组定子电压方程如下：

$$\begin{cases} u_d = R_\mathrm{s}i_d + p\phi_d - \omega_r\phi_q \\ u_q = R_\mathrm{s}i_q + p\phi_q - \omega_r\phi_d \end{cases} \tag{7-12}$$

式中，i_d、i_q 分别表示定子绕组的 d 轴和 q 轴电流；u_d、u_q 分别表示定子绕组的 d 轴和 q 轴电压；R_s 为 ABC 三相绕组的电阻（$R_\mathrm{s}=R_A=R_B=R_C$）；ϕ_d、ϕ_q 分别表示定子绕组磁链的 d 轴和 q 轴分量。

建立 *dq0* 坐标系下的永磁同步电机定子绕组磁链方程如下：

$$\begin{cases} \phi_d = L_d i_d + \phi_\mathrm{f} \\ \phi_q = L_q i_q \end{cases} \tag{7-13}$$

将磁链方程（7-13）代入电压方程（7-12），可得：

$$\begin{cases} \dfrac{\mathrm{d}i_d}{\mathrm{d}t} = -\dfrac{R_\mathrm{s}}{L_d}i_d + \omega_r\dfrac{L_q}{L_d}i_q + \dfrac{1}{L_d}u_d \\[3mm] \dfrac{\mathrm{d}i_q}{\mathrm{d}t} = -\dfrac{R_\mathrm{s}}{L_q}i_q - \omega_r\left(\dfrac{L_d}{L_q}i_d + \dfrac{1}{L_q}\phi_\mathrm{f}\right) + \dfrac{1}{L_q}u_q \end{cases} \tag{7-14}$$

建立永磁同步电机的转矩方程如下：

$$T_e = 1.5n_p \left[\left(L_d - L_q \right) i_d i_q + i_q \phi_f \right] \qquad (7\text{-}15)$$

式中，n_p 表示转子极对数。

建立永磁同步电机的转子运动方程如下：

$$\frac{\mathrm{d}\omega_r}{\mathrm{d}t} = \frac{T_e - T_{sp} - B_{eq}\omega_r}{J_{eq}} \qquad (7\text{-}16)$$

式中，J_{eq} 为等效转动惯量，$J_{eq}=J_m+[J_{sp}/(gr)^2]$，$(gr)$ 为变速箱的变速比。J_m、J_{sp} 分别为电机转子和涡簧的转动惯量；B_{eq} 为机组的等效黏滞系数，$B_{eq}=B_m+(B_{sp}/gr^2)$，B_m、B_{sp} 分别为电机和涡簧的黏滞阻尼系数；若电机与负载直接连接（直驱），即无需考虑变速箱的情况下，则有 $J_{eq}=J_m+J_{sp}$，$B_{eq}=B_m+B_{sp}$。

电机转角 θ_r 和转速 ω_r 关系可表示为：

$$\mathrm{d}\theta_r/\mathrm{d}t = \omega_r \qquad (7\text{-}17)$$

式（7-14）～式（7-17）构成了永磁同步电机的数学模型，这表明永磁同步电机数学模型是一个多变量、高维度的多阶系统，其中，式（7-14）中的交叉耦合项 $\omega_r i_q$ 和 $\omega_r i_d$ 进一步说明永磁同步电机数学模型表现出非线性、强耦合特性。由于储能过程储能箱与电机同轴直接连接，电机转角 θ_r 和储能箱主轴的转角 δ 相同，所以当电机角速度被有效控制时，储能箱的主轴旋转角速度也相当于被间接控制[4-10]。

7.3 双PWM变频器模型

变频器的种类很多，从变频器主电路的结构形式上可分为交-直-交变频器和交-交变频器；从变频电源的性质上看，可分为电压型变频器和电流型变频器，它们大都多采用绝缘栅双极型晶体管（insulated gate bipolar transistor，IGBT）组成"背靠背"结构。在电动机传动领域，通常称之为变频器；而在发电领域，如风力发电，习惯称之为变流器。永磁电机式机械弹性储能系统包含储能与发电两大过程，但为了叙述方便，文中都通称之为变频器。

7.3.1 双PWM变频器结构及工作原理

在变频器诸多种类中，交-直-交双PWM变频器以其良好的传输特性、功率因数高、网侧电流谐波小等特点受到广泛关注。永磁电机式机械弹性储能系统发电过程全功率变频器及其等效电路[11-12]可分别如图 7-3 和图 7-4 所示，主要由发电机侧变频器、滤波器（如平波电感）、电网侧变频器和直流环节（DC-1ink）组成。

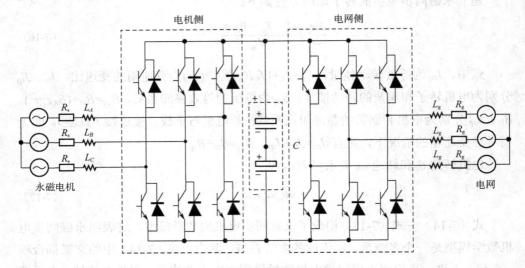

图7-3　双 PWM 全功率变频器结构

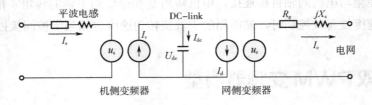

图7-4　双 PWM 全功率变频器等效电路

由图 7-3 和图 7-4 可以看出，永磁电机式机械弹性储能系统储能与发电过程分别使用两个结构类似的三相 PWM 整流器和逆变器构成背靠背全功率变频器，其中电力电子组件采用 IGBT。

7.3.2　SVPWM 控制技术

PWM 控制技术是利用半导体开关的导通和关断将直流电压变成电压脉冲序列，并通过控制电压脉冲宽度或周期实现变频、变压。初期 PWM 控制技术中半导体开关的导通与关断遵循一定的规律，输出波形谐波较大。而 SVPWM 是将半导体开关和脉冲宽度大小进行优化组合的一种特殊调制技术，目的在于使得输出波形失真度更小，并提高变频器的供电效率。

SVPWM 控制波的产生过程可理解为：将三相 *ABC* 坐标系下的电网电压等效空间合成矢量经过一系列坐标变换到三相 *A'B'C'* 坐标系上。为保证并网输出电流不产生冲击，需要输出的 *A'B'C'* 坐标系与电网三相 *ABC* 坐标系一致。图 7-5 对各坐标系下如何生成 SVPWM 控制波的过程及相互对应关系进行了分析。

由图 7-5 可以看出，6 个 IGBT 开关对应着 8 个开断状态，若以"1"表示"开"，"0"表示"关"，那么，8 个基本开断状态就是 000、001、010、011、100、101、110、111，其中 000 和 111 表示零开关状态。

图 7-6 给出了 SVPWM 在 α-β 坐标系下的基本空间电压矢量。从图 7-5 可以看出，若按照 0°→60°→120°→180°→240°→300°→360°顺序导通，那么，定子磁链轨迹将是正六边形，与圆形旋转磁链相差甚远。

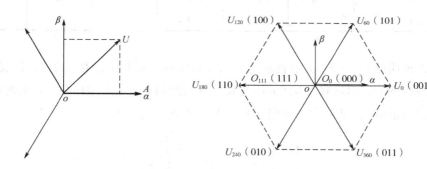

图 7-5 三相 *ABC* 坐标系空间
电压矢量 *U* 变换到 α-β 坐标系

图 7-6 SVPWM 在 α-β 坐标
系下的基本空间电压矢量

为了得到或尽量逼近圆形磁链，就需要将开关顺序进行合理组合。

假设逆变器输出三相相电压分别为$[U_A, U_B, U_C]^\mathrm{T}$，开关状态矢量表示为$[S_a, S_b, S_c]^\mathrm{T}$，那么，二者关系可表示为：

$$\begin{bmatrix} U_A \\ U_B \\ U_C \end{bmatrix} = \frac{1}{3} U_{dc} \begin{bmatrix} 2 & -1 & -1 \\ -1 & -1 & 2 \\ -1 & 2 & -1 \end{bmatrix} \begin{bmatrix} S_a \\ S_b \\ S_c \end{bmatrix} \tag{7-18}$$

假设逆变器输出三相线电压分别为$[U_{AB}, U_{BC}, U_{CA}]^\mathrm{T}$，那么，用开关状态矢量$[S_a, S_b, S_c]^\mathrm{T}$表示三相线电压为：

$$\begin{bmatrix} U_{AB} \\ U_{BC} \\ U_{CA} \end{bmatrix} = \frac{1}{3} U_{dc} \begin{bmatrix} -1 & -1 & 0 \\ 0 & 1 & -1 \\ -1 & 0 & 1 \end{bmatrix} \begin{bmatrix} S_a \\ S_b \\ S_c \end{bmatrix} \tag{7-19}$$

　　根据式（7-18）和式（7-19）可写出开关状态矢量$[S_a, S_b, S_c]^T$与相电压、线电压关系见表 7-1。

表 7-1　开关状态矢量与静止 *ABC* 坐标系下三相相电压、三相线电压关系

开关状态 $S_aS_bS_c$	U_A	U_B	U_C	U_{AB}	U_{BC}	U_{CA}
000	0	0	0	0	0	0
100	$2U_{dc}/3$	$-U_{dc}/3$	$-U_{dc}/3$	U_{dc}	0	$-U_{dc}$
010	$-U_{dc}/3$	$2U_{dc}/3$	$-U_{dc}/3$	$-U_{dc}$	U_{dc}	0
110	$U_{dc}/3$	$U_{dc}/3$	$-2U_{dc}/3$	0	U_{dc}	$-U_{dc}$
001	$-U_{dc}/3$	$-U_{dc}/3$	$2U_{dc}/3$	0	$-U_{dc}$	U_{dc}
101	$U_{dc}/3$	$-2U_{dc}/3$	$U_{dc}/3$	U_{dc}	$-U_{dc}$	0
011	$-2U_{dc}/3$	$U_{dc}/3$	$U_{dc}/3$	$-U_{dc}$	0	U_{dc}
111	0	0	0	0	0	0

　　需说明的是，表 7-1 中表示的三相线电压和三相相电压是基于电网三相 *ABC* 坐标系得到的，通过式（7-19）可将其转变到两相静止 α-β 坐标系下，从而得到开关状态矢量$[S_a, S_b, S_c]^T$与 α-β 坐标系下电压关系，见表 7-2。

$$\begin{bmatrix} U_\alpha \\ U_\beta \end{bmatrix} = \frac{2}{3} \begin{bmatrix} 1 & -\dfrac{1}{2} & -\dfrac{1}{2} \\ 0 & -\dfrac{\sqrt{3}}{2} & \dfrac{\sqrt{3}}{2} \end{bmatrix} \begin{bmatrix} U_A \\ U_B \\ U_C \end{bmatrix} \qquad (7-20)$$

表 7-2　开关状态矢量与静止 $\alpha-\beta$ 坐标系下电压分量对应关系

开关状态 $S_aS_bS_c$	U_α	U_β	矢量符号
000	0	0	O_0
100	$2U_{dc}/3$	0	U_0
010	$-U_{dc}/3$	$-U_{dc}/3$	U_{240}
110	$U_{dc}/3$	$-U_{dc}/3$	U_{300}
001	$-U_{dc}/3$	$U_{dc}/3$	U_{120}
101	$U_{dc}/3$	$U_{dc}/3$	U_{60}
011	$-2U_{dc}/3$	0	U_{180}
111	0	0	O_{111}

图 7-7 进一步给出了两相静止 α-β 坐标系下,
逆变器输出电压 U_{out} 与基本电压矢量之间的对应
关系。

若用公式表示 U_{out}, 则可写为式 (7-21) 的
形式:

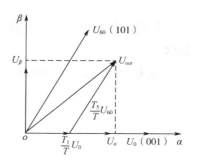

$$\begin{cases} T = T_1 + T_5 + T_0 \\ U_{\text{out}} = \dfrac{T_1}{T}U_0 + \dfrac{T_s}{T}U_{60} \end{cases} \tag{7-21}$$

图 7-7　两相静止 α-β 坐标系下输出电
压 U_{out} 与基本电压矢量的对应关系

式中, T 为控制周期; T_x 为每个控制周期中 U_x
的作用时间。

若进一步取最大相电压 $U_{\text{dc}}/\sqrt{3}$ 为参考值, 可得到下式:

$$\begin{cases} t_1 = \dfrac{T_1}{T} = \dfrac{1}{2}\left(\sqrt{3}U_\alpha - U_\beta\right) \\ t_2 = \dfrac{T_s}{T} = U_\beta \end{cases} \tag{7-22}$$

式中, t_1、t_2 分别表示基本矢量 1、基本矢量 5 作用时间与控制周期的比值。

式 (7-22) 其实描述了变量归一化之后方便程序应用的表达式, 根据上述
SVPWM 控制波的产生机理, 就可以写出将空间电压矢量利用任意两个基本矢量
表示的关系式。

若令:

$$\begin{cases} X = U_\beta \\ Y = \dfrac{1}{2}\left(\sqrt{3}U_\alpha + U_\beta\right) \\ Z = \dfrac{1}{2}\left(-\sqrt{3}U_\alpha + U_\beta\right) \end{cases} \tag{7-23}$$

那么, 三相静止 ABC 坐标系下电网电压空间矢量在不同区域时, 基本矢量导
通时间与空间矢量的位置关系可表示为表 7-3 的形式。

表 7-3　基本矢量导通时间与空间矢量的位置关系

所在区域	U_0, U_{60}	U_{60}, U_{120}	U_{120}, U_{180}	U_{180}, U_{240}	U_{240}, U_{300}	U_{300}, U_{360}
t_1	$-Z$	Z	X	$-X$	$-Y$	Y
t_2	X	Y	$-Y$	Z	$-Z$	$-X$

　　然而，若要使用表 7-3 的数据计算输出电压，还需事先知道输出电压所在的扇区。

　　为此，可分别取 3 个电压参考值如式（7-24），并同时定义三个变量 B_0、B_1 和 B_2。

$$\begin{cases} U_{r1} = U_\beta \\ U_{r2} = \dfrac{-U_\beta + \sqrt{3}U_\alpha}{2} \\ U_{r3} = \dfrac{-U_\beta - \sqrt{3}U_\alpha}{2} \end{cases} \tag{7-24}$$

令 $N = 4B_2 + 2B_1 + B_0$，且：

$U_{r1} > 0$ 时，$B_0 = 1$，否则 $B_0 = 0$；

$U_{r2} > 0$ 时，$B_1 = 1$，否则 $B_1 = 0$；

$U_{r3} > 0$ 时，$B_2 = 1$，否则 $B_2 = 0$。

　　那么，扇区如表 7-4 所示，当基本电压矢量 U_0、U_{60} 所在区域按逆时针从 0 开始编号，就能够获取 N 与扇区的对应关系，见表 7-4。

表 7-4　变量 N 与扇区号的对应关系

N	1	2	3	4	5	6
扇区号	II	VI	I	IV	III	V

　　根据以上描述与分析，SVPWM 控制信号的产生可用图 7-8 来表示。

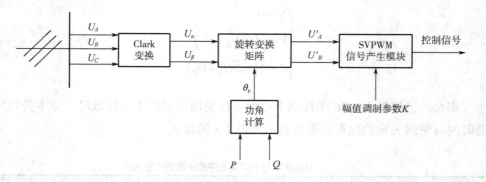

图 7-8　SVPWM 控制信号产生过程

　　当获得系统功角 θ_p 后，采用式（7-25）就可以获得 SVPWM 的控制电压 U'_A 和 U'_B。

$$\begin{bmatrix} U'_A \\ U'_B \end{bmatrix} = K \begin{bmatrix} \cos\theta_p & -\sin\theta_p \\ \sin\theta_p & \cos\theta_p \end{bmatrix} \begin{bmatrix} U_A \\ U_B \end{bmatrix} \tag{7-25}$$

式中，K 为电压幅值参数调制系数。

若用 $dq0$ 坐标系下的电压进行表示，则可用式（7-26）实现 $\alpha\beta$ 坐标系向 $dq0$ 坐标系的转换。

$$\begin{bmatrix} U_d \\ U_q \\ U_0 \end{bmatrix} = \begin{bmatrix} \cos\theta & \sin\theta & 0 \\ -\sin\theta & \cos\theta & 0 \\ 0 & 0 & 1 \end{bmatrix} \begin{bmatrix} U_\alpha \\ U_\beta \\ U_0 \end{bmatrix} \tag{7-26}$$

参考文献

[1] LI Shihua, LIU Zhigang. Adaptive speed control for permanent magnet synchronous motor system with variations of load inertia [J]. IEEE Trans on Industrial Electronics, 2009, 56(8): 3050-3059.

[2] BOLOGNANI S, OBOE R, ZIGLIOTTO M. Sensorless full-digital PMSM drive with EKF estimation of speed and rotor position [J]. IEEE Transactions on Industrial Electronics, 1999, 46(1): 184-191.

[3] BOLOGNANI S, TUBIANA L, ZIGLIOTTO M. Extended Kalman filter tuning in sensorless PMSM drives [J]. IEEE Transactions on Industry Applications, 2002, 1(6): 1741-1747.

[4] 陈仕锟. 直驱永磁风力发电系统建模与电网对其影响分析[D]. 西安: 西安理工大学, 2010.

[5] 顾绳谷. 电机及拖动基础[M]. 北京: 机械工业出版社, 2000.

[6] 唐任远. 现代永磁电机理论与设计[M]. 北京: 机械工业出版社, 1997.

[7] 张晓华, 刘慧贤, 丁世宏, 等. 基于扰动观测器和有限时间控制的永磁同步电机调速系统[J]. 控制与决策, 2009, 24(7): 1028-1032.

[8] 田瑞, 赵艳. 变频器在多电机传动中的应用[J]. 电气传动, 2006(36): 61-64.

[9] 马伟明, 肖飞. 风力发电变流器发展现状与展望[J]. 中国工程科学, 2011(13): 11-20.

[10] 陆园. 基于 DSP 的交直交可逆变频调速系统及其实现研究[D]. 上海: 上海交通大学, 2008.

第8章

永磁电机式机械弹性储能系统
储能运行控制技术

8.1 引言

前文已经提到，机械弹性储能系统储能或发电运行中储能箱的转动惯量和转矩是实时变化的，并且由于储能箱是大型机械构件，要求驱动其储能的电机转速比较低，使得传统的PMSM控制方法很难满足这些要求。为此，本章提出了一种带遗忘因子最小二乘辨识算法和微分进化优化算法相结合的改进非线性反推控制方法，同时还提出了一种带遗忘因子最小二乘辨识算法和微分进化优化算法相结合的系统反推直接转矩控制（direct torque control，DTC）方法。仿真结果表明，本专著所提控制方法效果较佳，具有应用价值。

8.2 控制问题的形成

8.2.1 永磁同步电动机控制技术分析

涡簧作为机械元件刚度较大，为保证机组平稳储能，对PMSM的控制本质而言就是一种调速控制。传统PMSM调速控制大多采用电流内环、速度外环的双闭环 PI 控制方法[1]，但是，涡簧作为 PMSM 的负载，在储能过程中转动惯量和扭矩连续变化，并且机械弹性储能机组本身属于多变量非线性机电耦合系统，加之摩擦等干扰的影响，传统 PI 控制方法难以实现高精度速度控制[2]。

8.2.2　机械弹性储能用永磁同步电动机控制问题提出

对于 PMSM 的转速控制，实时变化的转动惯量和负载转矩在负载特性追踪或者负载扰动抑制方面都是很棘手的问题。研究这类问题的相关文献主要可分为 3 类，第 1 类文献也是比较常见的一类，其方法是通过设计负载转矩观测器或者负载干扰观测器估计独立变化的转矩[3-5]，这类观测器主要包括扩展卡尔曼滤波估计观测器[5]，扩展状态观测器[6]，还有扩展非线性观测器[7]。第 2 类文献通过转动惯量辨识的方法来研究转动惯量变化的电机转速控制问题，大部分文献都是通过转动惯量辨识算法[8]和自适应估计算法[9]来获取转动惯量，如文献[10]提出了一种基于扩展状态观测器的自适应 PMSM 速度控制方法以应对变化的负载惯量带来的控制问题，并满足电机的高速运行要求。然而，这些文献中所提到的转动惯量并不是实时变化的。不同于前两类，最后一类文献关注同时变化的负载惯量和负载转矩问题，因此解决方法更为复杂，相关的文献也较少。针对这类问题，文献[11、12]分别设计了比例积分（PI）控制器和 Takagi-Sugeno PI 模糊控制器，用于对直流驱动系统的控制，文献[13]设计了负载转矩观测器和转动惯量辨识算法用于参数观测并同时抑制扰动，文献[14]设计了两个独立的观测器来分别观测转动惯量和转矩，文献[15]提出了转动惯量的辨识算法和转矩观测方法，但是需要附加一些外部条件。

纵观近几年取得的相关成果，大部分文献只是研究单独变化的负载转矩或者转动惯量带来的控制问题。由于传统的 PI 控制器设计简单，性能可靠，控制容易实现，现有文献大都采用 PI 控制解决转动惯量或者转矩变化引起的控制问题[11]。然而，针对永磁同步电机模型的高维度、多变量和强耦合特点以及负载扭矩和转动惯量同时变化问题，PI 控制并不能达到理想的效果。鉴于 PI 控制应用的广泛性，很自然的一种优化思路就是在传统 PI 控制的基础上融入先进控制以优化其控制参数，因此，一些文献将神经网络、迭代学习控制、遗传算法、自适应控制或者融合上述几种方法以改进 PI 控制方法，比如模糊 PI 控制[12]、神经网络 PI 控制[16]等。但是，这些智能控制方法实现较困难，控制过程也相对复杂。另外，当控制策略旨在解决负载扰动带来的问题时，永磁同步电机低速控制这一永磁同步电机面临的传统热点问题又常常被忽视[10, 13]。基于现有研究成果[9, 17]，本专著拟提出一种适应大质量、变惯量、变扭矩负载的 PMSM 抗扰动多变量自适应低速控制方法，在考虑负载惯量和转矩同时变化的基础上，实现机械弹性储能机组平稳储能。

8.3　负载惯量、扭矩同时变化情形下永磁同步电动机低速运行控制

8.3.1　储能箱转动惯量及转矩同时辨识

由于带遗忘因子的最小二乘算法收敛速度快、辨识精度高[18、19]，本专著选其用来辨识机械弹性储能系统的转动惯量和转矩。为了简化辨识过程，将等效黏滞阻尼系数 B_{eq} 忽略不计，那么，可离散化处理如下：

$$\frac{\omega_r(k+1)-\omega_r(k)}{T_s}=\frac{3n_p\phi_f}{2J_{eq}(k)}i_q(k)-\frac{1}{J_{eq}(k)}T_L(k) \tag{8-1}$$

式中，T_s 为采样时间间隔，储能时涡簧为负载，故此时 T_L 代表涡簧扭矩 T_{sp}。令：

$$\Delta\omega_r(k)=\omega_r(k+1)-\omega_r(k) \tag{8-2}$$

式（8-1）可以改写为：

$$i_q(k)T_s=\frac{2J_{eq}(k)}{3n_p\phi_f}\Delta\omega_r(k)+\frac{2T_L(k)}{3n_p\phi_f}T_s \tag{8-3}$$

令：$\varphi(k)=\left[\Delta\omega_r(k),T_s\right]^T$，$\varsigma(k)=\left[\dfrac{2J_{eq}(k)}{3n_p\phi_f},\dfrac{2T_L(k)}{3n_p\phi_f}\right]^T$。

那么，$i_q(k)T_s=\varphi(k)^T\cdot\varsigma(k)$。

根据带遗忘因子的最小二乘辨识算法[18]，可以得到以下方程：

$$\hat{\varsigma}(k+1)=\hat{\varsigma}(k)+Z(k+1)\left[i_q(k+1)T_s-\varphi(k+1)^T\hat{\varsigma}(k)\right] \tag{8-4}$$

$$Z(k+1)=\frac{P(k)\varphi(k+1)}{\lambda+\varphi(k+1)^T P(k)\varphi(k+1)} \tag{8-5}$$

$$P(k+1)=\frac{P(k)-Z(k+1)\varphi(k+1)^T P(k)}{\lambda} \tag{8-6}$$

式中，$\hat{\varsigma}$ 是 ς 的辨识值，$Z(k)$ 为增益矩阵，$P(k)$ 为协方差矩阵，λ 为遗忘因子，$\lambda \in (0, 1]$。如果选取较小的 λ，辨识结果会不准确；如果等于 1，输出数据可能是饱和的。总的来说，合适的 λ 取值应在 0.9～1 之间。根据本专著的实际情况，取 $\lambda = 0.9$。

通过式（8-4）～式（8-6），转动惯量 J_{eq} 和转矩 T_L 可以被辨识出来，若将辨识值分别用 $\hat{J}$ 和 $\hat{T}_L$ 表示，这样辨识误差可以用下式来表示：

$$\tilde{J} = \hat{J} - J_{eq} \tag{8-7}$$

$$\tilde{T}_L = \hat{T}_L - T_L \tag{8-8}$$

式中，$\tilde{J}$ 和 $\tilde{T}_L$ 分别为转动惯量和转矩的辨识误差。

8.3.2　非线性反推控制器设计

反推控制是近年来对于非线性系统提出的一种控制方法[20、21]。反推控制通过引入虚拟控制变量将高阶系统降阶，从而简化了高阶系统的控制过程。由于永磁同步电机多变量、高维度、强耦合的非线性特性以及机械弹性储能系统转动惯量和转矩的同时变化特性，本章拟提出一种改进的反推控制方法，其控制原理如图 8-1 所示。

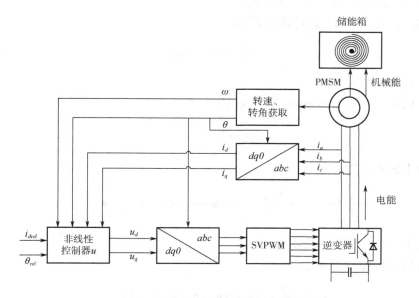

图 8-1　改进的非线性反推控制原理

根据反推控制方法的基本原理，定义永磁同步电机的新误差变量 e_θ、e_ω、e_q 和 e_d 如下：

$$e_\theta = \theta_r - \theta_{ref} \tag{8-9}$$

$$e_\omega = \omega_r - \alpha_1 \tag{8-10}$$

$$e_q = i_q - \alpha_2 \tag{8-11}$$

$$e_d = i_d - i_{d,ref} \tag{8-12}$$

式中，θ_{ref} 和 $i_{d,ref}$ 为给定的参考值；α_1 和 α_2 为虚拟控制器。

步骤 1：

选取第 1 个 Lyapunov 函数 V_1 如下：

$$V_1 = \frac{1}{2}e_\theta^2 \tag{8-13}$$

对上式求导得：

$$\dot{V}_1 = e_\theta \dot{e}_\theta = e_\theta\left(\omega_r - \dot{\theta}_{ref}\right) \tag{8-14}$$

取虚拟控制变量 α_1 如下：

$$\alpha_1 = -k_1 e_\theta + \dot{\theta}_{ref} \tag{8-15}$$

式中，k_1 为控制参数，并且大于 0。

那么，式（8-14）就可以表示为：

$$\dot{V}_1 = -k_1 e_\theta^2 + e_\theta e_\omega \tag{8-16}$$

步骤 2：

选取第 2 个 Lyapunov 函数 V_2 如下：

$$V_2 = V_1 + \frac{1}{2}e_\omega^2 \tag{8-17}$$

对上式求导得：

$$\dot{V}_2 = -k_1 e_\theta^2 + e_\omega\left(e_\theta + \frac{3n_p\phi_f}{2}\theta_1 i_q - \theta_2\omega_r - \theta_3 + k_1\omega_r - k_1\dot{\theta}_{ref} - \ddot{\theta}_{ref}\right) \tag{8-18}$$

式中，$\theta_1 = 1/J$，$\theta_2 = B/J$，$\theta_3 = T_L/J$。

选取虚拟控制量 α_2 如下：

$$\alpha_2 = \frac{2}{3n_p\phi_f\hat{\theta}_1}\left(-e_\theta + \hat{\theta}_2\omega_r + \hat{\theta}_3 + \dot{\alpha}_1 - k_2 e_\omega\right) \tag{8-19}$$

式中，k_2 为可调的控制参数，并且是正数；$\hat{\theta}_1$、$\hat{\theta}_2$ 和 $\hat{\theta}_3$ 分别为 θ_1、θ_2 和 θ_3 的估计值。

将式（8-19）代入式（8-18），可得：

$$\dot{V}_2 = -k_1 e_\theta^2 - k_2 e_\omega^2 - e_\omega \tilde{\boldsymbol{\theta}}^{\mathrm{T}} \boldsymbol{\varphi}_1 + \frac{3n_p \phi_f}{2} \theta_1 e_\omega e_q \tag{8-20}$$

其中：

$$\boldsymbol{\varphi}_1 = \left[\frac{1}{\hat{\theta}_1}\left(-e_\theta + \hat{\theta}_2 \omega_r + \hat{\theta}_3 + \dot{\alpha}_1 - k_2 e_\omega \right), -\omega_r, -1 \right]^{\mathrm{T}} \tag{8-21}$$

$\tilde{\boldsymbol{\theta}} = \left[\tilde{\theta}_1, \tilde{\theta}_2, \tilde{\theta}_3 \right]^{\mathrm{T}}$ 是 θ_1、θ_2 和 θ_3 的估计误差，即 $\tilde{\theta}_1 = \hat{\theta}_1 - \theta_1$，$\tilde{\theta}_2 = \hat{\theta}_2 - \theta_2$，$\tilde{\theta}_3 = \hat{\theta}_3 - \theta_3$。

这样，可以得到第 1 个自适应方程如下：

$$\tau_1 = \boldsymbol{\varphi}_1 e_\omega \tag{8-22}$$

步骤 3：

选取第 3 个 Lyapunov 函数 V_3 如下：

$$V_3 = V_2 + \frac{1}{2} e_q^2 \tag{8-23}$$

对 e_q 求导，得到：

$$\dot{e}_q = \dot{i}_q + \frac{2\left(-e_\theta + \hat{\theta}_2 \omega_r + \hat{\theta}_3 + \dot{\alpha}_1 - k_2 e_\omega \right)}{3n_p \phi_f \hat{\theta}_1^2} \dot{\hat{\theta}}_1 -$$
$$\frac{2}{3n_p \phi_f \hat{\theta}_1} \left[\omega_r \dot{\hat{\theta}}_2 + \dot{\hat{\theta}}_3 - (1+k_1 k_2)\left(\omega_r - \dot{\theta}_{\mathrm{ref}} \right) + \left(\hat{\theta}_2 - k_1 - k_2 \right) \dot{\omega}_r - \left(k_1 + k_2 \right) \ddot{\theta}_{\mathrm{ref}} + \dddot{\theta}_{\mathrm{ref}} \right] \tag{8-24}$$

对式（8-23）求导，有 $\dot{V}_3 = \dot{V}_2 + e_q \dot{e}_q$，将式（8-20）和式（8-24）代入其中，可得：

$$\dot{V}_3 = -k_1 e_\theta^2 - k_2 e_\omega^2 - e_\omega \tilde{\boldsymbol{\theta}}^{\mathrm{T}} \boldsymbol{\varphi}_1 + e_q \left\{ \frac{3n_p \phi_f}{2} \tilde{\theta}_1 e_\omega - \frac{R_s}{L_s} i_q - n_p \omega_r i_d - \frac{n_p \phi_f}{L_s} \omega_r + \frac{u_q}{L_s} + \right.$$
$$\frac{2\left(-e_\theta + \hat{\theta}_2 \omega_r + \hat{\theta}_3 + \dot{\alpha}_1 - k_2 e_\omega \right)}{3n_p \phi_f \hat{\theta}_1^2} \dot{\hat{\theta}}_1 - \frac{2}{3n_p \phi_f \hat{\theta}_1} \left[\omega_r \dot{\hat{\theta}}_2 + \dot{\hat{\theta}}_3 - (1+k_1 k_2)\left(\omega_r - \right. \right.$$
$$\left. \dot{\theta}_{\mathrm{ref}} \right) - \left(k_1 + k_2 \right) \ddot{\theta}_{\mathrm{ref}} + \dddot{\theta}_{\mathrm{ref}} \right] - \frac{2}{3n_p \phi_f \hat{\theta}_1} \left(\hat{\theta}_2 - k_1 - k_2 \right) \left(\frac{3n_p \phi_f}{2} \hat{\theta}_1 i_q - \hat{\theta}_2 \omega_r - \hat{\theta}_3 \right)$$
$$\left. \left. - \left(\frac{3n_p \phi_f}{2} \tilde{\theta}_1 i_q - \tilde{\theta}_2 \omega_r - \tilde{\theta}_3 \right) \right] \right\} \tag{8-25}$$

根据式（8-25），实际的控制变量 u_q 可取为：

$$u_q = -L_s \left\{ \frac{3n_p\phi_f}{2}\tilde{\theta}_1 e_\omega - \frac{R_s}{L_s}i_q - \frac{n_p\phi_f}{L_s}\omega_r + \frac{2\left(-e_\theta + \hat{\theta}_2\omega_r + \hat{\theta}_3 + \dot{\alpha}_1 - k_2 e_\omega\right)}{3n_p\phi_f\hat{\theta}_1^2}\dot{\hat{\theta}}_1 - \right.$$
$$\frac{2}{3n_p\phi_f\hat{\theta}_1}\left[\omega_r\dot{\hat{\theta}}_2 + \dot{\hat{\theta}}_3 - \left(1+k_1k_2\right)\left(\omega_r - \dot{\theta}_{\text{ref}}\right) - \left(k_1+k_2\right)\ddot{\theta}_{\text{ref}} + \dddot{\theta}_{\text{ref}}\right] - \tag{8-26}$$
$$\left. \frac{2}{3n_p\phi_f\hat{\theta}_1}\left(\hat{\theta}_2 - k_1 - k_2\right)\left(\frac{3n_p\phi_f}{2}\hat{\theta}_1 i_q - \hat{\theta}_2\omega_r - \hat{\theta}_3\right) + k_3 e_q \right\}$$

其中，k_3 是可调的控制参数，且为正数。

将式（8-26）代入式（8-25），可得：

$$\dot{V}_3 = -k_1 e_\theta^2 - k_2 e_\omega^2 - e_\omega\tilde{\boldsymbol{\theta}}^{\text{T}}\boldsymbol{\varphi}_1 - k_3 e_q^2 - e_q\tilde{\boldsymbol{\theta}}^{\text{T}}\boldsymbol{\varphi}_2 - n_p\omega_r e_q e_d \tag{8-27}$$

其中，

$$\boldsymbol{\varphi}_2 = \begin{bmatrix} \dfrac{1}{\hat{\theta}_1}\left(\hat{\theta}_2 - k_1 - k_2\right)i_q + \dfrac{3n_p\phi_f}{2}e_\omega \\[3mm] -\dfrac{2}{3n_p\phi_f\hat{\theta}_1}\left(\hat{\theta}_2 - k_1 - k_2\right)\omega_r \\[3mm] -\dfrac{2}{3n_p\phi_f\hat{\theta}_1}\left(\hat{\theta}_2 - k_1 - k_2\right) \end{bmatrix} \tag{8-28}$$

这样，就可以得到第 2 个自适应方程如下：

$$\tau_2 = \tau_1 + \boldsymbol{\varphi}_2 e_q \tag{8-29}$$

步骤 4：选取第 4 个 Lyapunov 函数 V_4 如下：

$$V_4 = V_3 + \frac{1}{2}e_d^2 \tag{8-30}$$

对上式求导得：

$$\dot{V}_4 = -k_1 e_\theta^2 - k_2 e_\omega^2 - e_\omega\tilde{\boldsymbol{\theta}}^{\text{T}}\boldsymbol{\varphi}_1 - k_3 e_q^2 - e_q\tilde{\boldsymbol{\theta}}^{\text{T}}\boldsymbol{\varphi}_2 + e_d\left(-n_p\omega_r e_q - \frac{R_s}{L_s}i_d + n_p\omega_r i_q + \frac{u_d}{L_s}\right) \tag{8-31}$$

根据式（8-31），控制器 u_d 可以选取如下：

$$u_d = -L_s\left(-n_p\omega_r e_q - \frac{R_s}{L_s}i_d + n_p\omega_r i_q + k_4 e_d\right) \tag{8-32}$$

其中，k_4 是可调控制参数，且为正数。

将式（8-32）代入式（8-31），得到：

$$\dot{V}_4 = -k_1 e_\theta^2 - k_2 e_\omega^2 - e_\omega \tilde{\boldsymbol{\theta}}^{\mathrm{T}} \boldsymbol{\varphi}_1 - k_3 e_q^2 - e_q \tilde{\boldsymbol{\theta}}^{\mathrm{T}} \boldsymbol{\varphi}_2 - k_4 e_d^2 \qquad (8\text{-}33)$$

那么，最后一个自适应方程也可求得，如下：

$$\boldsymbol{\tau} = \boldsymbol{\varphi}_1 e_\omega + \boldsymbol{\varphi}_2 e_q \qquad (8\text{-}34)$$

综上所述，控制器 u_d 和 u_q 分别取为式（8-32）和式（8-26）时，Lyapunov 方程可以最终表示为式（8-33）的形式。在控制策略中，设计的控制器其实作为了机械弹性储能系统模型的补偿控制变量。基于最小二乘辨识算法和非线性反推控制的控制器设计原理框图可如图 8-2 所示。

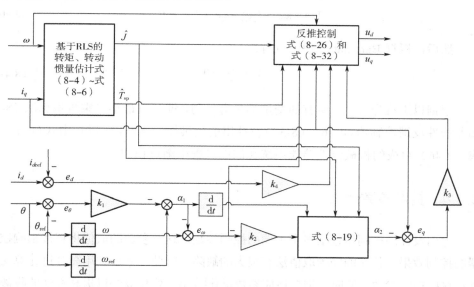

图 8-2   非线性反推控制器的原理框图

8.3.3 稳定性证明及分析

选取最终的 Lyapunov 函数 V 如下：

$$V = \frac{1}{2} e_\theta^2 + \frac{1}{2} e_\omega^2 + \frac{1}{2} e_q^2 + \frac{1}{2} e_d^2 + \frac{1}{2} \tilde{\boldsymbol{\theta}}^{\mathrm{T}} \boldsymbol{\Gamma}^{-1} \tilde{\boldsymbol{\theta}} \qquad (8\text{-}35)$$

其中，$\boldsymbol{\Gamma}$ 是三阶的正定对角矩阵，对角元素定为 t_1、t_2 和 t_3。

根据方程（8-35）和辨识算法的特性，可得到以下方程：

$$\dot{V} = -k_1 e_\theta^2 - k_2 e_\omega^2 - k_3 e_q^2 - k_4 e_d^2 - e_\omega \tilde{\boldsymbol{\theta}}^{\mathrm{T}} \boldsymbol{\varphi}_1 - e_q \tilde{\boldsymbol{\theta}}^{\mathrm{T}} \boldsymbol{\varphi}_2 + \tilde{\boldsymbol{\theta}}^{\mathrm{T}} \boldsymbol{\Gamma}^{-1} \dot{\tilde{\boldsymbol{\theta}}} \qquad (8\text{-}36)$$

结合式（8-34），并作简单推导，有：

$$\dot{V} \leqslant -k_1 e_\theta^2 - k_2 e_\omega^2 - k_3 e_q^2 - k_4 e_d^2 - \tilde{\boldsymbol{\theta}}^{\mathrm{T}} \boldsymbol{\tau} + \tilde{\boldsymbol{\theta}}^{\mathrm{T}} \boldsymbol{\Gamma}^{-1} \dot{\tilde{\boldsymbol{\theta}}} \tag{8-37}$$

令：

$$\tilde{\boldsymbol{\theta}}^{\mathrm{T}} \boldsymbol{\tau} = \tilde{\boldsymbol{\theta}}^{\mathrm{T}} \boldsymbol{\Gamma}^{-1} \dot{\tilde{\boldsymbol{\theta}}} \tag{8-38}$$

即可定义：

$$\boldsymbol{\Gamma} = \dot{\tilde{\boldsymbol{\theta}}}^{\mathrm{T}} \boldsymbol{\tau}^{-1} \tag{8-39}$$

那么，可以得到：

$$\dot{V} \leqslant -k_1 e_\theta^2 - k_2 e_\omega^2 - k_3 e_q^2 - k_4 e_d^2 \leqslant 0 \tag{8-40}$$

然后，根据 Barbalat 引理，就有：

$$\lim_{t \to \infty} V(t) = 0 \tag{8-41}$$

根据以上推导可知，所有的变量都是有界的，即通过最小二乘辨识算法（8-4）和非线性反馈控制器（8-26）、（8-32）设计出的反推控制策略，可以让由式（8-42）～式（8-46）组成的机械弹性储能系统在储能过程中渐进稳定。

8.3.4 控制参数优化

上面设计的控制器包括多个可调的控制参数，这些参数的取值将直接影响控制器的控制效果，传统的经验取值法有很大的缺陷。因此，本节利用微分进化算法来优化这些控制参数，同时，把自适应参数进化[22]引入优化算法以提高算法的收敛速度。一般来说，微分进化算法分为 4 个步骤，分别为初始化、变异、交叉、选择[23]。

（1）种群初始化

首先，定义一个 D 维向量为种群个体，包含 D 个优化参数元素。选取种群的规模为 NP。例如，定义 $x_{ji,G}$，$i=1,2,\cdots,$NP，$j=1,2,\cdots,D$，其中 G 表示第 G 代种群，每一代只有一个种群规模，i 表示第 i 个个体，j 表示第 i 个个体中的第 j 个元素。NP、D 和 G 分别取为 50、7 和 1000。

（2）变异

变异向量 $\boldsymbol{v}_{i,G+1}$ 可通过目标向量 $\boldsymbol{v}_{i,G}$ 和以下方程得到：

$$\boldsymbol{v}_{i,G+1} = \boldsymbol{x}_{r_1,G} + F(\boldsymbol{x}_{r_2,G} - \boldsymbol{x}_{r_3,G}), r_1 \neq r_2 \neq r_3 \neq i \tag{8-42}$$

其中 F（$F\in[0,2]$）为比例因子，是表征差异大小的控制参数，r_1、r_2 和 r_3 为介于 1 和 NP 之间的不同随机数，且不同于 i。

（3）交叉

变异后，将当前向量 $\boldsymbol{x}_{i,G}$ 和它的变异向量进行交叉得到实验向量：

$$\boldsymbol{u}_{i,G+1}=\left(u_{1i,G+1},u_{2i,G+1},\ldots,u_{Di,G+1}\right) \tag{8-43}$$

其中：

$$u_{ji,G+1}=\begin{cases}v_{ji,G+1},\text{if } r(j)\leqslant\text{CR or } j=\text{rn}(i)\\ v_{ji,G},\text{if } r(j)>\text{CR or } j\neq\text{rn}(i)\end{cases} \tag{8-44}$$

式中，$r(j)\in[0,1]$ 是第 j 次评估后的随机数，$\text{CR}\in[0,1]$ 是代表进化参数的交叉概率，在 0~1 之间取值，$\text{rn}(i)\in(1,2,\cdots,D)$ 为 1~NP 之间的随机整数，它的引入是为确保产生的实验向量不会与当前个体完全相同。

（4）自适应参数进化

为提高收敛速度，控制参数（F，CR）也随着进化过程进化。进化后新的控制参数 $F_{i,G+1}$ 和 $CR_{i,G+1}$ 如下所示：

$$F_{i,G+1}=\begin{cases}0.1+\text{rand}_1\times0.9,\text{rand}_2<0.1\\ F_{i,G},\text{其他}\end{cases} \tag{8-45}$$

$$\text{CR}_{i,G+1}=\begin{cases}\text{rand}_3,\text{rand}_4<0.1\\ \text{CR}_{i,G},\text{其他}\end{cases} \tag{8-46}$$

其中，$F_{i,G}$ 和 $CR_{i,G}$ 是分别是第 G 代种群第 i 个个体的比例因子和交叉常数，$\text{rand}_i(i=1,2,3,4)\in[0,1]$ 是随机常数。

（5）选择

如果实验向量中的某些参数值超出其上下限，可将该部分参数在限定范围内重新随机产生，从而提高算法的全局搜索能力。然后计算所有实验向量的适应度函数 $f(\boldsymbol{u}_{i,G+1})$，将其与相应的当前个体适应度做比较，比较后的选择过程如下：

$$\boldsymbol{x}_{i,G+1}=\begin{cases}\boldsymbol{u}_{i,G+1},\text{if } f\left(\boldsymbol{u}_{i,G+1}\right)<f\left(\boldsymbol{x}_{i,G}\right)\text{for最小值问题}\\ \boldsymbol{x}_{i,G},\text{其他}\end{cases} \tag{8-47}$$

式中，$j=1,2,\cdots,D$。

（6）优化过程

根据式（8-33）和式（8-35）可知，本专著设计的控制器需要确定 7 个控制参数 k_1、k_2、k_3、k_4、t_1、t_2 和 t_3，如果仅凭经验选择这 7 个控制参数的值是较复杂的，且控制效果往往难以预知。

根据控制目标的需要，采用合理的优化算法对参数进行优化可以改善所设计控制器的动态响应，因此，本专著运用参数自适应微分进化算法[22]来优化这些参数以提高控制器的性能，在优化程序中，$x=[\theta_r,\omega_r,i_q,i_d]$。

对具体的优化步骤作进一步解释。

步骤 1：种群初始化。其种群个体为 7 维向量，向量元素包括 k_1、k_2、k_3、k_4、t_1、t_2 和 t_3，且都为正数。

步骤 2：根据式（8-26）和式（8-32）求出控制器，并根据式（8-7）和式（8-8）计算转动惯量和转矩的估计误差 $\tilde{J}$ 和 $\tilde{T}_L$。

步骤 3：建立适应度函数并评价每个个体的适应度。适应度函数的目的是为了使电机转速追踪给定的参考值并减小估计误差，如下式：

$$f_i = \int_0^t t \cdot \left(k_\omega |e_\omega| + k_{T_L} |\tilde{T}_L| + k_J |\tilde{J}| \right) dt \tag{8-48}$$

式中，k_ω、k_{T_L} 和 k_J 是自适应常数，分别取为 0.6、0.2 和 0.2。

步骤 4：根据式（8-47）更新种群。

步骤 5：根据式（8-45）和式（8-46）求出进化的自适应参数。

步骤 6：分别通过式（8-42）和式（8-43）更新变异向量和实验向量。

步骤 7：如果超过最大迭代次数，停止程序。

8.3.5　仿真实验与分析

为了验证上述控制策略的控制性能，利用 MATLAB 软件进行仿真，PMSM 以及机械弹性储能系统机械部分的详细参数见表 8-1。

表 8-1　机械弹性储能系统详细仿真参数

PMSM 参数	取值	机械部分参数	取值
额定电压	380V	弹簧厚度 h	0.0018m
定子电阻 R_s	2.875Ω	弹簧宽度 b	0.050m
d-q 轴电感 L_d, L_q	0.033H	弹簧长度 L	14.639m
永磁磁链 ϕ_f	0.38Wb	弹簧弹性模量 E	2.06×10^{11}N/m^2
电机极对数 n_p	50	芯轴直径 d	0.054m
黏性摩擦系数 B	0.002N/（r·s^{-1}）	储能箱内壁直径 D	0.2643m

续表

PMSM 参数	取值	机械部分参数	取值
转动惯量	0.011kg·m²	芯轴旋转角速度 ω	2r/min
最大扭矩	55N·m	最小和最大扭矩 T_{min}，T_{max}	10N·m，45N·m
		最小和最大转动惯量	0.5kg·m²，0.01kg·m²

经过微分进化算法优化后的控制参数见表 8-2。

表 8-2　仿真中优化前后的控制参数比较

控制参数	优化后取值	优化前取值
k_1	10.02	5
k_2	39.38	100
k_3	482.44	200
k_4	78.81	100
t_1	4.53	5
t_2	4.79	1
t_3	1853.76	1 000

仿真步长取 Δt=0.001s，仿真时长为 300s，相当于模拟 300s 储能过程，选取系统初始条件为：$x(0)$=[0 0 0]，给定需跟踪的参考信号为：ω_{ref}=2r/min，θ_{ref}=$\omega_{ref}t$，$i_{d,ref}$=0。由于储能箱转动惯量和转矩理论上是随时间变化的线性曲线，但实际中受摩擦、偏心效应等影响存在一定波动，但总体表现出随时间线性变化的趋势。为使仿真更好地符合现实，用分布于(0, 0.1)和(0, 1)上的白噪声模拟转动惯量和扭矩干扰，并将它们分别加入储能箱转动惯量和转矩理论曲线中，以模拟实际的储能箱转动惯量和扭矩变化，如图 8-3（a）中实际转动惯量曲线和图 8-3（b）中实际转矩曲线。

在转动惯量和转矩存在干扰下，且转动惯量和扭矩同时变化时，设计控制器的控制效果如仿真图 8-3（a）～（e）所示。

图 8-3（a）、（b）展示了转动惯量和转矩的实际值和估计误差，可见，采用带遗忘因子最小二乘辨识法所得到的估计误差在可接受范围内，并且，经过微分进化优化后的控制参数具有更好的估计效果。图 8-3（c）～（e）给出了电机角速度 ω_r、q 轴电流 i_q 和 d 轴电流 i_d 的变化情况，结果表明，电机角速度 ω_r、q 轴电流 i_q 和 d 轴电流 i_d 较好地追踪了给定的参考信号，且优化后的控制参数具有更好的控制效果。

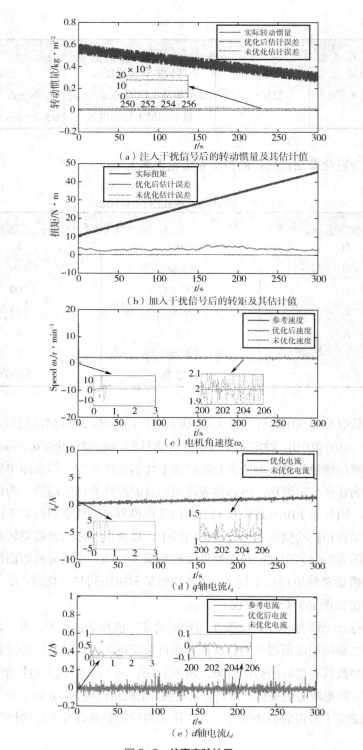

（a）注入干扰信号后的转动惯量及其估计值

（b）加入干扰信号后的转矩及其估计值

（c）电机角速度ω_r

（d）q轴电流i_q

（e）d轴电流i_d

图8-3　仿真实验结果

因此，仿真结果表明，本章设计的控制器表现出了较好的控制效果，既能够抵抗外部负载转动惯量和扭矩的同时变化，还保证 PMSM 运行于较低的转速，从而实现了机械弹性储能系统的平稳储能。

8.4　负载惯量、扭矩同时变化情形下系统反推DTC控制

8.4.1　反推控制器设计

PMSM 转角 θ_r 和转速 ω_r 的关系可表示为：

$$\mathrm{d}\theta_r/\mathrm{d}t = \omega_r \tag{8-49}$$

依据反推控制算法设计步骤，定义转角、转速、转矩、磁链跟踪误差 e_θ、e_ω、e_T、e_ψ 如下：

$$\begin{cases} e_\theta = \theta - \theta_{\mathrm{ref}} \\ e_\omega = \omega - \omega_{\mathrm{ref}} \\ e_T = T_e - T_{\mathrm{ref}} \\ e_\psi = \psi_s - \psi_{\mathrm{ref}} \end{cases} \tag{8-50}$$

选取 Lyapunov 函数 V_1 如下：

$$V_1 = \frac{1}{2} e_\theta^2 \tag{8-51}$$

对式（8-51）求导可得：

$$\dot{V}_1 = e_\theta \dot{e}_\theta = e_\theta \left(\omega_r - \dot{\theta}_{\mathrm{ref}} \right) \tag{8-52}$$

取虚拟控制函数如下：

$$\omega_{\mathrm{ref}} = -k_\theta e_\theta + \dot{\theta}_{\mathrm{ref}} \tag{8-53}$$

则可得：

$$\omega_r = e_\omega - k_\theta e_\theta + \dot{\theta}_{\mathrm{ref}} \tag{8-54}$$

其中，k_θ 为控制系数，取大于 0 的常数。

将式（8-54）代入式（8-52），可得：

$$\dot{V}_1 = -k_\theta e_\theta^2 + e_\omega e_\theta \tag{8-55}$$

同理，选取 Lyapunov 函数 V_2 如下：

$$V_2 = V_1 + \frac{1}{2} e_\omega^2 \tag{8-56}$$

求导可得：

$$\dot{V}_2 = -k_\theta e_\theta^2 + e_\omega (e_\theta + \dot{e}_\omega) \tag{8-57}$$

取

$$\dot{e}_\omega = \frac{n_p T_e}{J} - \frac{n_p T_L}{J} - \frac{B_m}{J} \omega_r - \dot{\omega}_{ref} \tag{8-58}$$

假设 $n_p/J = \beta_1$，$n_p T_L/J = \beta_2$，$B_m/J = \beta_3$，则可得：

$$\dot{e}_\omega = \beta_1 T_e - \beta_2 - \beta_3 \omega_r + k_\theta \omega_r - k_\theta \dot{\theta}_{ref} - \ddot{\theta}_{ref} \tag{8-59}$$

取虚拟控制函数如下：

$$T_{ref} = \frac{1}{\hat{\beta}_1} \left(-e_\theta + \hat{\beta}_2 + \hat{\beta}_3 \omega - k_\theta \omega_r + k_\theta \dot{\theta}_{ref} + \ddot{\theta}_{ref} - k_\omega e_\omega \right) \tag{8-60}$$

其中，$k_\omega > 0$，$\hat{\beta}_1$、$\hat{\beta}_2$、$\hat{\beta}_3$ 是 β_1、β_2、β_3 的估计值，假设：$\tilde{\beta}_1 = \hat{\beta}_1 - \beta_1$，$\tilde{\beta}_2 = \hat{\beta}_2 - \beta_2$，$\tilde{\beta}_3 = \hat{\beta}_3 - \beta_3$ 为估计误差，定义 $\tilde{\beta} = (\tilde{\beta}_1, \tilde{\beta}_2, \tilde{\beta}_3)$。

将式（8-59）、式（8-60）代入式（8-58）可得：

$$\dot{V}_2 = -k_\theta e_\theta^2 - k_\omega e_\omega^2 + \beta_1 e_T e_\omega - \tilde{\beta} \varphi_1 e_\omega \tag{8-61}$$

其中

$$\varphi_1 = \left[\frac{1}{\hat{\beta}_1} \left(-e_\theta + \hat{\beta}_2 + \hat{\beta}_3 \omega_r - k_\theta \omega_r + k_\theta \dot{\theta}_{ref} + \ddot{\theta}_{ref} - k_\omega e_\omega \right), -1, -\omega_r \right]^T$$

选取第三个 Lyapunov 函数 V_3 如下：

$$V_3 = V_2 + \frac{1}{2} e_T^2 + \frac{1}{2} e_\psi^2 \tag{8-62}$$

求导可得：

$$\dot{V}_3 = \dot{V}_2 + e_T \dot{e}_T + e_\psi \dot{e}_\psi = -k_\theta e_\theta^2 - k_\omega e_\omega^2 - k_T e_T^2 - k_\psi e_\psi^2 - \tilde{\beta} \varphi_1 e_\omega - \\ \tilde{\beta} \varphi_2 e_T + e_T \left(e_\omega \cdot \hat{\beta}_1 + K_1 + k_T e_T \right) + e_\psi \left(K_3 + k_\psi e_\psi \right) \tag{8-63}$$

其中，K_1、K_2、K_3、φ_2 分别可表示为：

$$K_1 = 1.5n_p \left[\left(\frac{\psi_\alpha}{L} - i_\alpha \right) u_\beta + \left(i_\beta - \frac{\psi_\beta}{L} \right) u_\alpha - \frac{R_s}{L} \left(\psi_\alpha i_\beta - \psi_\beta i_\alpha \right) - \frac{1}{L} \left(\psi_\alpha E_\beta - \psi_\beta E_\alpha \right) + K_2 \right] - $$

$$\frac{\hat{\beta}_3 - k_\theta - k_\omega}{\hat{\beta}_1} \left(-\tilde{\beta}_1 T_e + \hat{\beta}_2 + \hat{\beta}_3 \omega_r \right)$$

$$K_2 = \frac{1}{\hat{\beta}_1^2} \left(-e_\theta + \hat{\beta}_2 + \hat{\beta}_3 \omega - k_\theta \omega_r + k_\theta \dot{\theta}_{\text{ref}} + \ddot{\theta}_{\text{ref}} - k_\omega e_\omega \right) - \frac{1}{\hat{\beta}_1} \left(-\omega + \dot{\theta}_{\text{ref}} + \dot{\hat{\beta}}_2 + \dot{\hat{\beta}}_3 \omega + k_\theta \ddot{\theta}_{\text{ref}} + \ddot{\theta}_{\text{ref}} - $$

$$k_\omega k_\theta \omega + k_\omega k_\theta \dot{\theta}_{\text{ref}} + k_\omega \ddot{\theta}_{\text{ref}} \right) - \frac{\hat{\beta}_3 - k_\theta - k_\omega}{\hat{\beta}_1} \left(\tilde{\beta}_1 T_e - \hat{\beta}_2 - \hat{\beta}_3 \omega \right)$$

$$K_3 = 2 \left(\psi_\alpha u_\alpha + \psi_\beta u_\beta - R_s \psi_\alpha i_\alpha - R_s \psi_\beta i_\beta \right)$$

$$\varphi_2 = \left[e_\omega + \frac{\left(k_\theta + k_\omega - \hat{\beta}_3 \right) T_e}{\hat{\beta}_1}, \frac{\hat{\beta}_3 - k_\theta - k_\omega}{\hat{\beta}_1}, \frac{\left(\hat{\beta}_3 - k_\theta - k_\omega \right) \omega_r}{\hat{\beta}_1} \right]^{\text{T}}$$

取控制变量参考值为：

$$u_\alpha^* = K_4 \begin{bmatrix} \frac{R_s}{L} \left(\psi_\alpha i_\beta - \psi_\beta i_\alpha \right) + \frac{1}{L} \left(\psi_\alpha E_\beta - \psi_\beta E_\alpha \right) - \frac{2K_2}{3n_p} - \frac{2k_T e_T}{3n_p} - \frac{2e_\omega \hat{\beta}_1}{3n_p} - \left(\frac{\psi_\alpha}{L} - i_\beta \right) \\ \left(R_s i_\beta + \frac{R_s \psi_\alpha}{\psi_\beta} i_\alpha - \frac{k_\psi e_\psi}{2\psi_\beta} \right) \end{bmatrix} \tag{8-64}$$

$$u_\beta^* = K_5 \begin{bmatrix} \frac{R_s}{L} \left(\psi_\alpha i_\beta - \psi_\beta i_\alpha \right) + \frac{1}{L} \left(\psi_\alpha E_\beta - \psi_\beta E_\alpha \right) - \frac{2K_2}{3n_p} - \frac{2k_T e_T}{3n_p} - \frac{2e_\omega \hat{\beta}_1}{3n_p} - \left(i_\beta - \frac{\psi_\beta}{L} \right) \\ \left(R_s i_\alpha + \frac{R_s \psi_\beta}{\psi_\alpha} i_\beta - \frac{k_\psi e_\psi}{2\psi_\alpha} \right) \end{bmatrix} \tag{8-65}$$

其中 k_T、k_ψ 均取正实数，K_4、K_5 表达式如下：

$$K_4 = \frac{\psi_\beta}{\left(i_\alpha - \frac{\psi_\alpha}{L} \right) \psi_\alpha + \left(i_\beta - \frac{\psi_\beta}{L} \right) \psi_\beta}$$

$$K_5 = \frac{\psi_\alpha}{\left(\frac{\psi_\alpha}{L} - i_\alpha \right) \psi_\alpha + \left(\frac{\psi_\beta}{L} - i_\beta \right) \psi_\beta}$$

将式（8-64）、式（8-65）代入式（8-63）可得：

$$\dot{V}_3 = -k_\theta e_\theta^2 - k_\omega e_\omega^2 - k_T e_T^2 - k_\psi e_\psi^2 - \tilde{\beta} \varphi_1 e_\omega - \tilde{\beta} \varphi_2 e_T \tag{8-66}$$

最终，Lyapunov 函数 V_4 确定如下：

$$V_4 = V_3 + \frac{1}{2} \tilde{\beta}^{\text{T}} \Gamma^{-1} \tilde{\beta} = \frac{1}{2} e_\theta^2 + \frac{1}{2} e_\omega^2 + \frac{1}{2} e_T^2 + \frac{1}{2} e_\psi^2 + \frac{1}{2} \tilde{\beta}^{\text{T}} \Gamma^{-1} \tilde{\beta} \tag{8-67}$$

其中

$$\Gamma = \begin{pmatrix} t_1 & 0 & 0 \\ 0 & t_2 & 0 \\ 0 & 0 & t_3 \end{pmatrix} \quad \text{且} \quad t_1, t_2, t_3 > 0$$

对其求导可得：

$$\dot{V}_4 = -k_\theta e_\theta^2 - k_\omega e_\omega^2 - k_T e_T^2 - k_\psi e_\psi^2 - \tilde{\beta}(\varphi_1 e_\omega + \varphi_2 e_T) + \tilde{\beta}^{\mathrm{T}} \Gamma^{-1} \tilde{\beta} \tag{8-68}$$

令 $\dot{\tilde{\beta}} = \Gamma(\varphi_1 e_\omega + \varphi_2 e_T)$ 代入上式可得：

$$\dot{V}_4 = -k_\theta e_\theta^2 - k_\omega e_\omega^2 - k_T e_T^2 - k_\psi e_\psi^2 \leqslant 0 \tag{8-69}$$

由于 V_4 有界，根据 Barbalat 推论，可得：

$$\lim_{t \to \infty} V_4(t) = 0 \tag{8-70}$$

即 e_θ、e_ω、e_T 当 $t \to \infty$ 时趋近于 0，即代表工作转角、速度、转矩均能无差跟踪给定值，这些变量是机械弹性储能的关键控制变量，它们的快速无差跟踪就代表了机械弹性储能过程能够平稳进行。

8.4.2 控制参数优化

从前文可知，本控制算法共有 7 个控制参数需要整定，而控制参数取值的合理性直接决定了系统的收敛与跟踪性能，所以需要一种控制参数的初选与优化方法，本节提出了一种工程经验法选较理想初值并通过自适应差分进化法进一步优化得到最优控制参数取值的方法。

第一步，种群初始化。首先进行种群个体定义 $x = [k_\theta, k_\omega, k_T, k_\psi, t_1, t_2, t_3]$。其次选定种群的规模为 NP，$x_{ji, G}$ 表示的含义为 G 代种群的第 i 个个体的第 j 个元素，$i = 1, 2, \cdots, \text{NP}$，$j = 1, 2, \cdots, D$。最后确定 G、NP、D 取值依次为 1000、50、7。

第二步，完成适应度函数建立。建立合适的适应度函数目的是使控制变量跟踪给定值并能有效减小辨识误差，本算法的适应度函数建立如下：

$$f_i = \int_0^t t \cdot \left(k_1 |e_\theta| + k_2 |e_T| + k_3 |\tilde{T}_L| + k_4 |\tilde{J}| \right) \mathrm{b} \tag{8-71}$$

式中，k_1、k_2、k_3、k_4 是自适应控制系数，依次取值 0.6、0.6、0.2、0.2。

第三步，通过式（8-72）～式（8-74）交叉变异更新实验向量 $u_{i, G+1}$ 以及变异向量 $v_{i, G+1}$：

$$v_{i,G+1} = x_{i,G} + F_{i,G+1}\left(x_{r_2,G} - x_{r_3,G}\right), r_1 \neq r_2 \neq r_3 \neq i \qquad (8-72)$$

$$u_{i,G+1} = \left(u_{1i,G+1}, u_{2i,G+1}, \cdots, u_{Di,G+1}\right) \qquad (8-73)$$

$$u_{ji,G+1} = \begin{cases} v_{ji,G+1}, \text{if } r(j) \leqslant \text{CR}_{i,G} \text{ 或 } j = \text{rn}(i) \\ v_{ji,G}, \text{if } r(j) > \text{CR}_{i,G} \text{ 或 } j \neq \text{rn}(i) \end{cases} \qquad (8-74)$$

式（8-71）中，r_1、r_2、r_3 一般取不同于 i 且介于 1 到 NP 之间不同的随机数。$F_{i,G}$ 是 G 代种群的第 i 个个体的比例因子，$\text{CR}_{i,G}$ 是 G 代种群的第 i 个个体的交叉因子。在首次迭代时，$F_{i,1}$ 一般选取[0.1, 0.9]之间的随机数，$\text{CR}_{i,1}$ 一般选取[0, 1]之间的随机数。$r(j) \in [0, 1]$ 是每次评估完成后的随机数。$\text{rn}(i) \in (1,2,\cdots,D)$ 一般取 1 到 NP 之间的随机整数。

第四步，更新比例因子 $F_{i,G}$ 以及交叉因子 $\text{CR}_{i,G}$：

$$F_{i,G+1} = \begin{cases} 0.1 + \text{rand}_1 \times 0.9, \text{rand}_2 < 0.1 \\ F_{i,G}, \text{否则} \end{cases} \qquad （8-75）$$

$$\text{CR}_{i,G+1} = \begin{cases} \text{rand}_3, \text{rand}_4 < 0.1 \\ \text{CR}_{i,G}, \text{否则} \end{cases} \qquad （8-76）$$

第五步，更新种群：

$$x_{i,G+1} = \begin{cases} u_{i,G+1}, \text{if } f\left(u_{i,G+1}\right) < f\left(x_{i,G}\right) \text{for最小值问题} \\ x_{i,G}, \text{否则} \end{cases} \qquad （8-77）$$

第六步，判断是否达到最大的迭代次数，是则停止程序。

8.4.3　仿真实验与分析

综上分析，本章所提机械弹性储能机组储能过程算法框图如图 8-4 所示。从图中可以看出，控制系统外环控制为转角和转速控制，内环控制为转矩和磁链控制，同时引入了辨识及其误差自适应控制算法以及矢量调制技术，使控制系统兼具良好的稳暂态性能。控制参数最终取为：$k_\theta=0.01$，$k_\omega=3.37$，$k_T=4.44$，$k_\psi=10$，$k_T=4.52$，$t_2=4.78$，$t_3=1853.7$。

为了验证本章所提控制算法的性能，同时还进行了传统 DTC 和基于 PI 的 SVM-DTC 的对比性实验。与传统 DTC 比较主要是为了探讨本章算法在抑制转速和转矩脉动上的优越性，对比基于 PI 的 SVM-DTC 是为了体现本章算法在暂态控制性能上的优越性。下文为了表述方便，传统 DTC 算法统称为算法 1，基于 PI 的 SVM-DTC 算法统称为算法 2，实验结果如下：

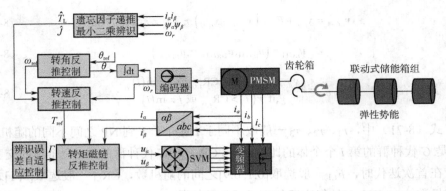

图 8-4　反推 SVM-DTC 算法控制系统框图

图 8-5 为 3 种算法电机转速波形对比。可以看出，在电机启动阶段，本专著算法电机转速能很快到达指定值，且无明显的超调，算法 1 有相同的响应速度，但超调比较大，算法 2 响应速度和超调都不太理想；在电机稳态运行阶段，算法 1 转速脉动比较大，算法 2 和本专著算法无转速脉动。

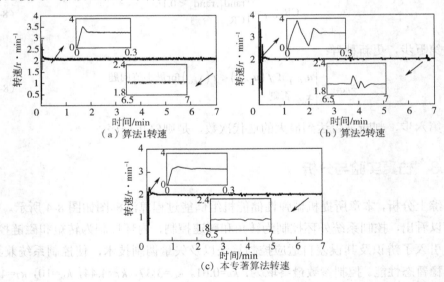

图 8-5　3 种方法电机转速稳态和暂态波形对比

图 8-6 为 3 种算法电机输出转矩波形，电机输出转矩是否可以快速跟踪储能箱组反转矩是衡量该方法是否适用最重要的指标。可以看出，在电机启动阶段，本专著算法和算法 1 均能很快跟踪储能箱组反转矩，满足控制要求，算法 2 则响应较慢；在稳态运行阶段，与本专著算法相比，算法 1 转矩脉动较大，采用本专著算法

有利于效减小储能箱涡簧受到的转矩冲击。

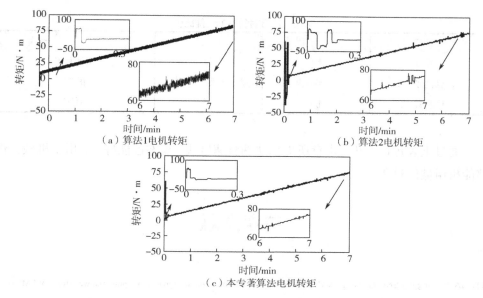

图8-6 3种方法转矩稳态和启动暂态波形对比

图8-7为3种算法电机定子相电流波形对比，由于储能箱反转矩线性增大，定子相电流幅值也相应线性增大。本专著算法定子相电流暂态过渡时间短，稳态正弦度良好。

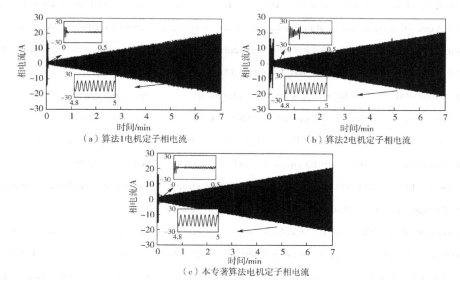

图8-7 3种方法电机定子相电流稳态和暂态波形对比

综上所示，3 种算法性能对比见表 8-3。

表 8-3　3 种算法的性能比较

算法	响应速度	稳态性能	开关频率
算法 1	快	差	不恒定
算法 2	慢	好	恒定
本专著算法	快	好	恒定

通过上表可以看出，本章所提算法调整速度快，稳态性能好，适用于机械弹性储能机组储能过程。

参考文献

[1] ZHANG Bingyi, FENG Guihong, WANG Fengxiang, et al. Optimized design of inner potential waveform of PMSM for low-speed & high-torque drive systems [J]. Power System Technology, 2002, 2(2): 1204-1209.

[2] KRAUSE P C, WASYNCZUK O. Analysis of Electric Machinery and Drive System [M]. Piscataway: IEEE Press, 2002.

[3] KIM K H, YOUN M J. A nonlinear speed control for a PM synchronous motor using a simple disturbance estimation technique [J]. IEEE Transactions on Industry Application, 2002, 49(5): 524-535.

[4] KIM K H, BAIK I C, MOON G W, et al. A current control for a permanent magnet synchronous motor with a simple disturbance estimation scheme [J]. IEEE Transactions on Control System and Technology, 1999, 7(5): 630-633.

[5] BOLOGNANI S, TUBIANA L, ZIGLIOTTO M. Extended Kalman filter tuning in sensorless PMSM drives [J]. IEEE Transactions on Industry Application, 2003, 39(6): 1741-1747.

[6] ZHU G, DESSAINT L A, AKHRIF O, et al. Speed tracking control of a permanent-magnet synchronous motor with state and load torque observer [J]. IEEE Transactions on Industry Application, 2000, 47(2): 346-355.

[7] SOLSONA J, VALLA M I, MURAVCHIK C. Nonlinear control of a permanent magnet synchronous motor with disturbance torque estimation [J]. IEEE Transactions on Energy Conversion, 2000, 15(2): 163-168.

[8] CHOI J W , LEE S C, KIM H G. Inertia identification algorithm for high-performance speed control of electric motors [J]. IEEE Proceedings of ElectricPower Applications, 2006, 153(3): 379-386.

[9] KARABACAK M, ESKIKURT H I. Speed and current regulation of a permanent magnet synchronous motor *via* nonlinear and adaptive backstepping control [J]. Mathematical and Computer Modelling, 2011, 53(9): 2015-2030.

[10] LI S H, LIUM Z G. Adaptive speed control for permanent-magnet synchronous motor system with variations of load inertia [J]. IEEE Transactions on Industrial Electronics, 2009, 56(8): 3050-3059.

[11] STINEAN A I, PREITL S, PRECUP R E, et al. Modeling and control of an electric drive system with continuously variable reference, moment of inertia and load disturbance [C]// The 9th Asian Control Conference, 2013: 1-6.

[12] STINEAN A I, PREITL S, PRECUP R E, et al. Adaptable fuzzy control solutions for driving systems working under continuously variable conditions [C]// 14th International Symposium on Computational Intelligence and Informatics, 2013: 231-237.

[13] ZHAO S H, CUI L, LIU G Y, et al. An improved torque feed-forward control with observer-based inertia identification in PMSM drives [C]// 15th International Conference on Electrical Machines and Systems, 2012: 1-6.

[14] LEE K B, YOO J Y, SONG J H, et al. Improvement of low speed operation of electric machine with an inertia identification using ROELO [J]. IEE Proceedings on Electric Power Applications, 2004, 151(1): 116-120.

[15] AWAYA I, KATO Y, MIYAKE I, et al. New motion control with inertia identification function using disturbance observer [C]// Proceedings of Power Electron Motion Control Conference, 1992: 77-81.

[16] PAJCHROWSKI T, ZAWIRSKI K. Application of artificial neural network to robust speed control of servodrive [J]. IEEE Transactions on Industrial Electronics, 2007, 54(1): 200-207.

[17] 杜仁慧, 吴益飞, 陈威, 等. 永磁同步电机伺服系统高精度自适应鲁棒控制[J]. 信息与控制, 2013, 42(1): 132-137, 144.

[18] PALEOLOGU C, BENESTY J, CIOCHINA S. A robust variable forgetting factor recursive least-squares algorithm for system identification [J]. IEEE Signal Proceedings Letter, 2008, 15: 597-600.

[19] 陈威, 吴益飞, 杜仁慧, 等. 变惯量负载的调速系统抗扰动速度控制器设计[J]. 控制与决策, 2013, 28(6): 894-898.

[20] ZHOU J, WANG Y. Adaptive backstepping speed controller design for a permanent magnet synchronous moto [J]. IEE Proceedings on Electric Power Applications, 2002, 149(2): 165-172.

[21] DE QUEIROZ M S, DAWSON D M. Nonlinear control of active magnetic bearings: a backstepping approach [J]. IEEE Transactions on Control System and Technology, 1996, 4(5): 545-552.

[22] BREST J, GREINER S, BOSKOVIC B, et al. Self-adapting control parameters in differential evolution: a comparative study on numerical benchmark problems [J]. IEEE Transactions on Evolution Computation, 2006, 10(6): 646-657.

第9章

永磁电机式机械弹性储能系统
发电运行控制技术

9.1 引言

永磁电机式机械弹性储能系统发电运行时，作为动力源的涡簧扭矩和转动惯量不断发生变化，这将不利于 PMSG 的运行，加之 PMSG 内部结构参数易受环境温度、湿度等影响，使得其内部参数常常偏离额定值而具有不确定性，因此，PMSG 采用基于常规参数固定的 PI 矢量控制，适应性将变差，很难满足高质量发电的控制要求。为此，本章探讨了一种基于高增益干扰观测器的 L_2 鲁棒控制方法，使永磁电机式机械弹性储能系统在发电运行时，既能抵抗住电机内外部非线性干扰，又能发出高质量电能。在此基础上，继续讨论了自适应调速和并网控制。

9.2 控制问题的形成

9.2.1 永磁同步发电机控制技术分析

PMSG 的传统控制方法主要有以下几种，即单位功率因数控制、最大转矩控制、最小损耗控制和常定子电压控制等，其中，单位功率因数控制方法一般采用转子磁链定向矢量控制，通过控制定子 d 轴电流保持总的无功为 0，该方法可以减小变频器容量[1]，但转速过快时易产生过电压；最大转矩控制采用全定子电流产生转矩[2]，发电机利用效率高，但无功不为 0；最小损耗控制通过建立 PMSG 最小电机损耗函数以求得定子 d 轴电流参考值，从而实现电流控制[3]，其发电效率高，但计算方法复杂；常定子电压控制保持定子电压为常值[4]，不必担心过电压问题，缺点与最大转矩控制类似，无功不为 0。

可见，PMSG 的传统控制方法存在着或多或少的缺点，并且机械弹性储能系统发电运行时，作为动力源的涡簧转动惯量和输出转矩同时变化，因此，需要提出适合机械弹性储能系统发电特点的 PMSG 控制方法。

9.2.2 机械弹性储能用永磁同步发电机控制问题提出

就 PMSG 而言，可利用的主要控制参数有转速、功率和转矩。

第一，直接转速控制。前面已经论述过，涡簧作为大质量刚性元件，机械弹性储能系统平稳运行有利于其安全和延长其寿命，因此，与储能过程类似，根据涡簧释能的实时状况进行直接转速控制是最容易想到的方案。然而，发电时涡簧的扭矩和转动惯量实时变化，既要高效发电又要进行直接转速控制的实现难度较大。

第二，功率控制。与电池储能、飞轮储能、超导磁储能等方式类似，以给定有功功率进行 PMSG 控制也是一种易想到的方法。但是，根据机械弹性储能系统设计方案，PMSG 动力轴上吸收的机械功率需要克服发电机自身损耗、变频器损耗才能转化为并网的电功率，这些损耗既不可避免也难以量化计算，故以功率给定为目标会存在较大误差。另外，机械弹性储能系统释能时具有输出扭矩不断降低的固有特征，若要保证输出有功功率恒定，需要不断提高机组运行转速，这也不利于机械涡簧的运行。

第三，转矩控制。其实，对于 PMSG 的控制，无论是控转速还是控功率，都可以通过控制电磁转矩或表征电磁转矩的有功电流来间接完成。换句话说，如果 PMSG 的电磁反转矩能够实时跟踪涡簧输出转矩的变化，就能保证机械弹性储能系统稳定运行，且间接实现机组速度控制、高效发电。因此，基于机械弹性储能系统的发电特点，本专著拟提出一种适应动力源特性实时变化的 PMSG 反推控制方法，既能实时跟踪储能箱输出转矩变化，又能抵抗电机内外部干扰的影响。

9.3　动力源惯量、输出扭矩同时变化时永磁同步发电机运行控制

9.3.1　动力源转动惯量和转矩同时变化的数学描述

机械弹性储能以涡簧作为动力源。基于 8.3 节的分析结果，可分别用式（9-1）和式（9-2）来描述储能箱转动惯量和转矩变化。

$$J_{sp} = J_{spa} + \delta_{J_{sp}} \tag{9-1}$$

$$T_{sp} = T_{spa} + \delta_{T_{sp}} \tag{9-2}$$

式中，J_{sp} 和 T_{sp} 分别表示储能箱的转动惯量和输出扭矩；J_{spa} 和 T_{spa} 分别表示储能箱转动惯量和输出扭矩的理论曲线；$\delta_{J_{sp}}$ 和 $\delta_{T_{sp}}$ 分别表示储能箱转动惯量和扭矩的不确定部分（也可理解为用于模拟外部不可测干扰），分别模拟储能箱转动惯量和输出扭矩在一定范围内的随机干扰。

针对 $\delta_{J_{sp}}$ 和 $\delta_{T_{sp}}$，本章通过设计干扰观测器予以估计。

根据第 7 章的分析，可得等效转动惯量为：$J_{eq} = J_m + \dfrac{J_{sp}}{gr^2} = J_m + \dfrac{J_{spa} + \delta_{J_{sp}}}{gr^2}$。

令 $J_a = J_m + \dfrac{J_{spa}}{(gr)^2}$，$\delta_J = \dfrac{\delta_{J_{sp}}}{gr^2}$，其中，$J_a$ 代表了等效转动惯量的可表示部分，δ_J 为等效转动惯量的不可描述部分或干扰；等效驱动扭矩为：$T_{eq} = \dfrac{T_{sp}}{gr} = \dfrac{T_{spa} + \delta_{T_{sp}}}{gr}$。令 $T_{Sa} = \dfrac{T_{spa}}{gr}$，$\delta_{T_s} = \dfrac{\delta_{T_{sp}}}{gr}$，其中，$T_{Sa}$ 表示等效驱动转矩的可表达部分，δ_{T_s} 表示驱动转矩的不可表达部分或干扰。

以发电机惯例，将 $J_{eq} = J_a + \delta_J$ 和 $T_{eq} = T_{Sa} + \delta_{T_s}$ 代入 PMSG 转子运动方程，可得：

$$\dot{\omega}_r = \left(J_a + \delta_J\right)^{-1}\left(T_{Sa} + \delta_{T_s} - \frac{3}{2}n_p\phi_f i_q - B_{eq}\omega_r\right) \tag{9-3}$$

为便于推导和后续处理，引入 ΔJ 如下：

$$\Delta J = \left(J_a + \delta_J\right)^{-1} - J_a^{-1} \tag{9-4}$$

则式（9-3）可以重新描述如下：

$$\dot{\omega}_r = -J_a^{-1}\left(\frac{3}{2}n_p\phi_f i_q + B_{eq}\omega_r\right) + J_a^{-1}T_{Sa} + J_a^{-1}\delta_{T_S} + \Delta JT_{Sa} + \Delta J\left(\delta_{T_S} - \frac{3}{2}n_p\phi_f i_q - B_{eq}\omega_r\right) \tag{9-5}$$

引入不确定性综合干扰 $\Delta f_{JT} = J_a^{-1}\delta_{T_S} + \Delta JT_{Sa} + \Delta J\left(\delta_{T_S} - \frac{3}{2}n_p\phi_f i_q - B_{eq}\omega_r\right)$ 来描述储能箱转动惯量和输出转矩同时变化对转速的影响。

9.3.2　电机内部结构参数不确定的数学表达

对于机械弹性储能用 PMSG 而言，受环境温度、湿度等外界环境影响，PMSG 的定子绕组电阻 R_s、定子绕组的 d、q 轴电感 L_d、L_q、黏滞阻尼系数 B_m 和转子永磁体产生的磁链 ϕ_f 常常偏离额定值。若不考虑这些结构参数的不确定性影响，采用额定值建模的机械弹性储能系统会存在建模误差。因此，为计及电机结构参数不确定所造成的影响，引入 Δf_1、Δf_2 和 Δf_3 如下：

$$\Delta f_1 = -\frac{3}{2}n_p\Delta\phi_f x_2 - \Delta B x_1 \tag{9-6}$$

$$\Delta f_2 = -\Delta h_{R\text{-}L_q}x_2 - n_p\Delta h_{\phi_f\text{-}L_q}x_1 \tag{9-7}$$

$$\Delta f_3 = -\Delta h_{R\text{-}L_d}x_3 \tag{9-8}$$

式中，x_1、x_2 和 x_3 分别表示 ω_r、i_q 和 i_d；$\Delta\phi_f$ 和 ΔB 分别表示 ϕ_f 和 B_m 的变化值；$\Delta h_{R\text{-}L_q}$ 和 $\Delta h_{R\text{-}L_d}$ 分别表示 R_s/L_q 和 R_s/L_d 的变化值；$\Delta h_{\phi_f\text{-}L_q}$ 表示 ϕ_f/L_q 的变化值；$\Delta g_2=1/(L_q+\Delta L_q)-1/L_q$，$\Delta g_3=1/(L_d+\Delta L_d)-1/L_d$，$\Delta L_q$ 和 ΔL_d 分别表示 L_q 和 L_d 的变化值。

综合上述分析，PMSG 的动态特性可用式（9-9）～式（9-11）的状态方程来表示。

$$\dot{x}_1 = \underbrace{-\frac{1}{J_a}\left(\frac{3}{2}n_p\phi_f x_2 + B_{eq}x_1\right)}_{f_1} + \underbrace{\frac{T_{Sa}}{J_a} + \frac{\Delta f_1}{J_a} + \Delta f_{JT}}_{d_1} \tag{9-9}$$

$$\dot{x}_2 = \underbrace{-\frac{R_s}{L_q}x_2 - \frac{n_p\phi_f}{L_q}x_1 - n_p x_1 x_3}_{f_2} + \underbrace{\frac{1}{L_q}}_{g_2}u_q + \underbrace{\Delta f_2 + \Delta g_2 u_q}_{d_2} \tag{9-10}$$

$$\dot{x}_3 = \underbrace{-\frac{R_s}{L_d}x_3 + n_p x_1 x_2}_{f_3} + \underbrace{\frac{1}{L_d}}_{g_3}u_d + \underbrace{\Delta f_3 + \Delta g_3 u_d}_{d_3} \tag{9-11}$$

9.3.3　高增益干扰观测器设计

式（9-9）～式（9-11）中，d_1、d_2 和 d_3 描述了内外部干扰对 PMSG 的综合影响，本专著引入高增益观测器[5、6]对这些干扰进行估计。首先，将 PMSG 的状态方程式（9-9）～式（9-11）改写为：

$$d_1 = \dot{x}_1 + \frac{1}{J_a}\left(B_{eq}x_1 + \frac{3}{2}n_p\phi_f x_2\right) \tag{9-12}$$

$$d_2 = \dot{x}_2 + \frac{R_s}{L_q}x_2 + \frac{n_p\phi_f}{L_q}x_1 + n_p x_1 x_3 - \frac{u_q}{L_q} \tag{9-13}$$

$$d_3 = \dot{x}_3 + \frac{R_s}{L_d}x_3 - n_p x_1 x_2 - \frac{u_d}{L_d} \tag{9-14}$$

假设干扰 d_1、d_2 和 d_3 的估计值为 $\hat{d}_1$、$\hat{d}_2$ 和 $\hat{d}_3$，则估计误差 $\tilde{d}_1$、$\tilde{d}_2$ 和 $\tilde{d}_3$ 可写为：

$$\tilde{d}_1 = d_1 - \hat{d}_1, \quad \tilde{d}_2 = d_2 - \hat{d}_2, \quad \tilde{d}_3 = d_3 - \hat{d}_3 \tag{9-15}$$

根据高增益干扰观测器理论，$\hat{d}_1$、$\hat{d}_2$ 和 $\hat{d}_3$ 可设计如下：

$$\begin{cases} \dot{\hat{d}}_1 = \frac{1}{\varepsilon_1}\left[\dot{x}_1 + \frac{1}{J_a}\left(B_{eq}x_1 + \frac{3}{2}n_p\phi_f x_2\right) - \hat{d}_1\right] \\ \dot{\hat{d}}_2 = \frac{1}{\varepsilon_2}\left(\dot{x}_2 + \frac{R_s}{L_q}x_2 + \frac{n_p\phi_f}{L_q}x_1 + n_p x_1 x_3 - \frac{u_q}{L_q} - \hat{d}_2\right) \\ \dot{\hat{d}}_3 = \frac{1}{\varepsilon_3}\left(\dot{x}_3 + \frac{R_s}{L_d}x_3 - n_p x_1 x_2 - \frac{u_d}{L_d} - \hat{d}_3\right) \end{cases} \tag{9-16}$$

其中，$1/\varepsilon_1$、$1/\varepsilon_2$ 和 $1/\varepsilon_3$ 是观测器 $\hat{d}_1$、$\hat{d}_2$ 和 $\hat{d}_3$ 的增益；ε_1、ε_2 和 ε_3 均为正实数。

假设 1：J_a、B_{eq}、n_p、ϕ_f 及各自导数均有界。

事实上，从物理角度来看，PMSG 的所有状态都是有界的，也即 $|x| \leqslant x_{max}$，x_{max} 为某个常数。并且，从式（9-1）、式（9-2）和式（9-4）可以看出，在一定的发电时间内，ΔJ 和 δ_{T_s} 也是有界的。因此，存在常数 D_1、D_2 和 D_3 使得：

$$\left|\dot{d}_1\right| \leqslant D_1, \quad \left|\dot{d}_2\right| \leqslant D_2, \quad \left|\dot{d}_3\right| \leqslant D_3 \tag{9-17}$$

为抑制这些干扰衍生因素，需要高增益或者说使 ε_1、ε_2 和 ε_3 的值较小。从式（9-16）能够看到，描述 $\hat{d}_1$、$\hat{d}_2$ 和 $\hat{d}_3$ 动态特性的方程使用了它们导数的形式，如果直接使用观测器的高增益，测量噪声势必会被放大，因此这种观测器在实际应用中效果将不理想。为避免这一问题的出现，本专著引入对应于 $\hat{d}_1$、$\hat{d}_2$ 和 $\hat{d}_3$ 的 3 个辅助状态变量 ξ_1、ξ_2 和 ξ_3，它们的具体形式如下：

$$\begin{cases} \xi_1 = \hat{d}_1 - \dfrac{x_1}{\varepsilon_1} \\ \xi_2 = \hat{d}_2 - \dfrac{x_2}{\varepsilon_2} \\ \xi_3 = \hat{d}_3 - \dfrac{x_3}{\varepsilon_3} \end{cases} \tag{9-18}$$

则辅助状态变量的动态特性可写为：

$$\begin{cases} \dot{\xi}_1 = -\dfrac{1}{\varepsilon_1}\left(\xi_1 + \dfrac{x_1}{\varepsilon_1}\right) + \dfrac{1}{\varepsilon_1 J_a}\left(B_{eq}x_1 + \dfrac{3}{2}n_p\phi_f x_2\right) \\ \dot{\xi}_2 = -\dfrac{1}{\varepsilon_2}\left(\xi_2 + \dfrac{x_2}{\varepsilon_2}\right) + \dfrac{1}{\varepsilon_2}\left(\dfrac{R_s}{L_q}x_2 + \dfrac{n_p\phi_f}{L_q}x_1 + n_p x_1 x_3 - \dfrac{u_q}{L_q}\right) \\ \dot{\xi}_3 = -\dfrac{1}{\varepsilon_3}\left(\xi_3 + \dfrac{x_3}{\varepsilon_3}\right) + \dfrac{1}{\varepsilon_3}\left(\dfrac{R_s}{L_d}x_3 - n_p x_1 x_2 - \dfrac{u_d}{L_d}\right) \end{cases} \tag{9-19}$$

于是，$\left|\tilde{d}_i\right| \leqslant e^{-(1/\varepsilon_i)t} \cdot \left|\tilde{d}_i(0)\right| + \varepsilon_i\rho_i$，$i=1,2,3$。其中，$\rho_i$ 表示一实数，$\rho_i \geqslant \left|\tilde{d}_i(t)\right|$，$\forall t \geqslant 0$，$i=1,2,3$。从结果中可知，$\varepsilon_i$ 越小，$\left|\tilde{d}_i(\infty)\right|$ 的上限越小。

注 1：观测器（9-19）与辅助状态变量（9-18）不需要 $\dot{x}_1$、$\dot{x}_2$ 和 $\dot{x}_3$ 的导数来得到 $\hat{d}_1$、$\hat{d}_2$ 和 $\hat{d}_3$。因此，如果用式（9-18）和式（9-19）取代式（9-16）来进行干扰估计，则因高增益而引起的测量噪声被放大的影响得以减弱，以至于其影响在实际中是可以被忽略的。

9.3.4 L_2 鲁棒反推控制器设计

步骤 1：将式（9-9）视为一个子系统。根据反推控制理论，定义系统误差变量 z_1、z_2 和 z_3 如下：

$$\begin{cases} z_1 = x_1 - \omega_{ref} \\ z_2 = x_2 - \beta_1 \\ z_3 = x_3 - \beta_2 \end{cases} \tag{9-20}$$

式中，ω_{ref} 为转速的期望值；β_1 和 β_2 是为使得系统稳定而引入的待定虚拟控制函数。对 z_1 求一阶导数，可得：

$$\dot{z}_1 = \dot{x}_1 - \dot{\omega}_{ref} = -\frac{B_{eq}}{J_a}x_1 - \frac{3n_p\phi_f}{2J_a}x_2 + d_1 \tag{9-21}$$

将式（9-15）和式（9-20）代入式（9-21），可得：

$$\dot{z}_1 = -\frac{B_{eq}}{J_a}x_1 - \frac{3n_p\phi_f}{2J_a}\beta_1 - \frac{3n_p\phi_f}{2J_a}z_2 + \hat{d}_1 + \tilde{d}_1 \tag{9-22}$$

选取虚拟控制函数 β_1 为：

$$\beta_1 = \frac{2J_a}{3n_p\phi_f}\left(-\frac{B_{eq}}{J_a}x_1 + d_1 + k_1z_1 + \frac{\varUpsilon^2+1}{2\varUpsilon^2}z_1\right) \tag{9-23}$$

式中，k_1 为正实数；$\hat{d}_1$ 为高增益干扰观测器输出；$\dfrac{\varUpsilon^2+1}{2\varUpsilon^2}z_1$ 为鲁棒项，用以抵消观测器估计误差 $\tilde{d}_1$ 对系统的影响。

将式（9-23）代入式（9-22），可得：

$$\dot{z}_1 = -k_1z_1 + \tilde{d}_1 - \frac{\varUpsilon^2+1}{2\varUpsilon^2}z_1 - \frac{3n_p\phi_f}{2J_a}z_2 \tag{9-24}$$

为实现 PMSG 的完全解耦和速度跟踪，设计虚拟控制函数 β_2 如下：

$$\beta_2 = 0 \tag{9-25}$$

步骤 2：由 z_1、z_2 和 z_3 可以组成新的系统，分别对 z_2 和 z_3 求导数，可得：

$$\begin{cases} \dot{z}_2 = \dot{x}_2 - \dot{\beta}_1 = -\dfrac{R_s}{L_q}x_2 - \dfrac{n_p\phi_f}{L_q}x_1 - n_px_1x_3 + \dfrac{u_q}{L_q} + d_2 - \dot{\beta}_1 \\[3mm] \dot{z}_3 = \dot{x}_3 - \dot{\beta}_2 = -\dfrac{R_s}{L_d}x_3 + n_px_1x_2 + \dfrac{u_d}{L_d} + d_3 \end{cases} \tag{9-26}$$

将式（9-15）和式（9-20）代入式（9-26），可得：

$$\begin{cases} \dot{z}_2 = -\dfrac{R_s}{L_q}x_2 - \dfrac{n_p\phi_f}{L_q}x_1 - n_px_1x_3 + \dfrac{u_q}{L_q} + \hat{d}_2 + \tilde{d}_2 - \dot{\beta}_1 \\[3mm] \dot{z}_3 = -\dfrac{R_s}{L_d}x_3 + n_px_1x_2 + \dfrac{u_d}{L_d} + \hat{d}_3 + \tilde{d}_3 \end{cases} \tag{9-27}$$

与 β_1 和 β_2 的设计类似，可设计实际控制 u_d 和 u_q 为：

$$\begin{cases} u_q = L_q\left(\dot{\beta}_1 + \dfrac{R_s}{L_q}x_2 + \dfrac{n_p\phi_f}{L_q}x_1 + n_px_1x_3 - \hat{d}_2 - \dfrac{\varUpsilon^2+1}{2\varUpsilon^2}z_2 - k_2z_2 + \dfrac{3n_p\phi_f}{2J_a}z_1\right) \\[3mm] u_d = L_d\left(\dfrac{R_s}{L_d}x_3 - n_px_1x_2 - \hat{d}_3 - \dfrac{\varUpsilon^2+1}{2\varUpsilon^2}z_3 - k_3z_3\right) \end{cases} \tag{9-28}$$

式中，k_2 和 k_3 为正实数；$\hat{d}_2$ 和 $\hat{d}_3$ 为高增益干扰观测器的输出；$\dfrac{\varUpsilon^2+1}{2\varUpsilon^2}z_2$ 和

$\dfrac{\varUpsilon^2+1}{2\varUpsilon^2}z_3$ 为鲁棒项，分别用以抵消观测器估计误差 $\tilde{d}_2$ 和 $\tilde{d}_3$ 对系统的影响。

将式（9-28）代入式（9-27），可得：

$$
\begin{cases}
\dot{z}_2 = \tilde{d}_2 - \dfrac{\varUpsilon^2+1}{2\varUpsilon^2}z_2 - k_2 z_2 + \dfrac{3n_p \phi_f}{2J_a}z_1 \\
\dot{z}_3 = \tilde{d}_3 - \dfrac{\varUpsilon^2+1}{2\varUpsilon^2}z_3 - k_3 z_3
\end{cases}
\tag{9-29}
$$

永磁电机式机械弹性储能系统发电过程非线性控制器可由如下定理描述：

对于系统状态方程式（9-9）～式（9-11），设计干扰观测器（9-18）和控制器（9-28），并选择适当的观测和控制参数，就能够保证系统干扰到性能输出的 L_2 增益不超过设定的正实数 $\varUpsilon$，则系统最终是一致有界稳定的。

9.3.5 稳定性分析与证明

L_2 干扰抑制问题指的是设计控制输入 u，使得系统的增益尽可能小[7]，同时保证干扰为零时闭环系统渐近稳定，可等价为求解一个基于 Lyapunov 稳定性理论的耗散不等式问题[8]，即：

$$
H = \dot{V} - \frac{1}{2}\left(\varUpsilon^2 \|\boldsymbol{d}\|^2 - \|\boldsymbol{z}\|^2\right) \leqslant 0
\tag{9-30}
$$

式中，H 为 Hamilton 函数；$\varUpsilon$ 为干扰抑制水平因子；$\boldsymbol{d}$ 为系统的干扰信号；$\boldsymbol{z}$ 为系统的评价信号。

因式（9-19）在有限时间内收敛，将观测器估计误差 $\tilde{d}_1$、$\tilde{d}_2$ 和 $\tilde{d}_3$ 选为系统的干扰信号，将式（9-20）的反馈误差选为系统的评价信号，即：

$$
\begin{cases}
\boldsymbol{d} = \left[\tilde{d}_1, \tilde{d}_2, \tilde{d}_3\right]^{\mathrm{T}} \\
\boldsymbol{z} = \left[z_1, z_2, z_3\right]^{\mathrm{T}}
\end{cases}
\tag{9-31}
$$

构造 Lyapunov 函数如式（9-32）所示：

$$
V = \frac{1}{2}z_1^2 + \frac{1}{2}z_2^2 + \frac{1}{2}z_3^2
\tag{9-32}
$$

对其关于时间求一阶导数，可得：

$$
\dot{V} = z_1\dot{z}_1 + z_2\dot{z}_2 + z_3\dot{z}_3
\tag{9-33}
$$

将式（9-24）和式（9-29）代入式（9-33），可得：

$$\dot{V} = z_1\left(-k_1 z_1 + \tilde{d}_1 - \frac{\Upsilon^2+1}{2\Upsilon^2}z_1 - \frac{3n_p\phi_f}{2J_a}z_2\right) + z_2\left(-k_2 z_2 + \tilde{d}_2 - \frac{\Upsilon^2+1}{2\Upsilon^2}z_2 + \frac{3n_p\phi_f}{2J_a}z_1\right) + \quad (9\text{-}34)$$
$$z_3\left(-k_3 z_3 + \tilde{d}_3 - \frac{\Upsilon^2+1}{2\Upsilon^2}z_3\right)$$

推导并整理式（9-34），可得：

$$\dot{V} = -k_1 z_1^2 - k_2 z_2^2 - k_3 z_3^2 + z_1\left(\tilde{d}_1 - \frac{\Upsilon^2+1}{2\Upsilon^2}z_1\right) + z_2\left(\tilde{d}_2 - \frac{\Upsilon^2+1}{2\Upsilon^2}z_2\right) + z_3\left(\tilde{d}_3 - \frac{\Upsilon^2+1}{2\Upsilon^2}z_3\right) \quad (9\text{-}35)$$

注2：式（9-35）的详细推导过程如下：

$$\dot{V} = z_1\left(-k_1 z_1 + \tilde{d}_1 - \frac{\Upsilon^2+1}{2\Upsilon^2}z_1 - \frac{3n_p\phi_f}{2J_a}z_2\right) + z_2\left(-k_2 z_2 + \tilde{d}_2 - \frac{\Upsilon^2+1}{2\Upsilon^2}z_2 + \frac{3n_p\phi_f}{2J_a}z_1\right) +$$
$$z_3\left(-k_3 z_3 + \tilde{d}_3 - \frac{\Upsilon^2+1}{2\Upsilon^2}z_3\right)$$
$$= \left(-k_1 z_1^2 + \tilde{d}_1 z_1 - \frac{\Upsilon^2+1}{2\Upsilon^2}z_1^2 - \frac{3n_p\phi_f}{2J_a}z_1 z_2\right) +$$
$$\left(-k_2 z_2^2 + \tilde{d}_2 z_2 - \frac{\Upsilon^2+1}{2\Upsilon^2}z_2^2 + \frac{3n_p\phi_f}{2J_a}z_1 z_2\right) + \left(-k_3 z_3^2 + \tilde{d}_3 z_3 - \frac{\Upsilon^2+1}{2\Upsilon^2}z_3^2\right)$$
$$= -k_1 z_1^2 - k_2 z_2^2 - k_3 z_3^2 + z_1\left(\tilde{d}_1 - \frac{\Upsilon^2+1}{2\Upsilon^2}z_1\right) + z_2\left(\tilde{d}_2 - \frac{\Upsilon^2+1}{2\Upsilon^2}z_2\right) + z_3\left(\tilde{d}_3 - \frac{\Upsilon^2+1}{2\Upsilon^2}z_3\right)$$

于是，Hamilton 函数 H 可表示为：

$$H = -k_1 z_1^2 - k_2 z_2^2 - k_3 z_3^2 - \frac{1}{2}\left(\frac{z_1}{\Upsilon} - \Upsilon\tilde{d}_1\right)^2 - \frac{1}{2}\left(\frac{z_2}{\Upsilon} - \Upsilon\tilde{d}_2\right)^2 - \frac{1}{2}\left(\frac{z_3}{\Upsilon} - \Upsilon\tilde{d}_3\right)^2 \quad (9\text{-}36)$$

注3：Hamilton 函数 H 的由来过程如下：

$$H = \dot{V} - \frac{1}{2}\left(\Upsilon^2\|\boldsymbol{d}\|^2 - \|\boldsymbol{z}\|^2\right)$$
$$= -k_1 z_1^2 - k_2 z_2^2 - k_3 z_3^2 + \tilde{d}_1 z_1 + \tilde{d}_2 z_2 + \tilde{d}_3 z_3 - \frac{\Upsilon^2+1}{2\Upsilon^2}z_1^2 - \frac{\Upsilon^2+1}{2\Upsilon^2}z_2^2 - \frac{\Upsilon^2+1}{2\Upsilon^2}z_3^2 -$$
$$\frac{\Upsilon^2}{2}\left(\|\tilde{d}_1\|^2 + \|\tilde{d}_2\|^2 + \|\tilde{d}_3\|^2\right) - \frac{1}{2}\left(\|z_1\|^2 + \|z_2\|^2 + \|z_3\|^2\right)$$
$$= -k_1 z_1^2 - k_2 z_2^2 - k_3 z_3^2 + \tilde{d}_1 z_1 + \tilde{d}_2 z_2 + \tilde{d}_3 z_3 - \frac{1}{2\Upsilon^2}z_1^2 - \frac{1}{2\Upsilon^2}z_2^2 - \frac{1}{2\Upsilon^2}z_3^2 -$$
$$\frac{\Upsilon^2}{2}\left(\|\tilde{d}_1\|^2 + \|\tilde{d}_2\|^2 + \|\tilde{d}_3\|^2\right)$$
$$= -k_1 z_1^2 - k_2 z_2^2 - k_3 z_3^2 + \frac{\Upsilon^2}{2}\tilde{d}_1^2 - \frac{1}{2}\left(\frac{z_1^2}{\Upsilon^2} - 2\tilde{d}_1 z_1 + \Upsilon^2\tilde{d}_1^2\right) + \frac{\Upsilon^2}{2}\tilde{d}_2^2 -$$
$$\frac{1}{2}\left(\frac{z_2^2}{\Upsilon^2} - 2\tilde{d}_2 z_2 + \Upsilon^2\tilde{d}_2^2\right) + \frac{\Upsilon^2}{2}\tilde{d}_3^2 - \frac{1}{2}\left(\frac{z_3^2}{\Upsilon^2} - 2\tilde{d}_3 z_3 + \Upsilon^2\tilde{d}_3^2\right) - \frac{\Upsilon^2}{2}\left(\|\tilde{d}_1\|^2 + \|\tilde{d}_2\|^2 + \|\tilde{d}_3\|^2\right)$$
$$= -k_1 z_1^2 - k_2 z_2^2 - k_3 z_3^2 - \frac{1}{2}\left(\frac{z_1}{\Upsilon} - \Upsilon\tilde{d}_1\right)^2 - \frac{1}{2}\left(\frac{z_2}{\Upsilon} - \Upsilon\tilde{d}_2\right)^2 - \frac{1}{2}\left(\frac{z_3}{\Upsilon} - \Upsilon\tilde{d}_3\right)^2 \leqslant 0$$

由此可知，系统满足耗散不等式（9-30），即从干扰 d 到性能输出 z 的 L_2 增益不超过 Υ。当 $\|d\|=0$ 时，系统是一致渐近稳定的；当 $\|d\|\neq0$ 时，由于 d 有界，系统是一致最终有界稳定的，由此验证了系统（9-9）至（9-11）在内外部干扰下是稳定的。

9.3.6 仿真实验与分析

PMSG 相关铭牌参数为 $R_s=2.875\Omega$，$\psi_f=0.38\text{Wb}$，$n_p=10$，$L_d=L_q=0.033\text{H}$，$gr=1:30$，$B_{eq}=0.005\text{N/rad/s}$。

机械弹性储能系统机械部分转动惯量和扭矩变化值见表 8-1，外部干扰为储能箱输出转动惯量和转矩所受到的实际非线性干扰，与第 8 章类似，在理论曲线的基础上附加一定范围内的白噪声来进行模拟，随机变化的白噪声范围与第 8 章一致，即储能箱转动惯量和转矩变化范围分别为 $(0, 0.1)$ 和 $(0, 1)$ 范围内的白噪声。

内部参数干扰所造成的影响表现为，在运行时电机内部参数值与标称值（额定值）存在一定偏差，本专著选取参数变化值为：$\Delta B=0.5B_{eq}$，$\Delta\phi_f=0.5\phi_f$，$\Delta L=-0.5L_d$，$\Delta R=0.5R_s$。

设计反推控制器参数为 $k_1=8000$，$k_2=6125$，$k_3=500$；干扰抑制水平因子选择为 $\Upsilon=0.2$；高增益参数选择为 $\varepsilon_1=1\times10^{-4}$，$\varepsilon_2=5\times10^{-5}$，$\varepsilon_3=1\times10^{-5}$。

控制目标为：定子 d 轴电流 $i_{d,ref}=0$，电机转速 $\omega_{ref}=300\text{r/min}$。

利用 MATLAB 软件进行数值仿真，仿真步长取 $\Delta t=0.001\text{s}$，仿真发电时长为 60s，选取系统发电运行的初始条件为 $x(0)=[0\ 0\ 0]$ 和 $\xi=[0\ 0\ 0]$，仿真结果如图 9-1 所示。

根据图 9-1 给出的仿真结果，图 9-1（a）～（c）表明本专著设计的干扰观测器方程能够较为精确地观测内外部非线性综合干扰；图 9-1（d）给出了电机输出轴转速 ω_r 的变化情况，基本稳定运行于参考转速 ω_{ref}（300r/min），同时，图 9-1（d）也表明在内外部干扰下，本专著设计的鲁棒反推控制器能够保证 PMSG 输出转速稳定；图 9-1（e）表明 PMSG 输出的 q 轴电流 i_q 随着发电过程中涡簧扭矩的减小而不断减小，同时抵抗住了内外部干扰；图 9-1（f）给出了 PMSG 输出的 d 轴电流 i_d，实现了对于参考值 $i_{d,ref}=0$ 的跟踪。

综合上述仿真结果表明，内外部的非线性综合干扰影响被本专著设计的干扰观测器成功估计，且均被完全抑制；闭环系统很快实现了对参考信号的渐进跟踪。因此，本专著设计的鲁棒控制器特性良好，作用有效。

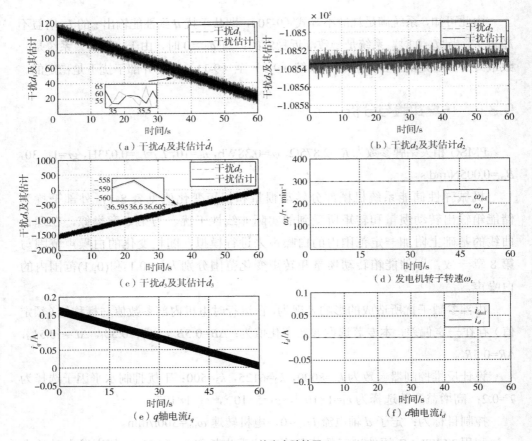

图9-1　仿真实验结果

9.4　动力源惯量、输出扭矩同时变化时系统自适应调速及并网控制

9.4.1　自适应调速控制算法

储能箱组转矩和转动惯量时变特性会对 PMSG 转速的动态响应及稳态运行造成不利影响。机械弹性储能机组由于其较为刚性的部件连接要求发电过程中 PMSG 能够尽量平稳运行，以减小机组冲击抖振并提发电质量，所以机械弹性储能机组发电过程 PMSG 的控制目标为转速跟踪精确平稳且响应迅速，PMSG 在 d、q 两相同步旋转坐标系下的数学模型为：

$$\begin{cases} \dfrac{\mathrm{d}\omega_{\mathrm{r}}}{\mathrm{d}t} = \dfrac{T_{\mathrm{b}}}{J} - \dfrac{3n_{\mathrm{p}}\psi_{\mathrm{f}}}{2J}i_q - \dfrac{B}{J}\omega_{\mathrm{r}} \\ \dfrac{\mathrm{d}i_d}{\mathrm{d}t} = -\dfrac{R_{\mathrm{s}}}{L}i_d + n_{\mathrm{p}}\omega_{\mathrm{r}}i_q + \dfrac{u_d}{L} \\ \dfrac{\mathrm{d}i_q}{\mathrm{d}t} = -\dfrac{R_{\mathrm{s}}}{L}i_q - n_{\mathrm{p}}\omega_{\mathrm{r}}i_d - \dfrac{n_{\mathrm{p}}\psi_{\mathrm{f}}}{L}\omega_{\mathrm{r}} + \dfrac{u_q}{L} \end{cases} \qquad (9\text{-}37)$$

式中，u_d、u_q 分别定子为 d、q 轴电压；i_d、i_q 分别为定子 d、q 轴电流；R_{s} 为电子电阻；L 为定子电感；n_{p} 为极对数；ω_{r} 为旋转角速度；ψ_{f} 为永磁体磁链；T_{b} 为输入转矩，即储能箱组提供的驱动转矩；J 为转动惯量；B 为黏性摩擦系数。

从前文分析可以得出，储能箱组转矩、转动惯量在机组发电过程中持续变化。PMSG 的控制目标为转速精确快速响应，需根据储能箱组运行特性，设计 PMSG 转速控制方法。根据反推控制原理，定义偏差变量如式（9-38）所示：

$$\begin{cases} e_{\omega} = \omega_{\mathrm{ref}} - \omega \\ e_d = i_{d,\mathrm{ref}} - i_d \\ e_q = i_{q,\mathrm{ref}} - i_q \end{cases} \qquad (9\text{-}38)$$

式中，ω_{ref}、$i_{d,\mathrm{ref}}$ 和 $i_{q,\mathrm{ref}}$ 分别为 ω、i_d 和 i_q 的参考值。选取 e_{ω} 为虚拟控制变量，构成子系统，通常情况下 ω_{ref} 为常数，对转速偏差方程求导可得：

$$\dot{e}_{\omega} = \frac{3n_{\mathrm{p}}\psi_{\mathrm{f}}}{2J}i_q - \frac{T_{\mathrm{b}}}{J} \qquad (9\text{-}39)$$

为了使转速能够准确跟踪指令值，设 i_q 为虚拟控制变量，同时为了实现转动惯量 J 的自适应控制，对子系统（9-39）构造 Lyapunov 函数为：

$$V_1 = \frac{J}{2}e_{\omega}^2 \qquad (9\text{-}40)$$

对其求导，可得：

$$\dot{V}_1 = e_{\omega}\left(\frac{3n_{\mathrm{p}}\psi_{\mathrm{f}}}{2}i_q - T_{\mathrm{b}}\right) \qquad (9\text{-}41)$$

为了使系统全局收敛，取如下虚拟控制函数：

$$i_{q,\mathrm{ref}} = \frac{2}{3n_{\mathrm{p}}\psi_{\mathrm{f}}}\left(\hat{T}_{\mathrm{b}} - k_1 e_{\omega}\right) \qquad (9\text{-}42)$$

式中，k_1 为转速控制增益，$k_1 > 0$。

考虑储能箱组运行过程中转矩，转动惯量的时变特性，设定 $T_{\mathrm{b}} = \hat{T}_{\mathrm{b}} - \Delta T_{\mathrm{b}}$，其中，$T_{\mathrm{b}}$ 为标称值，$\hat{T}_{\mathrm{b}}$ 为实际值，ΔT_{b} 为偏差值，结合式（9-42）代入式（9-41），可得：

$$\dot{V}_1 = e_{\omega}\Delta T_{\mathrm{b}} - k_1 e_{\omega}^2 - \frac{3n_{\mathrm{p}}\psi_{\mathrm{f}}}{2}e_{\omega}e_q \qquad (9\text{-}43)$$

为实现 q 轴电流跟踪，定义子系统：

$$\dot{e}_q = \dot{i}_{q,\text{ref}} - \dot{i}_q = \frac{R_s}{L}i_q - \frac{k_1}{J}i_q + n_p\omega_r i_d + \frac{n_p\psi_f}{L}\omega_r - \frac{u_q}{L} + \frac{2k_1}{3Jn_p\psi_f}T_b + \frac{2}{3n_p\psi_f}\Delta\dot{T}_b \tag{9-44}$$

对子系统（9-44）构造 Lyapunov 函数为：

$$V_2 = V_1 + \frac{J}{2}e_q^2 \tag{9-45}$$

对式(9-45)求导，设 $T_b = \hat{T}_b - \Delta T_b$，$J = \hat{J} - \Delta J$，可知，$\dot{T}_b = \dot{\hat{T}}_b - \Delta\dot{T}_b$，$\dot{J} = \dot{\hat{J}} - \Delta\dot{J}$，其中，$J$ 为标称值，$\hat{J}$ 为实际值，ΔJ 为偏差值，代入式（9-45），得：

$$
\begin{aligned}
\dot{V}_2 &= \dot{V}_1 + Je_q\dot{e}_q \\
&= V_1 + e_q\left[\frac{2k_1\hat{T}_b}{3n_p\psi_f} - k_1 i_q + \frac{2\hat{J}\Delta\dot{T}_b}{3n_p\psi_f} + \hat{J}\left(\frac{R_s}{L}i_q + n_p\omega_r i_d + \frac{n_p\psi_f}{L}\omega_r - \frac{u_q}{L}\right)\right] - \\
&\quad e_q\left[\frac{2k_1}{3n_p\psi_f}\Delta T_b + \frac{2\Delta J}{3n_p\psi_f}\Delta\dot{T}_b + \Delta J\left(\frac{R_s}{L}i_q + n_p\omega_r i_d + \frac{n_p\psi_f}{L}\omega_r - \frac{u_q}{L}\right)\right]
\end{aligned}
\tag{9-46}
$$

式（9-46）中包含了实际控制变量 u_q，取 q 轴电压参考值为：

$$u_{q,\text{ref}} = R_s i_q + Ln_p\omega_r i_d + n_p\psi_f\omega_r + \frac{L}{\hat{J}}\left(\frac{2k_1}{3n_p\psi_f}\hat{T}_b - k_1 i_q + k_2 e_q + \frac{2\Delta\dot{T}_b\hat{J}}{3n_p\psi_f} - \frac{3n_p\psi_f}{2}e_\omega\right) \tag{9-47}$$

其中，k_2 为 q 轴电流控制增益，$k_2>0$。将式（9-47）代入式（9-46）可得：

$$\dot{V}_2 = -k_1 e_\omega^2 - k_2 e_q^2 + e_\omega\Delta T_b - \frac{2k_1 e_q}{3n_p\psi_f}\Delta T_b - \frac{2\Delta\dot{T}_b e_q}{3n_p\psi_f}\Delta J + e_q\dot{i}_q\Delta J \tag{9-48}$$

为实现 d 轴电流跟踪，定义子系统：

$$\dot{e}_d = \dot{i}_{d,\text{ref}} - \dot{i}_d = \frac{R_s}{L}i_d - n_p\omega_r i_q - \frac{u_d}{L} \tag{9-49}$$

假设 $i_{d,\text{ref}}=0$，对子系统（9-49）构造 Lyapunov 函数：

$$V_3 = V_2 + \frac{1}{2}e_d^2 \tag{9-50}$$

对式（9-50）求导，可得：

$$\dot{V}_3 = \dot{V}_2 + e_d\dot{e}_d = \dot{V}_2 + e_d\left(\frac{R_s}{L_s}i_d - n_p\omega_r i_q - \frac{u_d}{L}\right) \tag{9-51}$$

式（9-51）中包含了实际控制变量 u_d。取 d 轴电压参考值为：

$$u_{d,\text{ref}} = R_s i_d + Ln_p\omega i_q + k_3 Le_d \tag{9-52}$$

式中，k_3 为 d 轴电流控制增益，$k_3>0$。将式（9-52）代入式（9-51）可得：

$$\dot{V}_3 = -\upsilon_1 e_\omega^2 - \upsilon_2 e_q^2 - \upsilon_3 e_d^2 + e_\omega \Delta T_{eq} - \frac{2\upsilon_1 e_q}{3n_p \phi_f} \Delta T_{eq} - \frac{2\Delta \dot{T}_{eq} e_q}{3n_p \phi_f} \Delta J_{eq} + e_q \dot{i}_q \Delta J_{eq} \tag{9-53}$$

考虑到机械弹性储能储能箱组特殊的运行特性，需针对其转矩和转动惯量时变特性设计自适应控制律，定义 Lyapunov 函数：

$$V_4 = V_3 + \frac{\Delta J^2}{2r_1} + \frac{\Delta T_b^2}{2r_2} \tag{9-54}$$

式中，r_1 和 r_2 为自适应控制系数，$r_1 > 0$，$r_2 > 0$，对式（9-54）求导得：

$$\dot{V}_4 = -k_1 e_\omega^2 - k_2 e_q^2 - k_3 e_d^2 + \frac{\Delta \dot{J}}{r_1} \Delta J - \frac{2 e_q \Delta T_b}{3n_p \psi_f} \Delta J + i_q e_q \Delta J + \frac{\Delta \dot{T}_b}{r_2} \Delta T_b + e_\omega \Delta T_b - \frac{2k_1 e_q}{3n_p \psi_f} \Delta T_b \tag{9-55}$$

自适应律最终设计为：

$$\begin{cases} \Delta \dot{T}_b = r_2 \left(\dfrac{2k_1 e_q}{3n_p \psi_f} - e_\omega \right) \\ \Delta \dot{J} = r_1 \left(\dfrac{2e_q}{3n_p \psi_f} \dot{T}_b + i_q e_q \right) \end{cases} \tag{9-56}$$

将式（9-56）代入式（9-55）可得：

$$\dot{V}_4 = -k_1 e_\omega^2 - k_2 e_q^2 - k_3 e_d^2 \leqslant 0 \tag{9-57}$$

综上，式（9-47）、式（9-52）和式（9-56）共同构成了适用于机械弹性储能系机组发电过程的转矩转动惯量自适应调速控制方法，下面给出系统稳定性证明，由式（9-57）可知：

$$\int_0^\infty \left(k_1 e_\omega^2 + k_2 e_q^2 + k_3 e_d^2 \right) \mathrm{d}t = V_4(0) - V_4(\infty) \tag{9-58}$$

可得

$$\sqrt{\int_0^\infty k_1 e_\omega^2 \mathrm{d}t} \leqslant \sqrt{\int_0^\infty \left(k_1 e_\omega^2 + k_2 e_q^2 + k_3 e_d^2 \right) \mathrm{d}t} \leqslant V_4(0) \leqslant \infty \tag{9-59}$$

同理可得

$$\sqrt{\int_0^\infty k_2 e_q^2 \mathrm{d}t} \leqslant V_4(0) \leqslant \infty \tag{9-60}$$

$$\sqrt{\int_0^\infty k_3 e_d^2 \mathrm{d}t} \leqslant V_4(0) \leqslant \infty \tag{9-61}$$

由于 $V_4(t)$ 是一致连续且 $\dot{V}_4(t)$ 有界，根据 Barbalat 推论，可得

$$\lim_{t \to \infty} V_4(t) = 0 \tag{9-62}$$

因此，闭环系统是渐近稳定的。

9.4.2 并网控制算法

网侧变流器在 d、q 轴坐标系下的数学模型为：

$$\begin{cases} L_g \dfrac{di_{gd}}{dt} = u_{gd}u_{dc} + L_g\omega_n i_{gq} - e_{gd} \\ L_g \dfrac{di_{gq}}{dt} = u_{gq}u_{dc} + L_g\omega_n i_{gd} - e_{gq} \\ C_g \dfrac{du_{dc}^2}{dt} = u_{dc}i_i - e_{gd}i_{gd} - e_{gq}i_{gq} \end{cases} \tag{9-63}$$

式中，u_{dc} 为变流器直流侧电容器电压；$C_g = C/2$，C 表示直流侧电容；i_{gd}、i_{gq} 分别表示注入电网的 d、q 轴电流；u_{gd}、u_{gq} 为变流器控制信号；e_{gd}、e_{gq} 分别表示网侧 d、q 轴电压；ω_n 为固定角频率；i_i 表示流入电容电流；L_g 表示网侧电感。

定义误差变量如下：

$$\begin{cases} x_u = u_{dc}^{2*} - u_{dc}^2 \\ x_{gd} = i_{gd}^* - i_{gd} \\ x_{gq} = i_{gq}^* - i_{gq} \end{cases} \tag{9-64}$$

式中，u_{dc}^{2*}、i_{gd}^*、i_{gq}^* 分别是 u_{dc}^2、i_{gd}、i_{gq} 的参考值；x_u、x_{gd}、x_{gq} 为对应的误差变量。对 x_u 求导可得：

$$\dot{x}_u = \dot{u}_{dc}^{2*} - \frac{u_{dc}i_i - e_{gd}i_{gd} - e_{gq}i_{gq}}{C_g} \tag{9-65}$$

结合式（9-64），选取：

$$i_{gd}^* = \frac{C_g}{e_{gd}}\left(-k_4 x_u - \dot{u}_{dc}^{2*} + \frac{u_{dc}i_i}{C_g} - \frac{e_{gq}i_{gq}^*}{C_g}\right) \tag{9-66}$$

网侧无功功率可表示为 $Q = e_{gd}i_{gq} - e_{gq}i_{gd}$，可得：

$$i_{gq}^* = \frac{Q^* + e_{gq}i_{gd}^*}{e_{gd}} \tag{9-67}$$

将式（9-67）代入式（9-66）可得：

$$i_{gd}^* = \frac{e_{gd}^2}{e_{gd}^2 + e_{gq}^2}\left(-k_4 x_u - \dot{u}_{dc}^{2*} + \frac{u_{dc}i_i}{C_g} - \frac{e_{gq}Q^*}{e_{gd}C_g}\right) \tag{9-68}$$

其中，Q^* 为无功功率参考值。式（9-66）结合式（9-64）带入式（9-65）可得

$$\dot{x}_u = -k_4 x_u - \frac{e_{gd} x_{gd}}{C_g} - \frac{e_{gq} x_{gq}}{C_g} \qquad (9\text{-}69)$$

其中，$k_4>0$，为控制增益。对 x_{gd} 求导可得：

$$\dot{x}_{gd} = i_{gd}^* - \frac{u_{gd} u_{dc}}{L_g} - \omega_n i_{gq}^* + \omega_n x_{gq} + \frac{e_{gd}}{L_g} \qquad (9\text{-}70)$$

选取：

$$u_{gd} = \frac{L_g}{u_{dc}}\left(k_5 x_{gd} + i_{gd}^* - \omega_n i_{gq}^* + \frac{e_{gd}}{L_g} - \frac{e_{gd} x_u}{C_g}\right) \qquad (9\text{-}71)$$

其中，$k_5>0$，为控制增益。将式（9-71）代入式（9-70）可得：

$$\dot{x}_{gd} = -k_5 x_{gd} + \omega_n x_{gq} + \frac{e_{gd} x_u}{C_g} \qquad (9\text{-}72)$$

对 x_{gq} 求导可得：

$$\dot{x}_{gq} = i_{gq}^* - \frac{u_{gq} u_{dc}}{L_g} + \omega_n i_{gd}^* - \omega_n x_{gd} + \frac{e_{gq}}{L_g} \qquad (9\text{-}73)$$

选取：

$$u_{gq} = \frac{L_g}{u_{dc}}\left(k_6 x_{gq} - i_{gq}^* + \omega_n i_{gd}^* + \frac{e_{gq}}{L_g} - \frac{e_{gq} x_u}{C_g}\right) \qquad (9\text{-}74)$$

将式（9-74）代入式（9-72）可得：

$$\dot{x}_{gq} = -k_5 x_{gq} - \omega_n x_{gd} + \frac{e_{gq} x_u}{C_g} \qquad (9\text{-}75)$$

其中，$k_6>0$，为控制增益。构造如下 Lyapunov 函数：

$$V_4 = \frac{1}{2} x_u^2 + \frac{1}{2} x_{gd}^2 + \frac{1}{2} x_{gq}^2 \geqslant 0 \qquad (9\text{-}76)$$

对其求导并依次代入式（9-67）、式（9-70）、式（9-73）可得：

$$\dot{V}_4 = -k_4 x_u^2 - k_5 x_{gd}^2 - k_6 x_{gq}^2 \leqslant 0 \qquad (9\text{-}77)$$

综合式（9-76），由于 $V_4(t)$ 一致连续且 $\dot{V}_4(t)$ 有界，根据 Barbalat 推论，可得：

$$\lim_{t\to\infty} V_4(t) = 0 \qquad (9\text{-}78)$$

结合前文分析可得：

$$\lim_{t \to \infty} x_u = \lim_{t \to \infty} x_{gd} = \lim_{t \to \infty} x_{gq} = 0 \tag{9-79}$$

同时可得

$$\lim_{t \to \infty}\left(Q^* - Q\right) = \lim_{t \to \infty}\left(e_{gd}x_{gq} - e_{gq}x_{gd}\right) = 0 \tag{9-80}$$

控制系统渐进稳定，系统无功能跟踪指令值。

完成了机械弹储能机组发电过程 PMSG 转速自适应控制算法及并网反推控制算法详细的理论推导，并同时给出了控制算法一致收敛的稳定性证明。

9.4.3　仿真实验与分析

综上，本章首先根据机械弹性储能箱组发电过程中转矩、转动惯量时变特性设计了 PMSG 中转矩、转动惯量自适应反推速度控制算法，以满足特性参数存在特殊变化的机械弹性储能机组发电运行控制需求，其次设计完成了网侧变流器并网反推控制算法，通过设定并网无功功率，可实现机组单位功率因数并网控制，满足储能机组最大出力的控制需求，控制系统整体框图如图 9-2 所示，机械弹性储能机组通过该控制技术实现发电过程强鲁棒控制。

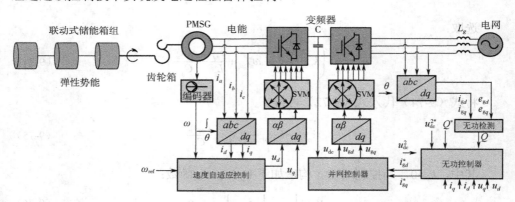

图 9-2　机械弹性储能发电过程 PMSG 自适应调速及并网控制系统框图

实验参数设定为：并网控制参数为 f_n=50Hz，C=32mF，L_g=10mH。通过前文所提的工程经验选取初值与自适应差分进化算法优化相结合的方法选取 PMSG 反推自适应控制参数为 k_1=1500，k_2=2000，k_3=100，r_1=0.005，r_2=0.003；网侧变流器控制参数选取为 k_4=150，k_5=1000，k_6=3000。网侧变流器直流侧电压参考值为 u_{dc}^*=450V；为了最大限度发挥储能机组的输出能力，网侧变流器被控制以单位功率因数并网运行，完全向电网输送有功功率，故无功功率参考值设定为 Q^*=0Var；

PMSG 参考转速设定为 ω_r^*=1500r/min，储能机组持续运行 10s。

为了更好地测试本章所提控制算法的性能并体现算法的优越性，同时开展了 PI 矢量控制算法的实验验证，与本章所提出的控制算法进行对比。实验包括转速暂态和稳态波形对比，d、q 轴电流暂态和稳态波形对比，定子相电流暂态和稳态波形对比，直流侧电压暂态和稳态波形对比以及变流器并网有功和无功功率暂态和稳态波形对比，对比实验结果如下：

图 9-3 为 PSMG 转速跟踪情况，可以看出，本章所提控制算法 PSMG 转速能快速达到 1500r/min，调整时间短，且无超调，稳态运行时转速基本无脉动，系统运行平稳；基于 PI 矢量控制的 PSMG 转速有较大的超调，而且调整时间较长，稳态运行时转速存在一定脉动。图 9-4 为 d 轴电流波形，两种算法均实现了 i_d=0 解耦控制，但与基于 PI 矢量控制相比，本章所提控制算法仅在机组启动阶段有少许振荡，但很快收敛至零值，且稳态波形良好。图 9-5 为 q 轴电流波形，从前文储能箱组特性可知，随着储能机组发电过程的进行，在转速不变的情况下，储能箱组输出转矩线性减小，q 轴电流随之减小，与基于 PI 矢量控制波形相比，本章所提算法波形基本无超调，且响应迅速，能更好地足满足机组控制要求。图 9-6 为两种算法定子相电流波形对比，可以看出，本章算法的包络线较为平滑，且在起始阶段本章所提控制算法没有电流尖峰，能较快过渡到稳定状态。

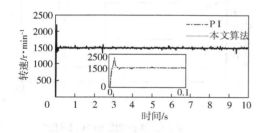

图 9-3　PMSG 转速波形对比

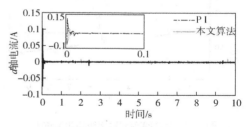

图 9-4　d 轴电流波形对比

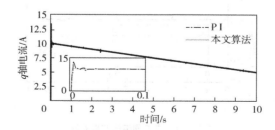

图 9-5　q 轴电流波形对比

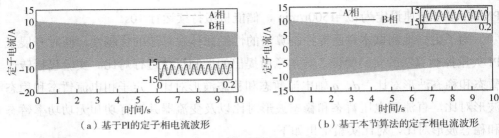

（a）基于PI的定子相电流波形　　　　　（b）基于本节算法的定子相电流波形

图9-6　定子相电流波形对比

　　图9-7为两种算法网侧变流器输出有功功率波形对比，因网侧变流器处于单位功率因数并网运行状态，其输出有功功率为 PMSG 发电功率，当 PMSG 转速恒定时，变流器输出有功功率与 PMSG 的 q 轴电流正比例相关。从图9-7还可以看出，本章所提控制算法基本没有功率尖峰，且调整时间较短，这对储能系统而言无疑是非常有利的。图9-8为网侧变流器输出无功功率波形图，可以看出，本章算法和基于 PI 的矢量控制均实现了机组向电网的单位功率因数并网发电，但相比 PI 矢量控制，本章所提控制算法启动阶段的调整时间较短，功率尖峰较小，有更加优良的控制性能。图9-9为直流侧电压波形，两种算法均能使直流侧电压稳定在450V附近，满足控制要求，但本章所提控制算法有更好的控制效果，电压波形更为稳定。

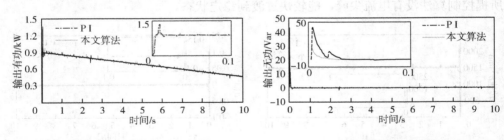

图 9-7　网侧变流器输出有功功率对比　　　图 9-8　网侧变流器输出无功功率对比

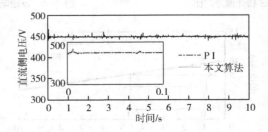

图 9-9　直流侧电压波形对比

　　图 9-10 为两种算法并网相电压和相电流波形，起始阶段两种控制算法均有一

段调整过程，这段时间对应图 9-8 出现的无功尖峰，但是本章控制算法调整时间更短，相应无功尖峰也较小。稳态阶段，两种控制算法电压电流基本同相位，均可实现机械弹性储能机组的单位功率因数并网，且电流波形正弦度良好。但同时可以看出，本章所提控制算法过渡时间较短，暂态性能较优。综上所述，本章所提控制算法调整时间短，超调小，稳态阶段波形良好，适用于机械弹性储能系统发电并网过程。

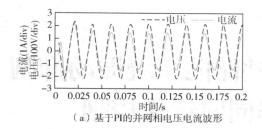
（a）基于 PI 的并网相电压电流波形

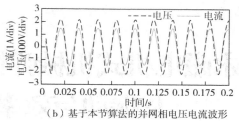
（b）基于本节算法的并网相电压电流波形

图 9-10   单相并网电压电流波形对比

参考文献

[1] 胡书举, 许洪华. 使用无速度传感器的 PMSG 单位功率因数控制[J]. 高电压技术, 2010, 36(2): 542-546.

[2] RAMTHARAN G, JENKINS N, ANAYA-LARA O. Modeling and control of synchronous generators for wide-range variable-speed wind turbines [J]. Wind Energy, 2007, 10(3): 231-246.

[3] ORLANDO N A, LISERRE M, MONOPOLi V G, et al. Comparison of power converter topologies for permanent magnet small wind turbine system [C]// Cambridge: Proceedings of IEEE International Symposium on Industrial Electronics, 2008: 2359-2364.

[4] AKHMATOV V, NIELSEN A H, PEDERSEN J K, et al. Variable-speed wind trubines with multipole syschronous permanent magnet generators (I): Modeling in dynamic simulation tools [J]. Wind Engineering, 2003, 27(6): 531-548.

[5] WON D, KIM W, SHIN D, et al. High-gain disturbance observer-based backstepping control with output tracking error constraint for electro-hydraulic systems [J]. IEEE Transactions on Control Systems Technology, 2015, 23(2): 787-795.

[6] BORNARD G, HAMMOURI H. A high gain observer for a class of uniformly observable systems [C]// Proceedings of the 30th IEEE Conference on Decision and Control. IEEE Press, 1991: 1494-1496.

第10章

永磁电机式机械弹性储能系统振动抑制及振动与效率同时优化控制

10.1 引言

由于涡簧在储能运行过程中受外力作用拧紧过程中表现出较大的柔性而可能出现振动，本章首先提出基于涡簧振动模态估计的机械弹性储能机组储能运行反推控制方法，该方法针对运行过程中涡簧振动模态难以测得的问题，还设计了基于最小二乘法的涡簧振动模态估计方法。此外，由于 PMSM 铁损、铜损以及机械损耗的存在会影响机组的运行效率，同时 PMSM 在运行过程中铁耗电阻还存在不确定性，进一步提出了机械弹性储能机组储能运行振动抑制与效率优化的统一控制方法，该方法首先通过自适应神经模糊推理辨识 PMSM 铁耗电阻，而后将辨识结果用于机械弹性储能机组储能运行振动抑制与效率优化的统一控制，旨在实现储能系统平稳、高效运行。

10.2 国内外研究现状

10.2.1 柔性负载振动抑制研究现状

除了涡簧外，在工业应用领域，常见的柔性负载还有很多，比如传递运动能量的齿轮变速箱，用于弹跳机器人、步行机器人的串联弹性驱动器和工业机器人的柔性机械臂等。目前对于齿轮变速箱等柔性关节类负载，建模时一般将其等效于双惯量弹性系统[1]，控制策略有主动和被动之分。

（1）主动控制

主动控制是指通过设计控制器从源头上消除谐振，典型的如基于 PI 或极点配置的状态反馈控制，还有较为流行的加速度或扭矩反馈控制方法[2]，然而各种基于 PI 的主动反馈控制方法需要经过复杂的 PI 参数配置过程，并且固定参数 PI 控制对于系统结构调整或结构参数变化的适应性不强，控制性能偏弱。反推控制（backstepping control）是近年来流行起来的一种非线性控制方法，通过引入虚拟控制量采用倒推方法设计控制器以实现高维非线性系统向低维系统的转化。当前，反推控制已成功应用于 PMSM 矢量控制[3]和直接转矩控制[4]中，但将反推控制应用于柔性负载振动抑制的很少见，更未见将反推控制与柔性负载模态估计相结合以设计 PMSM 控制方法完成柔性负载振动抑制。另外，机械弹性储能系统是一个大惯量的时变扭矩系统，采用常规 PI 控制的动态性能相对比较差，适合采用非线性反推控制。因此，本专著主要采用反推控制。

（2）被动控制

被动控制方法则是在速度外环和电流内环间设置合适的滤波器或陷波器以抑制系统谐振，常用的有频率陷波器或低通滤波器，然而，固定的陷波器或滤波器并不能完全消除负载柔性引致的所有谐振，只能消除一定频段的系统谐振，还限制了系统频带，导致相位滞后[5]。

10.2.2　PMSM 驱动系统效率优化控制方法现状

驱动电机一般采用的矢量控制或直接转矩控制方法能够满足调速系统的性能的基本需求，但该种情况下控制系统的效率并不理想，在永磁电机式机械弹性储能机组中，通过储能介质涡簧的收紧进行储能，所以对电机驱动系统的控制，不仅要关注其调速系统的控制，更要关注其效率的研究，因而提高电机驱动系统效率对储能机组的发展具有重要的现实意义。

随着近年来的对驱动电机系统研究的深入，现有的永磁同步电机控制系统效率优化归纳起来主要有 3 种：最大转矩电流比控制策略、基于电机损耗模型的效率优化控制策略和基于在线搜索法的输入功率最小控制策略。

（1）最大转矩电流比控制策略

最大转矩电流比控制策略由于其实现形式简单以及控制效果优良，引发很多学者的深入研究，目前主要用于内置式永磁同步电机的效率优化，该控制策略是指在电机定子电流相同的情况下，输出最大的电磁转矩，以此来实现驱动电机的效率的优化，最大转矩电流比控制策略对提高永磁同步电机动态性能有很大的贡献，并且驱动电机的动态响应速度对比而言有了明显提高。但该控制策略只考虑了电机运行时的铜损耗，并未对电机的铁损耗加以控制，因此只能实现效率的近似最优，不能使 PMSM 驱动系统全局效率最优[6]。

（2）基于电机损耗模型的效率优化控制策略

该控制策略的原理是根据电机的参数建立精确地计及各种损耗的电机损耗模型，根据损耗模型建立运行效率最高时的目标函数，通过精确计算得到损耗最小时的运行控制变量值，在此控制策略所寻求的运行点运行时可以达到全局效率最优[7]。

虽然对比于最大转矩电流比控制策略，该控制策略可以实现全局最优，但是电机损耗模型的建立依附于精确地电机参数[8]，实际中一般采用电机的铭牌参数进行替代，因此所求的最优解仍是进行简化计算之后的，与真实的最优解存在一定的偏差。

（3）输入功率最小控制策略

输入功率最小策略通过在确定的电机运行状态下保持电机的输出功率不变，通过在线不断地调整控制变量，寻求输入功率最小的运行点，进而提高驱动系统的运行效率，又称为搜索控制策略。与基于电机模型的效率优化策略相同，实现了驱动系统效率的全局最优。近几年来，智能控制研究的不断深入，为驱动电机效率优化控制开辟了新的路径[9]。

涡簧储能机组随着电机的转动在不断地转动，而且涡簧在储能的同时不断振动，故 PMSM 系统效率优化在做到全局效率最优的同时，其转速响应也要迅速，而且应该通过控制 PMSM 抑制涡簧的振动。上述的 3 种主要的 PMSM 控制系统的效率优化方法算法各有优缺点，而如何结合涡簧储能系统的运行工况与特点，对电机驱动储能系统的平稳、高效储能是本章的研究重点。

10.3 系统运行振动抑制

10.3.1 基于反推原理的机组储能运行振动抑制控制器设计

10.3.1.1 振动抑制建模

涡簧是利用等截面的细长材料按一定规律（常见为螺旋方程）缠绕而成，作为一种机械弹性元件，储能时涡簧从四周向芯轴收缩而产生明显变形，尤其是用于电能存储、长度远大于截面尺寸的大型涡簧，具有很大的柔性，研究表明此种涡簧在外力作用下将出现频率较低、振幅较大的固有谐振[10]，因此，建立体现振动模态的涡簧数学模型，在此基础上构建控制方法抑制其机械振动是实现涡簧安全、平稳储能的重要议题。

　　研究表明，涡簧可被等效为长度远大于截面尺寸的细长梁[11]。对于长梁结构大都采用 Lagrange 方程来完成动力学建模[12]，然后在一定假设的基础上，建立动力学方法，获得长梁振荡的固有频率和模态响应[13]；或者，采用有限元方法，在 ANSYS 等有限元软件中建立涡簧模型，加载载荷以直接获得涡簧振动模态[14]。这些建模方法能够较为准确地描述涡簧的振动模态，但它们都仅关注于涡簧的力学性质，很难与电机运行特性相结合以形成机电系统的建模与控制，也无法完成涡簧机械振动的消除。文献[15]运用 Lagrange 方程提出了一种柔性负载建模方法，能够方便地开展柔性负载与电机驱动相统一的机电系统谐振抑制。

　　用点 o 和 o' 分别表示 PMSM 出轴与涡簧始端的连接点以及连接点横截面的圆心，绘制 PMSM 直接驱动涡簧的结构如图 10-1 所示，其中，坐标系 xoy 为跟随转子旋转的动态坐标系，坐标系 $x'o'y'$ 为静止坐标系，$s(x,t)$ 为涡簧经弯矩 T_L 作用产生形变后在动态坐标系 xoy 中的位移变化，即涡簧在 x 处的挠度，θ_r 为 PMSM 转子转过的角度。

　　假设涡簧是由一长度为 l 的细长杆弯曲成螺旋状而成，涡簧始端与 PMSM 出轴直接

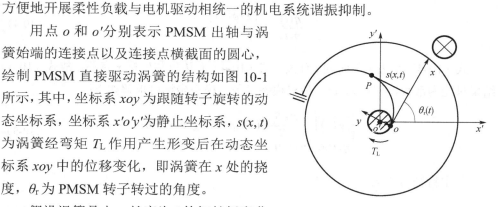

图 10-1　PMSM 直接驱动涡簧的结构

相连，末端固定，涡簧长度远大于其截面尺寸，研究中仅考虑涡簧横向振动，忽略纵向振动，并将涡簧看作是 Euler-Bernoulli 梁，那么，涡簧振动方程可表示为：

$$\frac{\partial^2}{\partial x^2}\left[EI\frac{\partial^2 s(x,t)}{\partial x^2}\right]+\rho S_p\frac{\partial^2 s(x,t)}{\partial t^2}=f(x,t) \tag{10-1}$$

　　式中，E 为涡簧材料的弹性模量；ρ 为涡簧材料的质量密度；I 为截面矩，对矩形涡簧，$I=hB^3/6$，B 和 h 分别为涡簧材料的宽度和厚度；S_p 为涡簧单位长度截面积；$f(x,t)$ 为作用于涡簧的分布力。

　　涡簧的边界条件为：

$$\begin{cases} s(0,t)=0 \\ \dfrac{\partial s(0,t)}{\partial x}=0 \\ s(L,t)=0 \\ \dfrac{\partial s(L,t)}{\partial x}=0 \end{cases} \tag{10-2}$$

式中，L 为涡簧的长度。

由振动理论，位移 $s(x,t)$ 可描述为：

$$s(x,t)=\sum_{i=1}^{\infty}\phi_i(x)\eta_i(t)=\left[\phi(x)\right]^{\mathrm{T}}\eta(t) \tag{10-3}$$

式中，$\phi(x)$ 为模态函数；$\eta(t)$ 为模态坐标。

为求解涡簧振动模态 $\phi(x)$，忽略 $f(x,t)$，将式（10-3）代入式（10-1），并利用分离变量法可得：

$$\frac{\ddot{\eta}(t)}{\eta(t)}=-\frac{\left[EI\ddot{\phi}(x)\right]''}{\rho S_{\mathrm{p}}\phi(x)} \tag{10-4}$$

式（10-4）左边仅与时间 t 有关，式（10-4）右边仅与坐标 x 有关，故式（10-4）结果只能为常数，假设为 $-c^2$，故对模态函数、模态坐标可求解如下：

$$\begin{cases} \left[\ddot{\phi}(x)\right]''-\dfrac{c^2\rho S_{\mathrm{p}}}{EI}\phi(x)=\ddot{\phi}(x)-\chi^4\phi(x)=0 \\ \ddot{\eta}(t)+c^2\eta(t)=0 \end{cases} \tag{10-5}$$

其中特征方程为：

$$\gamma^4-\chi^4=0 \tag{10-6}$$

基于式（10-5）和式（10-6）即可解出模态函数 $\phi(x)$、模态坐标 $\eta(t)$：

$$\begin{cases} \phi(x)=c_1\sin(\gamma x)+c_2\cos(\gamma x)+c_3\sinh(\gamma x)+c_4\cosh(\gamma x) \\ \eta(t)=c_5\sin(\omega t)+c_6\cos(\omega t)=c_7\sin(\omega t+\varphi) \end{cases} \tag{10-7}$$

将涡簧的边界条件式（10-2）代入式（10-7），可得：

$$\begin{cases} c_1=-c_3 \\ c_2=-c_4 \\ \cos(\gamma l)\cosh(\gamma l)=1 \end{cases} \tag{10-8}$$

$\gamma=0$，是式（10-8）的一个解，对应于涡簧静止状态，故应该舍去。应用数值解法求得这一超越方程最低的几个特征根值，见表 10-1。

表10-1　超越方程对应的特征根

$\gamma_1 l$	$\gamma_2 l$	$\gamma_3 l$	$\gamma_4 l$	$\gamma_5 l$
4.730	7.853	10.996	14.137	17.279

由式（10-5）可得涡簧振动的角速度为：

$$\omega = \gamma^2 \sqrt{EI/\rho S_{\mathrm{p}}} \tag{10-9}$$

按式（10-9）得到涡簧振动的各阶角速度以及各阶频率，见表10-2。

表10-2　涡簧振动各阶角速度以及各阶频率

参数	一阶	二阶	三阶	四阶	五阶
γ	0.323	0.536	0.751	0.966	1.18
ω	0.3870	1.0656	2.0920	3.4612	5.1647
f	0.062	0.170	0.333	0.551	0.822

忽略 N 阶以后的模态，仅考虑 N 阶及以前的模态，则有：

$$s(x,t) = \sum_{i=1}^{N} \phi_i(x)\eta_i(t) = \left[\boldsymbol{\phi}(x)\right]^{\mathrm{T}} \boldsymbol{\eta}(t) \tag{10-10}$$

储能时，涡簧上任意一点 P 的坐标 (X_P, Y_P) 可写为：

$$\begin{cases} X_P = x\cos\theta_{\mathrm{r}} - s(x,t)\sin\theta_{\mathrm{r}} \\ Y_P = x\sin\theta_{\mathrm{r}} + s(x,t)\cos\theta_{\mathrm{r}} \end{cases} \tag{10-11}$$

外力拧紧涡簧时产生的动能 T 为：

$$T = \frac{1}{2}\rho bh \int_0^l \left(\dot{X}_P^2 + \dot{Y}_P^2\right)\mathrm{d}x \tag{10-12}$$

化简和整理式（10-12），可得：

$$T = \frac{1}{2}\int_0^l \rho bh \left(x^2\dot{\theta}_{\mathrm{r}}^2 + \dot{s}^2 + 2\dot{s}x\dot{\theta}_{\mathrm{r}} + s^2\dot{\theta}_{\mathrm{r}}^2\right)\mathrm{d}x \tag{10-13}$$

假设外力作用下涡簧在水平面内卷紧，则势能 V 就是涡簧弹性形变产生的弹性能，即：

$$V = \frac{1}{2}\int_0^l EI \left(\frac{\partial^2 s}{\partial x^2}\right)^2 \mathrm{d}x \tag{10-14}$$

列出拉格朗日方程如下：

$$\frac{\mathrm{d}}{\mathrm{d}t}\left[\frac{\partial(T-V)}{\partial q_i}\right]-\frac{\partial(T-V)}{\partial q_i}=Q_i \tag{10-15}$$

式中，Q_i 为外力；q_1 为 PMSM 转过角度 θ_r；$q_i(i=2,\cdots,N+1)$ 为涡簧第 i 阶振动模态坐标 η_i。

对于 q_1，由式（10-15）可得：

$$\begin{cases}\dfrac{\partial T}{\partial q_1}=0\\[2mm]\dfrac{\mathrm{d}}{\mathrm{d}t}\left(\dfrac{\partial T}{\partial \dot{q}_1}\right)=\rho bh\ddot{\theta}_r\displaystyle\int_0^l x^2\mathrm{d}x+\sum_{i=1}^{N}\eta_i\rho bh\displaystyle\int_0^l x\phi_i\mathrm{d}x+\sum_{i=1}^{N}\rho bh\displaystyle\int_0^l 2s\dot{\theta}_r\phi_i\eta_i\mathrm{d}x+\sum_{i=1}^{N}\rho bh\displaystyle\int_0^l s^2\ddot{\theta}_r\mathrm{d}x\\[2mm]\dfrac{\partial V}{\partial q_1}=0\\[2mm]\dfrac{\mathrm{d}}{\mathrm{d}t}\left(\dfrac{\partial V}{\partial \dot{q}_1}\right)=0\\[2mm]Q_i=T_e-T_{sp}\end{cases} \tag{10-16}$$

即：

$$\ddot{\theta}_r\rho bh\int_0^l x^2\mathrm{d}x+\sum_{i=1}^{N}\left(\ddot{\eta}_i\rho bh\int_0^l x\phi_i\mathrm{d}x+\rho bh\int_0^l 2s\dot{\theta}_r\phi_i\eta_i\mathrm{d}x+\rho bh\int_0^l s^2\ddot{\theta}_r\mathrm{d}x\right)=T_e-T_{sp} \tag{10-17}$$

式中，T_{sp} 为涡簧自身扭矩，$T_{sp}=k_{sp}\cdot\theta_r$，$k_{sp}$ 为涡簧弹性系数，由于 s 较小，故忽略式（10-17）中与 s 相关的两项。

对于 q_i，由式（10-15）可得：

$$\begin{cases}\dfrac{\partial T}{\partial q_i}=0\\[2mm]\dfrac{\mathrm{d}}{\mathrm{d}t}\left(\dfrac{\partial T}{\partial \dot{q}_i}\right)=\rho bh\displaystyle\sum_{i=1}^{N}\ddot{\eta}_i\displaystyle\int_0^l \phi_i^2\mathrm{d}x+\rho bh\ddot{\theta}_r\displaystyle\int_0^l x\phi_i\mathrm{d}x\\[2mm]\dfrac{\partial V}{\partial q_i}=\displaystyle\sum_{i=1}^{N}\eta_i EI\displaystyle\int_0^l \ddot{\phi}_i^2\mathrm{d}x\\[2mm]\dfrac{\mathrm{d}}{\mathrm{d}t}\left(\dfrac{\partial V}{\partial \dot{q}_i}\right)=0\\[2mm]Q_i=0\end{cases} \tag{10-18}$$

即：

$$\sum_{i=1}^{N}\left(\ddot{\eta}_i\rho bh\int_0^l \phi_i^2\mathrm{d}x\right)+\ddot{\theta}_r\rho bh\int_0^l x\phi_i\mathrm{d}x+\sum_{i=1}^{N}\left(\ddot{\eta}_i EI\int_0^l \ddot{\phi}_i^2\mathrm{d}x\right)=0 \tag{10-19}$$

令：$\rho bh\int_0^l x^2\mathrm{d}x = M$，$\rho bh\int_0^l x\phi_i\mathrm{d}x = A_i$，$\rho bh\int_0^l \phi_i^2\mathrm{d}x = B_i$，$EI\int_0^l \ddot{\phi}_i^2\mathrm{d}x = D_i$，根据式（10-19），柔性涡簧动力学方程可描述为：

$$B_i\sum_{i=1}^N \ddot{\eta}_i + A_i\ddot{\theta}_\mathrm{r} + D_i\eta_i = 0 \tag{10-20}$$

已有研究表明[16]，在实际中，与第1阶模态相比，高阶模态对系统性能的影响较小。由于涡簧振动过程中，一阶模态占主导地位，相对而言二阶及二阶以上的模态影响较小，同时根据模态截断准则，高阶模态对整体系统的影响也很小。故将二阶及二阶以上的模态截去，仅考虑第1阶模态，同时联立式（10-17）和式（10-20），可得：

$$\begin{cases} \ddot{\theta}_\mathrm{r}M + A_1\ddot{\eta}_1 = T_\mathrm{e} - T_\mathrm{sp} \\ B_1\ddot{\eta}_1 + A_1\ddot{\theta}_\mathrm{r} + D_1\eta_1 = 0 \end{cases} \tag{10-21}$$

令 $x_1 = \eta_1$，$x_2 = \dot{x}_1 = \dot{\eta}_1$，联立式（10-7）、式（10-8）和式（10-21），PMSM 直接驱动涡簧储能的动力学方程可写为：

$$\begin{cases} \dot{i}_d = -\dfrac{R_\mathrm{s}}{L_d}i_d + n_\mathrm{p}\omega_\mathrm{r}i_q + \dfrac{u_d}{L_d} \\ \dot{i}_q = -\dfrac{R_\mathrm{s}}{L_q}i_q - n_\mathrm{p}\omega_\mathrm{r}i_d - \dfrac{n_\mathrm{p}\psi_\mathrm{r}}{L_q}\omega_\mathrm{r} + \dfrac{u_q}{L_q} \\ \dot{\omega}_\mathrm{r} = \dfrac{1.5n_\mathrm{p}\psi_\mathrm{r}B_1}{MB_1 - A_1^2}i_q - \dfrac{B_1}{MB_1 - A_1^2}T_\mathrm{sp} + \dfrac{A_1D_1}{MB_1 - A_1^2}x_1 \\ \dot{x}_1 = x_2 \\ \dot{x}_2 = \dfrac{A_1 1.5n_\mathrm{p}\psi_\mathrm{r}}{MB_1 - A_1^2}i_q - \dfrac{A_1}{MB_1 - A_1^2}T_\mathrm{sp} + \left[\dfrac{A_1^2 D_1}{(MB_1 - A_1^2)B_1} + \dfrac{D_1}{B_1}\right]x_1 \end{cases} \tag{10-22}$$

10.3.1.2　速度控制器设计

令 $e_\omega = \omega_\mathrm{ref} - \omega_\mathrm{r}$，其中 ω_ref 为参考速度，e_ω 为速度误差变量。由反推控制原理，对 e_ω 求导：

$$\dot{e}_\omega = \dot{\omega}_\mathrm{ref} - \left(\dfrac{1.5n_\mathrm{p}\psi_\mathrm{r}B_1}{MB_1 - A_1^2}i_q - \dfrac{k_\mathrm{sp}B_1}{MB_1 - A_1^2}\theta_\mathrm{r} + \dfrac{A_1D_1}{MB_1 - A_1^2}x_1\right) = \dot{\omega}_\mathrm{ref} - (U_1 i_q + U_2\theta_\mathrm{r} + U_3 x_1) \tag{10-23}$$

其中，$\dfrac{1.5n_\mathrm{p}\psi_\mathrm{r}B_1}{MB_1 - A_1^2} = U_1$，$-\dfrac{k_\mathrm{sp}B_1}{MB_1 - A_1^2} = U_2$，$\dfrac{A_1D_1}{MB_1 - A_1^2} = U_3$。

设计虚拟控制量 $i_{q,\mathrm{ref}}$ 如下：

$$i_{q,\text{ref}} = \frac{\dot{\omega}_{\text{ref}} + k_{\omega}e_{\omega} - U_2\theta_{\text{r}} - U_3x_1}{U_1} \qquad (10\text{-}24)$$

式中，k_{ω} 为大于零的速度控制参数。

将式（10-24）代入式（10-23），可得到：

$$\dot{e}_{\omega} = -k_{\omega}e_{\omega} \qquad (10\text{-}25)$$

10.3.1.3 电流控制器设计

令 $e_q = i_{q,\text{ref}} - i_q$，其中 e_q 为 q 轴电流误差变量，对 e_q 求导，可得：

$$\dot{e}_q = \dot{i}_{q,\text{ref}} - \dot{i}_q \qquad (10\text{-}26)$$

将式（10-24）和式（10-22）中第 2 项表达式代入式（10-26），并进一步整理可得：

$$\dot{e}_q = \left(\frac{\ddot{\omega}_{\text{ref}} - k_{\omega}^2 e_{\omega} - U_2\omega_{\text{r}} - U_3x_2}{U_1} \right) - \left(-\frac{R_{\text{s}}}{L_q}i_q - n_{\text{p}}\omega_{\text{r}}i_d - \frac{n_{\text{p}}\omega_{\text{r}}\psi_{\text{r}}}{L_q} + \frac{u_q}{L_q} \right) \qquad (10\text{-}27)$$

根据式（10-5），取第 1 个控制量 u_q 如下：

$$u_q = L_q\left(\frac{\ddot{\omega}_{\text{ref}} - k_{\omega}^2 e_{\omega} - U_2\omega_{\text{r}} - U_3x_2}{U_1} \right) + R_{\text{s}}i_q + n_{\text{p}}L_q\omega_{\text{r}}i_d + n_{\text{p}}\omega_{\text{r}}\psi_{\text{r}} + L_qk_qe_q \qquad (10\text{-}28)$$

式中，k_q 为大于零的 q 轴电流控制参数。

将式（10-28）代入式（10-27），可得：

$$\dot{e}_q = -k_qe_q \qquad (10\text{-}29)$$

再令 $e_d = i_{d,\text{ref}} - i_d$，其中 e_d 为 d 轴电流误差变量，对 e_d 求导，可得：

$$\dot{e}_d = \dot{i}_{d,\text{ref}} - \dot{i}_d \qquad (10\text{-}30)$$

将式（10-22）第 1 项表达式代入式（10-30），并化简整理可得：

$$\dot{e}_d = \dot{i}_{d,\text{ref}} - \left(-\frac{R_{\text{s}}}{L_d}i_d + n_{\text{p}}\omega_{\text{r}}i_q + \frac{u_d}{L_d} \right) \qquad (10\text{-}31)$$

根据式（10-31），取第 2 个控制量 u_d 如下：

$$u_d = L_d\dot{i}_{d,\text{ref}} + R_{\text{s}}i_d - L_dn_{\text{p}}\omega_{\text{r}}i_q + L_dk_de_d \qquad (10\text{-}32)$$

式中，k_d 为大于零的 d 轴电流控制参数。

将式（10-32）代入式（10-31），可得：

$$\dot{e}_d = -k_d e_d \qquad (10\text{-}33)$$

10.3.2　基于最小二乘法的涡簧振动模态估计

最小二乘法作为广泛使用的参数辨识方法，其原理是当被辨识系统在运行时，每取得一次新的观测数据后，就在前次估计结果的基础上，利用新的观测数据根据递推规则对前次估计的结果进行修正，得出新的参数估计值，减少估计误差。这样，随着新观测数据的不断引入，对待估参数进行修正，直到参数估计值达到满意的精确程度。为了使最小二乘法具有很好的辨识时变参数的能力，在一般最小二乘法的基础上引入了遗忘因子 ξ（$0<\xi\leqslant1$），形成了带遗忘因子的最小二乘法：

$$\hat{\boldsymbol{B}}(k) = \hat{\boldsymbol{B}}(k-1) + \boldsymbol{L}(k)\left[\boldsymbol{y}(k) - \boldsymbol{\varphi}^{\mathrm{T}}(k)\hat{\boldsymbol{B}}(k-1)\right] \qquad (10\text{-}34)$$

$$\boldsymbol{L}(k) = \frac{\boldsymbol{P}(k-1)\boldsymbol{\varphi}(k)}{\xi + \boldsymbol{\varphi}^{\mathrm{T}}(k)\boldsymbol{P}(k-1)\boldsymbol{\varphi}(k)} \qquad (10\text{-}35)$$

$$\boldsymbol{P}(k) = \frac{1}{\xi}\left[\boldsymbol{P}(k-1) - \boldsymbol{L}(k)\boldsymbol{\varphi}^{\mathrm{T}}(k)\boldsymbol{P}(k-1)\right] \qquad (10\text{-}36)$$

式中，k 为采样点；$\boldsymbol{B}=[B_1,B_2,\cdots,B_n]$ 为待辨识的参数向量；$\boldsymbol{L}(k)$ 为增益向量；$\boldsymbol{P}(k)$ 为协方差矩阵；$\boldsymbol{\varphi}(k)$ 为信息向量；$\boldsymbol{y}(k)$ 为系统的输出向量。

在现场中，涡簧振动模态 η 是很难获取的，然而 η 又作为涡簧系统的状态量存在于反推控制中，为此，本专著通过最小二乘法对此估计得到。

对涡簧振动模态 η 进行辨识，在建立辨识模型时，所选取的状态方程应该包含和涡簧谐振模态相关的参数，这里以式（10-22）第 3 项表达式作为辨识的状态方程，并选择涡簧振动模态 η 为辨识参数，写成最小二乘法格式的表达式如下：

$$\frac{A_1 D_1}{MB_1 - A_1^2} x_1 = -\frac{1.5 n_{\mathrm{p}} \psi_{\mathrm{r}} B_1}{MB_1 - A_1^2} i_q + \frac{k_{\mathrm{sp}} B_1}{MB_1 - A_1^2} \theta_{\mathrm{r}} + \frac{\mathrm{d}\omega_{\mathrm{r}}}{\mathrm{d}t} \qquad (10\text{-}37)$$

对式（10-37）做离散化处理，得到：

$$\frac{A_1 D_1}{MB_1 - A_1^2} x_1(k) = -\frac{1.5 n_{\mathrm{p}} \psi_{\mathrm{r}} B_1}{MB_1 - A_1^2} i_q + \frac{k_{\mathrm{sp}} B_1}{MB_1 - A_1^2} \theta_{\mathrm{r}}(k) + \frac{\omega_{\mathrm{r}}(k) - \omega_{\mathrm{r}}(k-1)}{T} \qquad (10\text{-}38)$$

其中：

$$\boldsymbol{y}(k) = -\frac{1.5 n_{\mathrm{p}} \psi_{\mathrm{r}} B_1}{MB_1 - A_1^2} i_q(k) + \frac{k_{\mathrm{sp}} B_1}{MB_1 - A_1^2} \theta_{\mathrm{r}}(k) + \frac{\omega_{\mathrm{r}}(k) - \omega_{\mathrm{r}}(k-1)}{T} \qquad (10\text{-}39)$$

$$\varphi(k) = \frac{A_1 D_1}{MB_1 - A_1^2} \tag{10-40}$$

$$\hat{\boldsymbol{B}}(k) = x_1(k) \tag{10-41}$$

式中，T 为采样周期。

将式（10-39）～式（10-41）代入式（10-34）～式（10-36）即可辨识得到涡簧振动模态 η。

10.3.3　反推控制器稳定性证明

取 Lyapunov 函数 L_y 为：

$$L_y = \frac{1}{2}e_\omega^2 + \frac{1}{2}e_d^2 + \frac{1}{2}e_q^2 \tag{10-42}$$

对式（10-42）求导数，并将式（10-26）、式（10-29）和式（10-33）代入其中，得到：

$$\dot{V} = e_\omega \dot{e}_\omega + e_d \dot{e}_d + e_q \dot{e}_q = -k_\omega e_\omega^2 - k_d e_d^2 - k_q e_q^2 \leqslant 0 \tag{10-43}$$

考虑 L_y 是有界的，基于式（10-42）和式（10-43），根据 Barbalat 定则，当时间 t 趋于无穷大时，有：

$$\lim_{t \to \infty} L_y(t) = 0 \tag{10-44}$$

由此证明了设计的反推控制器是渐进稳定的。也就是说，随着时间的推移，在控制器 u_d 和 u_q 作用下，误差系统将渐进收敛于原点$(0,0,0)$，那么，系统状态量也将收敛到设定的参考值。

10.3.4　实验验证及分析

基于上述分析，本章的控制问题可描述为：针对储能过程中机械涡簧的柔性特点以及 PMSM 模型的高阶、非线性和强耦合的特点，将反推控制原理和最小二乘法模态估计相结合，设计涡簧未知模态估计方法，在此基础上，构建非线性速度反推控制器和电流反推控制器实现对柔性涡簧的振动抑制。整个控制方法的实现结构如图 10-2 所示，其中，最小二乘法估计由式（10-39）～式（10-41）完成，反推控制策略由式（10-25）表示的速度控制器、式（10-28）与式（10-32）表示的电流控制器两部分构成。

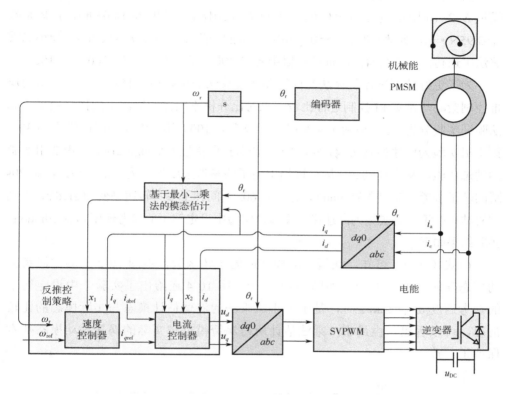

图 10-2 **本章提出控制方法的实现结构**

为了验证本章提出控制算法的有效性,设计了如图 10-3 所示以 PMSM 直接驱动柔性涡簧的硬件实验平台,硬件实验平台采用 TMS320F28335 作为控制芯片,柔性涡簧安装在涡簧箱内。

(a)机组构成图

(b)涡簧振动模态测试图

图 10-3 **PMSM 直接驱动柔性涡簧的硬件实验平台**

涡簧箱的设计与制造基于国标 JB/T 7366—1994 完成，涡簧材料的参数：弹性模量 $E=2\times10^{11}$Pa，宽度 $b=0.050$m，厚度 $h=0.0018$m，长度 $L=14.639$m，扭矩系数 $c_1=3.95$N·m，质量密度 $\rho=7850$kg/m³；涡簧的一阶模态频率 $f=0.062$Hz；最小二乘算法中遗传因子 $\xi=0.94$；反推控制器中各参数取值为：$k_\omega=5$，$k_q=100$，$k_d=10$。

为了更好地测试控制算法的性能并体现算法的优越性，将本专著所提出的反推控制策略与常规 PI 控制进行比较，以对比分析不同控制算法下的控制效果。算法验证实验分为 3 组，前两组实验时间均设定为 100s，第 3 组实验时间设定为 30s。第 1 组实验为低速稳态实验，实验中设定转子的参考速度 $\omega_{\text{ref}}=2$rad/s；第 2 组实验为动态实验，从启动到 20s 运行过程中转子的参考速度设定为 $\omega_{\text{ref}}=2$rad/s，第 20s 瞬间转子参考转速突变为 6rad/s，运行到 60s 瞬间转子参考转速突变为 2rad/s，直到实验结束；第 3 组实验为高速稳态实验，实验中设定转子的参考速度 $\omega_{\text{ref}}=10$rad/s；实验结果如下：

由式（10-7）可知，涡簧振动模态应为正弦函数，由图 10-2 所测定涡簧振动模态随时间变化的规律如图 10-4 所示。图 10-4 还给出了实验一中设定转子的参考速度 $\omega_{\text{ref}}=2$rad/s 时，基于最小二乘法的涡簧估计模态与实际模态的比较情况，可以看出，由最小二乘法估计所得涡簧模态与实际的涡簧振动模态基本保持了一致。

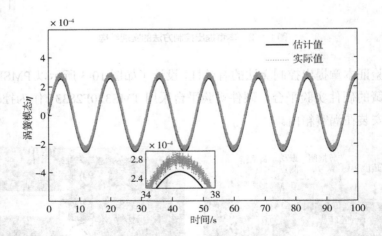

图 10-4　涡簧振动模态估计值与实际值比较

图 10-5～图 10-7 给出了 3 组实验下转子的转速 ω_r、q 轴电流 i_q 和 d 轴电流 i_d 的波形。

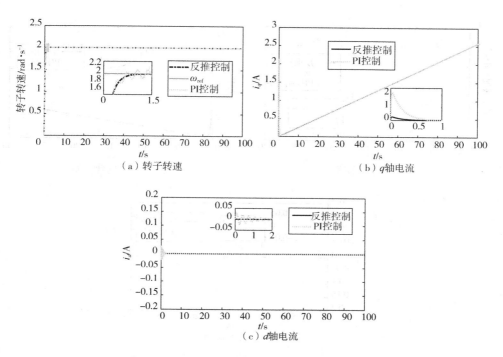

（a）转子转速　　　　　　　　（b）q轴电流

（c）d轴电流

图 10-5　低速稳态实验中本专著算法与 PI 控制效果比较

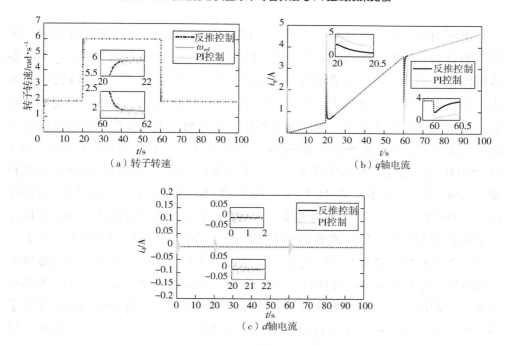

（a）转子转速　　　　　　　　（b）q轴电流

（c）d轴电流

图 10-6　动态实验中本专著算法与 PI 控制效果比较

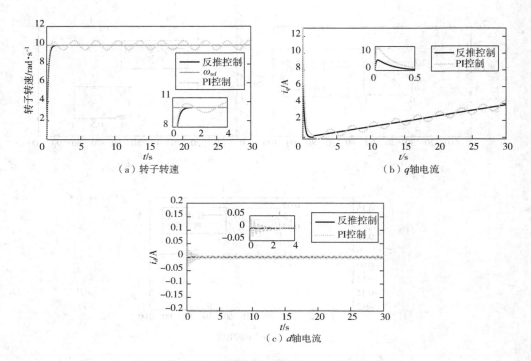

（a）转子转速　　　　　　　　　　（b）q轴电流

（c）d轴电流

图 10-7　高速实验中本专著算法与 PI 控制效果比较

　　由图 10-5（a）、图 10-6（a）可见，对于不同的转子参考速度，PI 控制和反推控制算法最终都能追踪到参考转速，但 PI 控制算法响应相对比较慢，追踪参考速度的时间更长，而且在转子参考速度突变时 PI 控制下转子速度波动更厉害；而在本专著控制算法下，无论稳态实验还是动态实验，PMSM 都能够实现对于参考速度的快速追踪，响应速度更快，追踪效果也更理想，说明系统采用本专著算法时储能更加平稳，由图 10-7（a）可见，当转子的参考速度较高时，PI 控制算法下转速在参考速度附近有一定波动，但反推控制算法最终能追踪到参考转速；图 10-5（b）、图 10-6（b）、图 10-7（b）表示 i_q 随着时间变化的规律，由式（10-25）可得，对于稳定的参考速度，i_q 的大小主要受涡簧振动模态以及转子转过的角度所影响；实验结果表明储能过程中涡簧扭矩增大而不断增大，在转子参考速度为 2 rad/s 时，i_q 的增大速度基本保持不变，当转子参考速度为 6 rad/s 时，i_q 的增大速度要比转子参考速度为 2 rad/s 时快，且在转子参考速度发生突变的时候 i_q 也随之发生改变；对比 PI 控制算法和反推控制算法，在转子参考速度发生突变时，反推控制算法 i_q 的波动更小，而且达到稳定所需的时间更短；从图 10-7（b）可以看出，高转速实验中 PI 控制下转子速度波动时，对

应的 i_q 也不断波动；从图 10-5（c）、图 10-6（c）可以看出，在各种转子参考速度下，PI 控制和反推控制算法下 d 轴电流最终均被准确控制至参考值，从图 10-7（c）可以看出，在设定的转子参考速度下，PI 控制算法下 d 轴电流被控制至参考值附近，但有一定波动，而反推控制算法下 d 轴电流最终被准确控制至参考值。此外，在参考转速恒定和存在突变时，本专著算法下 i_d 控制效果较好，而 PI 控制在转子参考速度发生突变时，d 轴电流经过一定程度的减幅波动后最终才逐渐趋于稳定。

另值得一提的是，对比两种算法控制器参数的设置，基于 PI 的控制算法需要借助 3 个 PI 控制器共需调节 6 个控制参数，不仅每个 PI 参数的整定过程比较烦琐，且随着储能时涡簧扭矩不断增大，定参数 PI 控制还存在着控制不稳定的可能。而本专著设计的反推控制算法只需要调节 3 个控制参数，并且这 3 个控制参数只需满足大于零的条件即可保证 Lyapunov 意义上的稳定，这一方面减轻了控制参数调整的难度，另一方面也更便于算法实施。

本节针对永磁电机式机械弹性储能系统中涡簧作为柔性负载在外力作用拧紧过程中出现比较大的振动并且实际运行过程中振动模态难以测取的特点，提出了基于涡簧振动模态估计的机械弹性储能机组储能运行反推控制策略，通过分析研究以及仿真实验得出以下结论：

（1）本节所提出的反推控制方法无论是在低速还是在高速实验中均能较快较好地追踪到参考转速，实现涡簧振动的抑制以达到储能系统平稳储能的目的。

（2）相比于 PI 控制算法，本章所提出的非线性反推控制策略的响应时间更短，达到稳定所需的时间也更短。

（3）基于最小二乘法的涡簧振动模态估计算法能够准确有效地估计涡簧振动模态。

10.4　系统运行振动与效率同时优化控制

10.4.1　基于损耗模型的机组统一控制反推控制器设计

10.4.1.1　永磁同步电机的损耗模型

机械弹性储能机组在储能运行过程中选择表贴式 PMSM 作为储能介质涡簧

的驱动电机，PMSM 在运行时的损耗将影响机组运行效率。PMSM 系统具体包括电机本体以及驱动机构（即逆变器），因此其损耗也包括两部分，即逆变器损耗以及电机损耗，对于逆变器损耗其主要是由于其元器件的开关造成的，与电机无关，由于该损耗较小，本专著不予考虑，故本专著研究的损耗为受电机控制的电机损耗。一般情况下，不计及阻尼绕组时，PMSM 总损耗主要是由铁损、铜损、杂散损耗和机械损耗等构成。许多文献经常忽略铁损，然而其在总损耗中却占有一定的比例，在计算系统效率时，若直接忽略必然导致结果出现一定的误差；由于机械损耗与轴承摩擦、材料性能以及环境温度等因素有关，机械损耗的大小随运行状况的不同而变化，不易定量描述，且在总损耗中所占比例不大，同时杂散损耗也具有所占总损耗比例较小，测量和控制比较困难的特点。因此，本专著仅考虑可控损耗，即铁损与铜损，忽略机械损耗和杂散损耗。在此，本章建立了考虑铁损电阻的 PMSM 的 dq 轴等效电路，如图 10-8 所示。

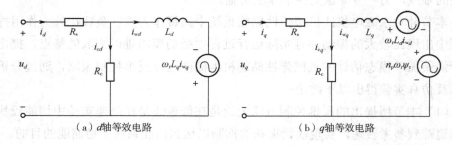

（a）d 轴等效电路　　　　　　　　　　（b）q 轴等效电路

图 10-8　PMSM 损耗模型的 dq 轴等效电路

在 $dq0$ 旋转坐标系下，考虑铁耗电阻时，PMSM 的数学模型可描述为式（10-45）所示。

$$\begin{cases} i_{wd} = -\dfrac{R_s}{L_d}i_d + n_p\omega_r i_{wq} + \dfrac{u_d}{L_d} \\ i_{wq} = -\dfrac{R_s}{L_q}i_q - n_p\omega_r i_{wd} - \dfrac{n_p\psi_r}{L_q}\omega_r + \dfrac{u_q}{L_q} \end{cases} \tag{10-45}$$

电磁转矩方程为：

$$T_e = 1.5n_p\psi_r i_{wq} \tag{10-46}$$

式中，u_d、u_q 为定子 d、q 轴电压；i_d、i_q 为定子 d、q 轴电流；i_{wq}、i_{wd} 分别为 d、q 轴电流的有功分量；L_d、L_q 为定子 d、q 轴电感；ψ_r 为永磁体磁通；R_s 为定子

绕组相电阻；ω_r 为转子机械角速度；n_p 为转子极对数。

根据电机的等效电路可得：

$$\begin{cases} i_{cq} = \dfrac{n_p\omega_r\left(\psi_r + L_d i_{wd}\right)}{R_c} \\ i_q = i_{cq} + i_{wq} \\ i_{cd} = -\dfrac{n_p\omega_r L_q i_{wq}}{R_c} \\ i_d = i_{cd} + i_{wd} \end{cases}$$ （10-47）

式中，i_{cd}、i_{cq} 分别为 d、q 轴电流的铁耗分量。

将式（10-47）代入式（10-45）可得：

$$\begin{cases} \dot{i}_{wd} = -\dfrac{R_s}{L_d}\left(-\dfrac{n_p\omega_r L_q i_{wq}}{R_c} + i_{wd}\right) + n_p\omega_r i_{wq} + \dfrac{u_d}{L_d} \\ \dot{i}_{wq} = -\dfrac{R_s}{L_q}\left[-\dfrac{n_p\omega_r\left(\psi_r + L_d i_{wd}\right)}{R_c} + i_{wq}\right] - n_p\omega_r i_{wd} - \dfrac{n_p\psi_r}{L_q}\omega_r + \dfrac{u_q}{L_q} \end{cases}$$ （10-48）

PMSM 的总损耗主要考虑铜耗和铁耗，由图 10-7 可以得到 PMSM 的铜耗和铁耗表达式为：

$$\begin{cases} P_{Cu} = \dfrac{3}{2}R_s\left(i_d^2 + i_q^2\right) = \dfrac{3}{2}R_s\left[\left(i_{cd} + i_{wd}\right)^2 + \left(i_{cq} + i_{wq}\right)^2\right] \\ P_{Fe} = \dfrac{3}{2}R_c\left(i_{cd}^2 + i_{cq}^2\right) \end{cases}$$ （10-49）

将式（10-46）、式（10-47）代入式（10-49）可得总损耗 P_{loss} 的表达式：

$$P_{loss} = P_{Cu} + P_{Fe} = \frac{3}{2}R_s\left[\left(-\frac{n_p\omega_r L_q i_{wq}}{R_c} + i_{wd}\right)^2\right] + \frac{3}{2}R_s\left[\frac{n_p\omega_r\left(\psi_r + L_d i_{wd}\right)}{R_c} + i_{wq}\right]^2 +$$

$$\frac{3}{2}R_c\left\{\left(-\frac{n_p\omega_r L_q i_{wq}}{R_c}\right)^2 + \left[\frac{n_p\omega_r\left(\psi_r + L_d i_{wd}\right)}{R_c}\right]^2\right\}$$ （10-50）

要使机械弹性储能储能机组的效率达到最大，即要把整个系统处于损耗最小的运行状态下，由式（10-49）可得总损耗 P_{loss} 是关于定子电流的函数。

10.4.1.2 基于损耗模型的机组振动抑制与效率优化统一控制器设计

令 $x_1 = \eta_1$，$x_2 = \dot{x}_1 = \dot{\eta}_1$，当考虑铁耗电阻时，基于损耗模型的 PMSM 直接驱动涡簧储能的动力学方程可写为：

$$
\begin{cases}
\dot{i}_{wd} = -\dfrac{R_s}{L_d}\left(-\dfrac{n_p\omega_r L_q i_{wq}}{R_c} + i_{wd}\right) + n_p\omega_r i_{wq} + \dfrac{u_d}{L_d} \\[3mm]
\dot{i}_{wq} = \dfrac{u_q}{L_q} - \dfrac{R_s}{L_q}\left[\dfrac{n_p\omega_r(\psi_r + L_d i_{wd})}{R_c} + i_{wq}\right] - n_p\omega_r i_{wd} - \dfrac{n_p\psi_r}{L_q}\omega_r \\[3mm]
\dot{\theta}_r = \omega_r \\[3mm]
\dot{\omega}_r = \dfrac{1.5 n_p\psi_r B_1}{MB_1 - A_1^2} i_{wq} - \dfrac{k_{sp}B_1}{MB_1 - A_1^2}\theta_r + \dfrac{A_1 D_1}{MB_1 - A_1^2} x_1 \\[3mm]
\dot{x}_1 = x_2 \\[3mm]
\dot{x}_2 = \dfrac{A_1 k_{sp}}{MB_1 - A_1^2}\theta_r - \dfrac{1.5 n_p\psi_r A_1}{MB_1 - A_1^2} i_{wq} - \left[\dfrac{A_1^2 D_1}{(MB_1 - A_1^2)B_1} + \dfrac{D_1}{B_1}\right] x_1
\end{cases}
\tag{10-51}
$$

（1）基于拉格朗日方程的最小损耗实现条件

在求解最优化问题中，拉格朗日乘子法（Lagrange multiplier）和 KKT（Karush Kuhn Tucker）条件是两种最常用的方法。在有等式约束时使用拉格朗日乘子法，在有不等约束时使用 KKT 条件。由于存在式（10-56）等式约束条件，故使用拉格朗日乘子法。

引入拉格朗日乘子 λ，建立辅助函数如下：

$$
F = P_{loss} + \lambda\left(T_e - \frac{3}{2}n_p\psi_r i_{wq}\right)
\tag{10-52}
$$

将上式分别对 i_{wd}、i_{wq} 和 λ 求偏导数，可得：

$$
\begin{cases}
\dfrac{\partial F}{\partial i_{wd}} = \dfrac{3}{2}R_s\left\{2\left(-\dfrac{n_p\omega_r L_q i_{wq}}{R_c} + i_{wd}\right) + 2\dfrac{n_p\omega_r L_d}{R_c}\left[\dfrac{n_p\omega_r(\psi_r + L_d i_{wd})}{R_c} + i_{wq}\right]\right\} + \dfrac{3}{2}R_c\left[2\dfrac{n_p^2 L_d \omega_r^2(\psi_r + L_d i_{wd})}{R_c^2}\right] \\[4mm]
\dfrac{\partial F}{\partial i_{wq}} = \dfrac{3}{2}R_s\left\{2\dfrac{n_p\omega_r L_q}{R_c}\left(-\dfrac{n_p\omega_r L_q i_{wq}}{R_c} + i_{wd}\right) + 2\left[\dfrac{n_p\omega_r(\psi_r + L_d i_{wd})}{R_c} + i_{wq}\right]\right\} + \dfrac{3}{2}R_c\left(\dfrac{n_p^2 L_q^2 \omega_r^2 i_{wq}}{R_c^2}\right) - \dfrac{3}{2}\lambda n_p\psi_r \\[4mm]
\dfrac{\partial F}{\partial \lambda} = T_e - \dfrac{3}{2}n_p\psi_r i_{wq}
\end{cases}
\tag{10-53}
$$

令上式等于 0，可求得最小损耗控制下 d、q 轴有功电流满足如下关系式：

$$
\begin{cases}
i_{wd} = -\dfrac{n_p^2\omega_r^2 L_d\psi_r(R_s + R_c)}{R_s R_c^2 + n_p^2\omega_r^2 L_d^2(R_s + R_c)} \\[4mm]
i_{wq} = -\dfrac{\dfrac{1}{2}\lambda n_p\psi_r R_c^2 - R_s R_c n_p\omega_r\psi_r}{n_p^2\omega_r^2 L_q^2(R_s + R_c) + R_c^2}
\end{cases}
\tag{10-54}
$$

（2）基于损耗模型的振动抑制与效率优化的反推控制器设计

① 基于涡簧振动模态的反推控制策略

令 $e_\omega = \omega_{\text{ref}} - \omega_r$，其中 ω_{ref} 为参考速度，e_ω 为速度误差变量。由反推控制原理，对 e_ω 求导，可得：

$$\dot{e}_\omega = \dot{\omega}_{\text{ref}} - \left(\frac{1.5 n_p \psi_r B_1}{MB_1 - A_1^2} i_{wq} - \frac{k_{\text{sp}} B_1}{MB_1 - A_1^2} \theta_r + \frac{A_1 D_1}{MB_1 - A_1^2} x_1 \right) = \dot{\omega}_{\text{ref}} - \left(U_1 i_{wq} + U_2 \theta_r + U_3 x_1 \right) \quad (10\text{-}55)$$

其中，$\dfrac{1.5 n_p \psi_r B_1}{MB_1 - A_1^2} = U_1$，$-\dfrac{k_{\text{sp}} B_1}{MB_1 - A_1^2} = U_2$，$\dfrac{A_1 D_1}{MB_1 - A_1^2} = U_3$。

设计虚拟控制量 $i_{wq,\text{ref}}$ 如下：

$$i_{wq,\text{ref}} = \frac{\dot{\omega}_{\text{ref}} + k_\omega e_\omega - U_2 \theta_r - U_3 x_1}{U_1} \quad (10\text{-}56)$$

式中，k_ω 为大于零的速度控制参数。将式（10-33）代入式（10-32），得到：

$$\dot{e}_\omega = -k_\omega e_\omega \quad (10\text{-}57)$$

令 $e_{wq} = i_{wq,\text{ref}} - i_{wq}$，其中，$e_{wq}$ 为 q 轴电流有功分量误差变量，对 e_{wq} 求导，可得：

$$\dot{e}_{wq} = \dot{i}_{wq,\text{ref}} - \dot{i}_{wq} \quad (10\text{-}58)$$

将式（10-56）和式（10-51）中第 2 项表达式代入式（10-58），并进一步整理可得：

$$\dot{e}_{wq} = \left(\frac{\ddot{\omega}_{\text{ref}} - k_\omega^2 e_\omega - U_2 \omega_r - U_3 x_2}{U_1} \right) + n_p \omega_r i_{wd} - \left\{ \frac{R_s}{L_q} \left[\frac{n_p \omega_r (\psi_r + L_d i_{wd})}{R_c} - i_{wq} \right] - \frac{n_p \omega_r \psi_r}{L_q} + \frac{u_q}{L_q} \right\} \quad (10\text{-}59)$$

根据式（10-59），取第一个控制量 u_q 如下：

$$u_q = L_q \left(\frac{\ddot{\omega}_{\text{ref}} - k_\omega^2 e_\omega - U_2 \omega_r - U_3 x_2}{U_1} \right) + n_p \omega_r \left(L_q i_{wd} + \psi_r \right) + R_s \left[\frac{n_p \omega_r (\psi_r + L_d i_{wd})}{R_c} + i_{wq} \right] + L_q k_q e_{wq} \quad (10\text{-}60)$$

式中，k_q 为大于零的 q 轴电流控制参数。

将式（10-59）代入式（10-60），可得：

$$\dot{e}_{wq} = -k_q e_{wq} \quad (10\text{-}61)$$

式（10-56）可知，为了抑制储能机组运行时的涡簧负载的振动，q 轴电流的有功分量 i_{wq} 应该是随着转子角度 θ 以及涡簧振动模态 η 变化的值，同时由式（10-60）可知，总损耗是关于 d 轴电流有功分量 i_{wd}、q 轴电流有功分量 i_{wq} 的函数。综上，为使储能机组在抑制振动的同时实现高效运行，需要找出总损耗 P_{loss} 关于 d 轴电流有功分量 i_{wd} 的函数关系。

② 基于损耗模型的振动抑制与效率优化的反推控制器设计

由式（10-61）可知，最小损耗时，d 轴电流有功分量 $i_{wd,ref}$ 为：

$$i_{wd,ref} = -\frac{n_p^2 \omega_r^2 L_d \psi_r (R_s + R_c)}{R_s R_c^2 + n_p^2 \omega_r^2 L_d^2 (R_s + R_c)} \tag{10-62}$$

令 $e_{wd} = i_{wd,ref} - i_{wd}$，其中，$e_{wd}$ 为 d 轴电流有功分量误差变量，对 e_{wd} 求导，可得：

$$\dot{e}_{wd} = \dot{i}_{wd,ref} - \dot{i}_{wd} \tag{10-63}$$

将式（10-62）求导可得：

$$\dot{i}_{wd,ref} = \frac{-2 n_p^2 \psi_r L_d R_s R_c^2 \omega_r \dot{\omega}_r (R_c + R_s)}{\left[n_p^2 \omega_r^2 L_d^2 (R_c + R_s) + R_c^2 R_s \right]^2} \tag{10-64}$$

将式（10-51）第 1 项表达式代入式（10-63），并化简整理可得：

$$\dot{e}_{wd} = \dot{i}_{wd,ref} - \left(\frac{n_p \omega_r R_s L_q i_{wq}}{R_c L_d} - \frac{R_s}{L_d} i_{wd} + n_p \omega_r i_{wq} + \frac{u_d}{L_d} \right) \tag{10-65}$$

根据式（10-65），取第 2 个控制量 u_d 如下：

$$u_d = L_d \dot{i}_{wd,ref} - \frac{n_p \omega_r R_s L_q i_{wq}}{R_c} + R_s i_{wd} - L_d n_p \omega_r i_{wq} + L_d k_d e_{wd} \tag{10-66}$$

式中，k_d 为大于零的 d 轴电流控制参数。

将式（10-66）代入式（10-65），可得：

$$\dot{e}_{wd} = -k_d e_{wd} \tag{10-67}$$

由式（10-60）和（10-66）可知，为了实现机组储能运行工程中振动的抑制和驱动系统高效运行，控制量 u_d、u_q 随 d、q 轴电流有功分量 i_{wd}、i_{wq} 不断变化。

10.4.2 基于自适应神经模糊推理的铁耗电阻辨识

由考虑铁损的永磁同步电动机损耗模型以及控制损耗最小化的条件可知，基于损耗模型的系统振动抑制与效率优化统一控制依赖于电机的铁损电阻参数 R_c。PMSM 定子铁心损耗产生的机理比较复杂，当磁感应幅值一定时，铁耗的大小主要取决于频率的大小；当 PMSM 处于不同的运行状态，电机转速不同时，对应的铁耗电阻也不相同；同时在确定铁耗时，除了计及上述因素外，还需要考虑工艺因素和结构因素的影响。因此，如何准确辨识铁耗电阻，对于永磁电机式机械弹性储能机组实现高效运行以及实现振动的抑制具有重要的意义。本章将采用自适应神经模糊推理系统实现铁耗电阻的辨识。

自适应神经模糊推理系统（ANFIS）通过将神经网络控制方法与模糊控制方法相结合，充分地发挥了神经网络的学习机制与模糊系统的模糊规则的优点，通过向训练数据学习，自主选择或修正输入与输出变量之间的隶属函数与模糊规则，结构原理如图 10-9 所示。

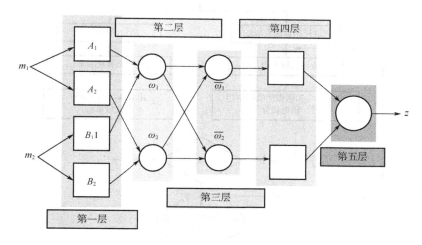

图 10-9　ANFIS 结构原理

第一层：模糊化层。该层通过对系统的输入变量进行模糊化处理，在选取合适的隶属度函数后，输出对应模糊集的隶属度。比如输入变量 m_1、m_2 对应模糊集 A_i，B_i，$i=1, 2$。

第二层：模糊集运算。该层是将输入变量的隶属度函数相乘，作为本层的输出，即适应度 ω_i。比如 $\omega_i=A_i\,(m_1)\times B_i\,(m_2)$，$i=1,2$。

第三层：归一化层。该层是将上层的输出进行归一化处理，确保分析结果的标准性。比如 $\bar{\omega}_i = \omega_i/(\omega_1 + \omega_2)$，$i=1, 2$。

第四层：模糊规则运算。该层是利用第三层归一化处理后的适应度和系统在本层的输入，对模糊系统的各条规则进行运算输出。比如 $\bar{\omega}_i f_i = \bar{\omega}_i \left(p_i m_i + q_i m_i + r_i \right)$，$i=1,2$。

第五层：输出层。该层是将模糊系统的输出进行运算，将各输出的总和作作为系统总输出。比如 $z = \sum_i \bar{\omega}_i f_i = \sum_i \omega_i f_i \Big/ \sum_i \omega_i$，$i = 1,2$。

考虑到如果在线获得训练样本并在线再进行训练 ANFIS 系统，会占用大量的内存与时间，对于 PMSM 系统响应快速的要求来说是不满足的。因此，本专著拟采用离线训练 ANFIS 系统，在线辨识铁耗电阻的方法，以达到 PMSM 系统响应快速，铁耗电阻辨识精确的目的。ANFIS 最关键的部分就是获取训练样本，现在将采用如下方法获取训练样本，样本获取的流程如图 10-10 所示。

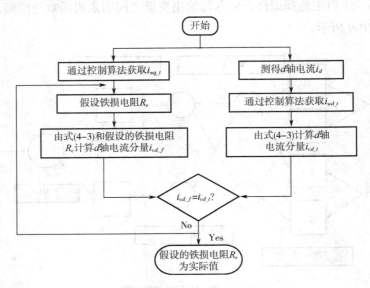

图 10-10　铁耗电阻辨识流程

当 PMSM 系统处于稳定运行状态时，此时 PMSM 系统转速一定，对应的铁损电阻为一常数。此时在闭环系统控制下，速度控制器的输出电流，即为 q 轴实际有功分量电流 i_{wq_t}。

假设 R_c 为一常数且与 q 轴电流有功分量 i_{wq_t} 一起代入式（10-47）可以得到 d 轴流经铁损电阻的电流分量 i_{cd_f}。i_d 通过实测得到，由电流控制器的输出电流，即为 d 轴电流的有功分量 i_{wd}，进而将其代入式（10-25）可以得到 d 轴流经铁损电阻的实际电流分量 i_{cd_t}。此时电流分量 i_{cd_f} 由假设铁损电阻 R_c 计算得到。

对比 d 轴流经铁损电阻的电流分量 i_{cd_f} 与 d 轴流经铁损电阻的实际电流分量 i_{cd_t} 的大小，通过改变铁损电阻 R_c 的大小，使 i_{cd_f} 等于 i_{cd_t} 成立，此时铁损电阻 R_c 的大小即为对应于该稳定状态时的实际铁损电阻。在不同运行速度的稳定运行状态中，采用该方法，便可以得到期望的训练样本，即可以得到不同转速下对应的铁损电阻。

10.4.3 控制器稳定性证明

取 Lyapunov 函数 L_y 为：

$$L_y = \frac{1}{2}e_\omega^2 + \frac{1}{2}e_{wd}^2 + \frac{1}{2}e_{wq}^2 \qquad (10\text{-}68)$$

对式（10-68）求导数，并将式（10-57）、式（10-58）和式（10-67）代入其中，得到：

$$\dot{L}_y = -k_\omega e_\omega^2 - k_d e_{wd}^2 - k_q e_{wq}^2 \leqslant 0 \qquad (10\text{-}69)$$

考虑 L_y 是有界的，基于式（10-68）和式（10-69），根据 Barbalat 定则，当时间 t 趋于无穷大时，有：

$$\lim_{t\to\infty} L_y(t) = 0 \qquad (10\text{-}70)$$

同 10.3.3 节控制器稳定性的证明方法一致，本节证明了设计的反推控制器是渐进稳定的。随着时间的推移，在控制器 u_d 和 u_q 作用下，误差系统将渐进收敛于原点$(0,0,0)$。

10.4.4 实验验证及分析

基于上述分析，本章的控制问题可描述为：针对储能过程中机械涡簧的柔性特点以及 PMSM 运行过程中伴随着损耗影响机组运行效率的特点，将拉格朗日乘子法与反推控制原理相结合，构建非线性速度反推控制器和电流反推控制器实现对柔性涡簧的振动抑制和效率优化，同时针对 PMSM 运行过程中铁耗电阻不断变化的特点，采用自适应神经模糊推理系统进行辨识，为 PMSM 的最小电气损耗控制奠定基础。整个控制方法的实现结构如图 10-11 所示，其中反推控制策略由式（10-54）表示的速度控制器、式（10-58）与式（10-67）表示的电流控制器两部分构成。

为了验证控制算法的性能并更好地体现其优越性，将本章所提出的控制策略与既没有振动抑制又没有最小电损耗控制的算法（Algorithm-I）以及仅增加了振动抑制的控制算法（Algorithm-II）进行了比较。验证实验分为 3 组。

第 1 组实验为低速稳态实验，通过添加不同的控制器来证明速度跟踪、振动抑制以及最小损耗控制的稳态性能。设定该组实验转子的参考速度 ω_{ref}=2 rad/s，实验时间设定为 100 s，对比不加任何控制、独立的振动抑制控制器、振动抑制控制器和最小损耗控制器均作用时系统的稳态性能，实验结果如图 10-12 所示。

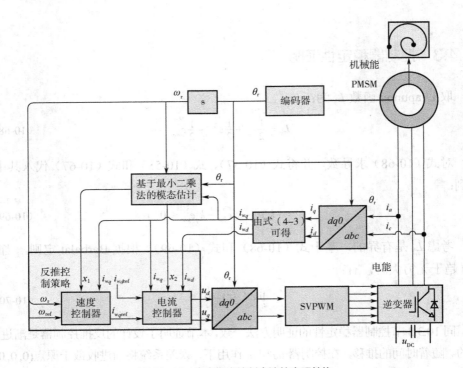

图 10-11　本章提出控制方法的实现结构

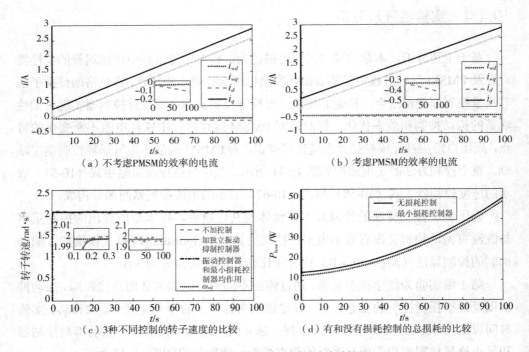

（a）不考虑PMSM的效率的电流　　　　　（b）考虑PMSM的效率的电流

（c）3种不同控制的转子速度的比较　　　　（d）有和没有损耗控制的总损耗的比较

图 10-12　第 1 组实验：低速稳态实验结果

图 10-12（a）、（b）分别表示不考虑 PMSM 运行效率和考虑 PMSM 运行效率时电流随着时间变化的规律，4 条曲线分别是 q 轴电流有功分量 i_{wq}、q 轴电流 i_q、d 轴电流有功分量 i_{wd}、d 轴电流 i_d；由式（10-31）可得，对于稳定的参考速度，i_{wq} 的大小主要受涡簧振动模态以及转子转过的角度所影响；实验结果表明储能过程中涡簧扭矩增大而不断增大，在转子参考速度为 2rad/s 时，i_{wq} 的大小随扭矩的增大不断增大；当不考虑 PMSM 运行效率时，d 轴电流有功分量 i_{wd} 最终均被准确控制至参考值 0，与图 10-12（a）中的变化趋势一致；由式（10-3）可知当考虑 PMSM 运行效率时，d 轴电流有功分量 i_{wd} 的大小主要受转子转速所影响，在转子参考速度为 2rad/s 时，i_{wd} 的大小为一不为零常数；通过式（10-3）可知，d、q 轴电流分量与图 10-12（a）、（b）中所示结果一致；图 10-12（c）分别表示不加任何控制、加以独立的振动抑制控制器、振动抑制控制器和最小损耗控制器均作用时，转子的转动速度变化趋势图，结果表明若不对系统的振动加以控制，受转子振动模态的影响，转子的转速在参考转速附近呈正弦变化趋势，机组无法实现平稳储能；若加以振动抑制控制，转子的转速最终能追踪到参考转速；图 10-12（d）分别表示是否对机组加以最小损耗控制时，总损耗 P_{loss} 随时间的变化规律，由式（10-28）可得，对于稳定的转子参考速度，P_{loss} 的大小受铁耗电阻的大小及 i_{wq} 的大小所影响；对于稳定的转子参考速度，无论是否对 PMSM 的运行效率进行控制，储能过程中机组的总损耗随涡簧扭矩的不断增大而增大，对比是否对机组进行最小损耗控制时，机组的总损耗与不加以效率控制时相比显著减小，实现了高效储能。

第 2 组实验为了验证当转子参考速度动态变化时，对机组加以不同的控制，机组的动态性能；从静止启动到 20s 运行过程中转子的参考速度设定为 ω_{ref}=2rad/s，第 20 秒瞬间转子参考转速突变为 6rad/s，运行到 60s 瞬间转子参考转速突变为 2rad/s，直到实验结束；实验时间设定为 100s，实验结果如图 10-13 所示。

图 10-13（a）、（b）分别表示不考虑 PMSM 运行效率和考虑 PMSM 运行效率时电流随着时间变化的规律，实验结果表明在储能过程中当转子参考速度为 2rad/s 时，i_{wq} 的增大速度基本保持不变，当转子参考速度为 6rad/s 时，i_{wq} 的增大速度要比转子参考速度为 2rad/s 时快，且在转子参考速度发生突变的时候 i_{wq} 的大小也随之发生改变；由式（10-42）可知考虑 PMSM 运行效率时，不同的转子参考速度下，d 轴电流有功分量 i_{wd} 为不同的常数，且在转子参考速度发生突变的时候 i_{wd} 的大小也发生突变；图 10-13（c）表示加以不同的控制时，转子的转动速度变化趋势图，实验结果表明当转子参考速度突变时基于反推控制的振动抑制算法下 PMSM 仍能够实现对于参考速度的快速追踪，响应速度快，追踪效果也比较理想；图 10-13（d）表示机组总损

耗 P_{loss} 随时间变化的规律，对于不同的转子参考速度，无论是否对 PMSM 的运行效率进行控制，储能过程中机组的总损耗随涡簧扭矩的不断增大而增大，同时由于铁耗电阻随着转子参考速度的增大而增大，当转子在转子参考速度为 2rad/s 时，P_{loss} 的增大速度基本保持不变，当转子参考速度为 6rad/s 时，P_{loss} 的增大速度要比转子参考速度为 2rad/s 时快，且在转子参考速度发生突变的时候 P_{loss} 也随之发生改变。

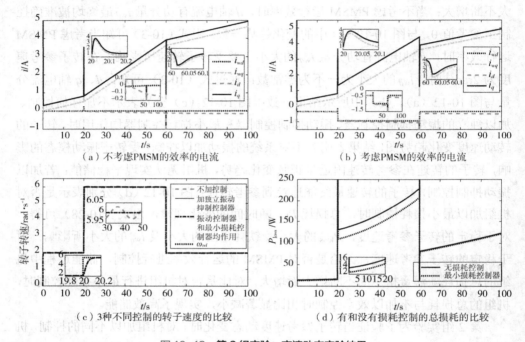

（a）不考虑PMSM的效率的电流　　　　　　　（b）考虑PMSM的效率的电流

（c）3种不同控制的转子速度的比较　　　　　（d）有和没有损耗控制的总损耗的比较

图 10-13　第 2 组实验：变速动态实验结果

　　第 3 组实验为高速稳态实验，实验时间设定为 30s，实验中设定转子的参考速度 ω_{ref}=10rad/s；实验结果如图 10-14 所示。

　　图 10-14（a）、（b）分别表示不考虑 PMSM 运行效率和考虑 PMSM 运行效率时电流随着时间变化的规律，实验结果表明在储能过程中当转子参考速度为 10rad/s 时，i_{wq} 的增大速度更快；由式（10-40）可知考虑 PMSM 运行效率时，与第 1 组实验相比，d 轴电流有功分量 i_{wd} 更小，由式（10-25）可知 d 轴电流铁耗分量 i_{cd} 与 q 轴电流有功分量 i_{wq} 变化趋势负相关，q 轴电流铁耗分量 i_{cq} 与 d 轴电流有功分量正相关；d 轴电流由其有功分量和铁耗分量构成，q 轴电流也由其有功分量和铁耗分量构成，其变化趋势图与理论值相一致；图 10-14（c）表示加以不同的控制时，转子的转动速度变化趋势图，实验结果表明当转子参考速度较大时，加以振动抑制控制时，PMSM 仍能够实

现对于参考速度的快速追踪以实现平稳储能；图 10-14（d）表示机组总损耗 P_{loss} 随时间变化的规律，由于铁耗电阻随着转子参考速度的增大而增大，与第 1 组实验相对比，当转子参考速度为 10 rad/s 时，P_{loss} 的增大速度更快，同时总损耗 P_{loss} 的值也更大。

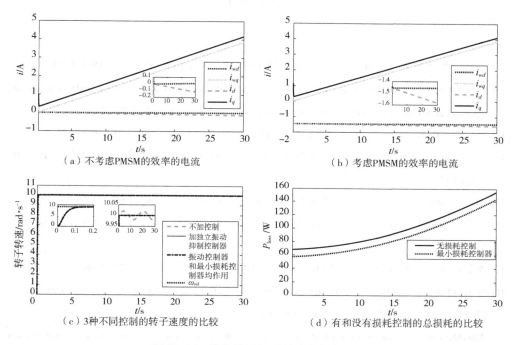

（a）不考虑PMSM的效率的电流　　　　　　　　（b）考虑PMSM的效率的电流

（c）3种不同控制的转子速度的比较　　　　　　　（d）有和没有损耗控制的总损耗的比较

图 10-14　第 3 组实验：高速稳态实验结果

　　综上，当对机组加以振动抑制控制以及最小损耗控制时，机组实现了平稳、高效的储能；验证了本专著所提算法的有效性。

　　本节针对永磁电机式机械弹性弹簧储能机组在储能运行过程中同时出现的涡簧振动以及 PMSM 驱动机组运行效率低的问题，结合了拉格朗日乘子法、反推控制、最小二乘模态估计和铁损电阻的自适应神经模糊推理辨识方法，提出了机械弹性储能机组储能运行振动抑制与效率优化相统一的控制方法。通过研究以及仿真实验得出以下结论：

　　（1）通过自适应模糊推理系统可以正确地辨识铁损电阻，解决了使用损耗模型进行 PMSM 效率优化时铁损参数不确定的问题。

　　（2）提出的控制方法可以保证状态变量准确、快速地跟踪其参考信号，控制方案的动态性能良好。

　　（3）当机组受到振动抑制控制和最小损耗控制时，能够实现平稳、高效的能量存储，实验验证了所提算法的可行性和有效性。

参考文献

[1] 王璨, 杨明, 徐殿国. 基于 PI 控制的双惯量弹性系统机械谐振的抑制[J]. 电气传动, 2015, 45(1): 49-53.

[2] DAN P, VYHLÍDAL T, OLGAC N. Delayed resonator with distributed delay in acceleration feedback-design and experimental verification [J]. IEEE/ASME Transactions on Mechatronics, 2015, 21(4): 2120-2131.

[3] 刘栋良, 郑谢辉, 崔丽丽. 无速度传感器永磁同步电机反推控制[J]. 电工技术学报, 2011, 26(9): 67-72.

[4] 徐艳平, 雷亚洲, 马灵芝, 等. 基于反推控制的永磁同步电机新型直接转矩控制方法 [J]. 电工技术学报, 2015, 30(10): 83-89.

[5] 丁有爽, 肖曦. 永磁同步电机直接驱动柔性负载控制方法[J]. 电工技术学报, 2017, 32(4): 123-132.

[6] 郭庆鼎, 陈启飞, 刘春芳. 永磁同步电机效率优化的最大转矩电流比控制方法[J]. 沈阳工业大学学报, 2008, 30(1): 1-5.

[7] 曹先庆. 混合动力电动汽车用永磁同步电动机驱动系统的研究[D]. 沈阳: 沈阳工业大学, 2008.

[8] JUNGGI L, KWANGHEE N, SEOHO C. Loss minimizing control of PMSM with the use of polynomial approximations [J]. IEEE Transactions on Power Electronics, 2009, 24(4): 1071-1082.

[9] SERGAKI E S, GEORGILAKIS P S, KLADAS A G, et al. Fuzzy logic based online electromagnetic loss minimization of permanent magnet synchronous motor drives [C]// Proceedings of the 2008 International Conference on Electrical Machines, 2008: 1405-1411.

[10] TANG J Q, WANG Z Q, MI Z Q, et al. Finite element analysis of flat spiral spring on mechanical elastic energy storage technology [J]. Research Journal of Applied Sciences Engineering & Technology, 2014, 7(5): 993-1000.

[11] DUAN W, FENG H C, LIU M J, et al. Dynamic analysis and simulation of flat spiral spring in elastic energy storage device [C]// 2012 Asia-Pacific Power and Energy Engineering Conference, 2012: 1-4.

[12] 赵峰, 曹树谦, 冯文周. 干摩擦悬臂梁一阶等效固有频率研究[J]. 振动与冲击, 2015, 34(10): 46-49.

[13] 冯志华, 胡海岩. 受轴向基础激励悬臂梁非线性动力学建模及周期振动[J]. 固体力学学报, 2002, 23(4): 373-379.

[14] 段巍, 冯恒昌, 王璋奇. 弹性储能装置中平面涡卷弹簧的有限元分析[J]. 中国工程机械学报, 2011, 9(4): 493-498.

[15] 丁有爽, 肖曦. 伺服系统柔性负载建模方法研究[J]. 中国电机工程学报, 2016, 36(3): 818-827.

[16] 蔡鹏, 王庆超. 基于自适应模糊观测器的挠性航天器主动振动抑制方法研究[J]. 宇航学报, 2009, 30(3): 890-894, 952.

第11章

永磁电机式机械弹性储能系统
新型闭环 I/f 控制及
振动与转矩脉动同时优化控制

11.1 引言

为实现机组转速的平稳输出，本章通过非线性反推法得到 PMSM 的电压控制方程，设计了一种定子电流矢量定向下基于反推控制的闭环 I/f 控制方法（简称"闭环 I/f 控制方法"）。考虑到现有 I/f 控制方法的开环特性，本章设计了一种基于带遗忘因子最小二乘算法的 PMSM 转速辨识方法（简称"PMSM 转速辨识方法"）以获取电机的实时转速，弥补了传统 I/f 控制缺陷。同时，还将提出一种基于预测控制的控制参数寻优方法（简称"控制参数寻优方法"）来解决控制参数不确定的问题，提升控制器的控制精度。仿真实验表明，所提控制方法可以有效实现对电机转速的控制，系统各项运行参数收敛于参考值，机组运行稳定。

机械弹性储能机组的实际运行环境更为复杂，PMSM 转矩脉动和涡簧振动等因素均会对机组控制性能产生不利影响。在提出的闭环 I/f 控制框架的基础上，对 PMSM 转矩脉动和涡簧振动进行抑制，提出一种基于闭环 I/f 控制框架的机组运行控制性能综合优化控制方法（简称"闭环 I/f 综合优化控制方法"），提高机组运行的平稳性，提高系统的运行效率。

11.2　国内外研究现状

永磁同步电机（permanent magnet synchronous motor，PMSM）由于其结构简单，转矩与惯性比大以及损耗低等优点而被选为驱动电动机[1]。目前永磁同步电机的控制策略主要有以下几种：

（1）PI 控制

永磁同步电机矢量控制系统在结构上通常采用带内外环的级联结构：内环实现快速的电流控制，外环实现速度控制[2]。PI 设计简单，只要闭环系统稳定，它就能在低频干扰下确保零稳态误差和模型不确定性。但各运行参数在给定了初始值后无法根据外部变化而自行调整，因此控制器的瞬态性能很大程度上取决于机器参数、外部干扰和输入约束，抗干扰能力较差。文献[3]将 PI 控制与模糊控制相结合，提出了一种新型的混合 PI 型模糊控制器，动态条件下模糊控制器输出的权重大于 PI 控制器输出的权重，稳态条件下 PI 控制器输出的权重大于模糊控制器输出的权重，组合权重由另一个模糊控制器确定。显然，这样的算法虽然能很好地结合二者的优点，但需要更长的计算时间，这将需要降低开关频率最终导致更高的转矩脉动。文献[4]提出了一种具有自整定功能的 PI 控制器，基于李雅普诺夫定律推导出自调整定律自行调整 PI 控制器的控制系数以克服参数的变化和外部干扰，提升控制器的稳定性；文献[5]提出一种考虑输入饱和的 PI 速度控制方法，该控制方法能够在参数变化和外部干扰（例如负载转矩）下保持几乎额定的瞬时性能；此外，控制器还抑制了由于电枢电流限制而可能发生的输入饱和的影响。

（2）自抗扰控制

自抗扰控制采用"观测+补偿"的方式来处理系统中的不确定性问题，结合了传统 PID 控制不依赖系统模型的优点，并具有实时估计和补偿系统内部和外部干扰的功能，并且不依赖于对象模型。文献[6]提出永磁同步电机矢量控制系统的自扰抑制控制策略，通过简化自动干扰抑制控制器的结构，可以快速调节 PMSM 的两环闭环控制系统。简化的自动扰动抑制控制器使 PMSM 调速系统无超调、速度范围宽，有效提升了系统的响应速度和抗干扰能力。文献[7]针对永磁同步电机的调速系统,提出了一种基于自适应理论的主动抗扰控制方法,控制器可以根据识别出的惯性信息实现自适应参数调整,有效提高了永磁同步电机的稳定性和鲁棒性。文献[8]提出了一种用于无磁永磁同步电动机无传感器系统的自抗扰控制策略。永磁同步电动机矢量控制系统采用基于自抗扰控制的速度环控制器和电流环控制器,速度由自抗扰控制的扩展状态观察器估算,该方法在电机低速旋转时能有效提高系统的动态性能和速度跟踪效果。

（3）滑模变结构控制

滑模变结构控制是一种响应迅速、算法简单的非线性控制方式,其突出特点在于参数变化及外部扰动对控制器的控制精度的影响很小,控制系统的抗干扰能力很强[9]。但是滑模变结构控制存在有"抖振"的问题,这将对控制器的整体控制性能产生不利影响。文献[10]设计了一种应用滑模变结构控制理论,设计了一种积分变结构控制。针对积分变结构控会在滑模原点附近发生高频振动的缺陷,提出了一种将传统的 PID 与积分变结构控制集成的方法,以提高控制系统的稳定性。文献[11]基于分数阶滑模变结构和空间矢量脉宽调制,提出了一种直接转矩控制方法。该方法在固定开关频率的情况下,减少了转矩和磁通波动,提高了速度控制性能。

（4）模糊控制

在永磁同步电机控制系统中模糊控制应用比较广泛。模糊控制,就是在被控制对象的模糊模型的基础上,运用模糊控制器近似推理手段,实现系统控制的一种方法。文献[12]提出一种带有改进的电流和速度控制器的永磁同步电动机交流伺服系统的闭环矢量控制,基于积分分离策略和模糊 PI 双模控制策略设计了有效的电流和速度控制器。文献[13]将积分控制器与模糊控制器相结合,以减少永磁同步电动机的速度稳态误差。文献[14]设计了一种模糊自适应 PID 位置控制器,相较传统PID 控制有效提升了控制器的响应速度。

（5）非线性反推控制

非线性反推控制法适用于不确定非线性系统,特别是那些不满足匹配条件的系统,其突出特点在于使用虚拟控制变量来简化原始的高阶系统。文献[15]基于非线性自适应反推对永磁同步电动机的速度和电流进行控制,所提方法能够使速度和电流跟踪误差渐近收敛于 0。文献[16]将组合式多标量自适应反步控制器应用于整个电机驱动系统的扩展数学模型,从而实现驱动系统具有良好的静态和动态特性。文献[17]提出一种自适应反推的位置跟踪控制方法,该方法具有较好的位置跟踪性能，并且能够根据位置误差和估算的转矩误差准确地估算负载转矩。

对于现有的电力储能技术：就目前的发展情况来看，只有抽水蓄能技术发展得较为成熟，能够实现较大规模的能量储存，但受限于我国水域分布的明显地域特征，很难在全国范围内大范围推广。其余有的储能方式还处于实验研发阶段，有的实现了小规模化的商业化运营，但距离电力系统大规模应用都还有很长一段距离。总的来说，储能技术在电力行业的研发及产业的发展还不够成熟，许多技术仍需要继续完善。因此，立足于现代电力系统特征及电力市场需求，探索更为先进的储能技术和新型储能方式是非常有必要并且极具前景的。

对于现有的永磁同步电机控制技术：PI 控制受运行状态的影响较大，运行参数无法做到在线调整，不具备足够的抗干扰能力；自抗扰技术虽然克服了传统 PID 控制的缺陷，但是可调参数较多且不易整定；滑模变结构控制会存在"抖振"问题，影响系统总体控制效果；模糊控制随不需要系统模型，但模糊规则确立起来比较困难，需要大量数据。本专著在控制方法上采用非线性反推控制方法，对于无法精确求解的非线性控制系统，反推法是一种非常有效的设计方法。

11.3　系统新型闭环 I/f 控制

11.3.1　I/f 控制的可行性分析

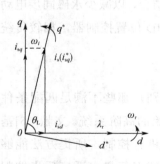

I/f 控制是最近提出的一种直接针对定子电流调节的控制方法，在文献[18]中被用于平稳无传感器启动。dq 轴为原始的转子旋转坐标系，在此基础上引入一个新的同步旋转坐标系 d^*q^*0 如图 11-1 所示，其中 q^* 轴方向与电流矢量 i_s 的方向保持一致，θ_L 为 q^* 轴与 d 轴间的夹角。

根据文献[19]，PMSM 电压方程可表示为：

图 11-1　定子电流矢量定向下
　　PMSM 的矢量模型

$$
\begin{cases}
u_{d*} = R_s i_{d*} + \dfrac{\mathrm{d}\psi_{d*}}{\mathrm{d}t} - n_\mathrm{p}\omega_i \psi_{q*} \\[2mm]
u_{q*} = R_s i_{q*} + \dfrac{\mathrm{d}\psi_{q*}}{\mathrm{d}t} - n_\mathrm{p}\omega_i \psi_{d*}
\end{cases}
\tag{11-1}
$$

式中，u_{d*}、u_{q*}、i_{d*}、i_{q*} 和 ψ_{d*}、ψ_{q*} 分别为 d^*q^* 轴的电压、电流和磁链；ω_i 为电流矢量 $\boldsymbol{i}_s$ 的机械角速度。又因为 q^* 轴与矢量 $\boldsymbol{i}_s$ 的方向一致，所以：$i_{d*}=0$，$i_{q*}=i_s$，式（11-1）又可化简为：

$$\begin{cases} u_{d*} = -n_p\omega_r\psi_r\cos\theta_L - n_pL_{q*}\omega_i\boldsymbol{i}_s \\ u_{q*} = R_s\boldsymbol{i}_s + L_{q*}\dfrac{\mathrm{d}\boldsymbol{i}_s}{\mathrm{d}t} + n_p\omega_r\psi_r\sin\theta_L \end{cases} \tag{11-2}$$

对于 q^* 轴与 d 轴间夹角 θ_L 有：

$$\frac{\mathrm{d}\theta_L}{\mathrm{d}t} = n_p\left(\omega_i - \omega_r\right) \tag{11-3}$$

电磁转矩 T_e 可表述为：

$$T_e = \frac{3}{2}n_p i_s \lambda_r \sin\theta_L \tag{11-4}$$

式中，i_s 为电流矢量幅值。PMSM 的转子运动方程如下：

$$J\frac{\mathrm{d}^2\theta_r}{\mathrm{d}t^2} = J\frac{\mathrm{d}\omega_r}{\mathrm{d}t} = T_e - T_L - B\omega_r \tag{11-5}$$

式中，θ_r 为电机转子转过的角度；J 为转动惯量；T_L 为负载转矩；B 为黏滞系数。可见，T_L 与 T_e 需维持相对平衡时，电机转速 ω_r 保持恒定，但当 T_L 与 T_e 间平衡被打破，电机将根据二者的相对变化加速或减速，直到取得的平衡。

式（11-1）～式（11-5）构成了 d^*q^*0 坐标系下 PMSM 的动态数学模型，由此可构建传统 I/f 控制方法的控制框图如图 11-2 所示。这种控制方法对电机参数和转子转速不敏感，算法也相对简单。基于这样的特点，本专著将这种控制方法应用到机械弹性储能机组的控制中。

根据图 11-2 不难看出，传统 I/f 控制实际上是一种开环控制，这意味着控制中电流的幅值和频率不能自动调节，转子转速容易受到干扰。通常根据具体的系统参数，通过试验离线设定合适的电流矢量幅值 i_s、速度 ω_i 和启动时角加速度的曲线，由 PI 控制器产生电压控制量[1]。T_e 的大小与电流矢量幅值 i_s 及 q^* 轴与 d 轴间的夹角 θ_L 有关。电机加速时，i_s 和 θ_L 也会随之增大，反之减小。在 i_s 给定的情况下，$\theta_L=\pm90°$ 时电磁转矩 T_e 达到峰值和谷值，倘若越过这两个角度则会造成电机失步，此时转速将不受控制快速跌落，甚至使得系统崩溃。因此，PMSM 在传统 I/f 控制下稳定运行时 q^* 轴与 d 轴间的夹角 θ_L 应保持在 $(-90°, 90°)$，通常将电流矢量幅值 i_s 设定得较大，由此让 θ_L 远离稳定域边界。这样设定虽然会让电机在遭受扰动时有充足的控制裕量，但也会使电机的各种损耗变大，牺牲电机的运行效率。

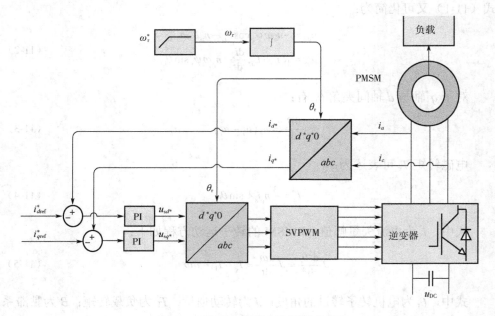

图 11-2　传统 I/f 控制方法的控制框图

11.3.2　对传统 I/f 控制的改进策略

传统 I/f 控制的转速开环特性使得其具有上节所述的诸多缺陷，本节将针对原有方法的不足，提出一种定子电流矢量定向下基于反推控制的闭环 I/f 控制方法。其闭环特性将大大提升控制器稳定性及机组的运行效率。

11.3.2.1　基于反推控制的闭环 I/f 控制方法的提出

首先设定 e_θ、e_ω 和 e_i 分别为 θ_L、ω_r 和 i_s 的误差变量；θ_L、ω_r^* 和 i_s^* 分别为 θ_L、ω_r 和 i_{s0} 的参考值；k_θ、k_ω 和 k_i 分别为 θ_L、ω_r 和 i_s 的控制增益。

令 $e_\theta=\theta_L-\theta_L^*$，基于反推控制理论，对 e_θ 求导：

$$\dot{e}_\theta = \dot{\theta}_L - \dot{\theta}_L^* = n_p\left(\omega_i - \omega_r\right) - \dot{\theta}_L^* \tag{11-6}$$

设计控制量 ω_r^* 的表达式如下：

$$\omega_{\mathrm{r}}^{*} = \omega_i - \frac{1}{n_{\mathrm{p}}}\left(\dot{\theta}_{\mathrm{L}}^{*} - k_{\theta}e_{\theta}\right) \tag{11-7}$$

将式（11-7）代入式（11-6）中可以得到：

$$\dot{e}_{\theta} = -k_{\theta}e_{\theta} \tag{11-8}$$

令 $e_{\omega} = \omega_{\mathrm{r}} - \omega_{\mathrm{r}}^{*}$，对 e_{ω} 求导得到：

$$\dot{e}_{\omega} = \dot{\omega}_{\mathrm{r}} - \dot{\omega}_{\mathrm{r}}^{*} = \frac{T_{\mathrm{e}} - T_{\mathrm{L}} - B\omega_{\mathrm{r}}}{J} - \dot{\omega}_{\mathrm{r}}^{*} \tag{11-9}$$

结合式（11-4）中 T_{e} 的表达式，上式又可写为：

$$\dot{e}_{\omega} = \dot{\omega}_{\mathrm{r}} - \dot{\omega}_{\mathrm{r}}^{*} = \frac{\frac{3}{2}n_{\mathrm{p}}i_{s0}\lambda_{\mathrm{r}}\sin\theta_{\mathrm{L}} - T_{\mathrm{L}} - B\omega_{\mathrm{r}}}{J} - \dot{\omega}_{\mathrm{r}}^{*} \tag{11-10}$$

设计控制量 i_{s}^{*} 的表达式如下：

$$i_{\mathrm{s}}^{*} = \frac{J\left(\dot{\omega}_{\mathrm{r}}^{*} - k_{\omega}e_{\omega}\right) + T_{\mathrm{L}} + B\omega_{\mathrm{r}}}{\frac{3}{2}n_{\mathrm{p}}\lambda_{\mathrm{r}}\sin\theta_{\mathrm{L}}} \tag{11-11}$$

将式（11-11）代入式（11-10）中可以得到：

$$\dot{e}_{\omega} = -k_{\omega}e_{\omega} \tag{11-12}$$

令 $e_i = i_{\mathrm{s}} - i_{\mathrm{s}}^{*}$，对 e_i 求导得到：

$$\dot{e}_i = \dot{i}_{\mathrm{s}} - \dot{i}_{\mathrm{s}}^{*} = \frac{u_{sq*} - R_{\mathrm{s}}i_{\mathrm{s}} - n_{\mathrm{p}}\lambda_{\mathrm{r}}\omega_{\mathrm{r}}\sin\theta_{\mathrm{L}}}{L_{q*}} - \dot{i}_{\mathrm{s}}^{*} \tag{11-13}$$

控制变量 u_{sq*} 的表达式如下：

$$u_{sq*} = -L_{q*}k_i e_i + L_{q*}\dot{i}_{\mathrm{s}}^{*} + R_{\mathrm{s}}i_{\mathrm{s}} + n_{\mathrm{p}}\lambda_{\mathrm{r}}\omega_{\mathrm{r}}\sin\theta_{\mathrm{L}} \tag{11-14}$$

将式（11-14）代入式（11-13）中可以得到：

$$\dot{e}_i = -k_i e_i \tag{11-15}$$

由此即可得到闭环 *I/f* 控制策略的控制框图如图 11-3 所示，图中构成闭环的转速辨识将在下节进行详细推导。闭环 *I/f* 控制的电压控制方程如下：

$$\begin{cases} u_{sq*} = n_{\mathrm{p}}\lambda_{\mathrm{r}}\omega_{\mathrm{r}}\sin\theta_{\mathrm{L}} + R_{\mathrm{s}}i_{\mathrm{s}} - L_{q*}k_i e_i + L_{q*}\dot{i}_{\mathrm{s}}^{*} \\ u_{sd*} = -n_{\mathrm{p}}\lambda_{\mathrm{r}}\omega_{\mathrm{r}}\cos\theta_{\mathrm{L}} - n_{\mathrm{p}}\omega_i L_{q*}i_{\mathrm{s}} \end{cases} \tag{11-16}$$

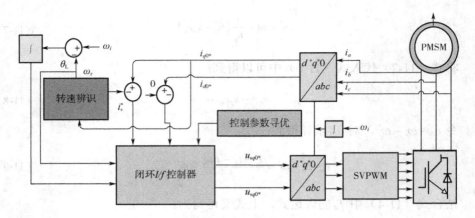

图 11-3 基于反推控制的闭环 *I*/*f* 控制框图

11.3.2.2 基于带遗忘因子最小二乘法的 PMSM 转速辨识

准确获取速度信号是实现 11.2.2.1 节 PMSM 控制算法的基础，为弥补传统 *I*/*f* 的缺陷实现速度闭环，本节基于最小二乘理论对电机转速进行跟踪辨识。在一般最小二乘法的基础上引入了一个遗忘因子 τ（$0<\tau\leqslant1$），形成了带遗忘因子的最小二乘法[20]，其基本工作原理如下：

$$\begin{cases} \hat{\boldsymbol{G}}(j) = \hat{\boldsymbol{G}}(j-1) + \boldsymbol{X}(j)\left[\boldsymbol{v}(j) - \boldsymbol{\phi}^{\mathrm{T}}(j)\hat{\boldsymbol{G}}(j-1)\right] \\ \boldsymbol{X}(j) = \dfrac{\boldsymbol{K}(j-1)\boldsymbol{\phi}(j)}{\tau + \boldsymbol{\phi}^{\mathrm{T}}(j)\boldsymbol{K}(j-1)\boldsymbol{\phi}(j)} \\ \boldsymbol{K}(j) = \dfrac{1}{\tau}\left[\boldsymbol{K}(j-1) - \boldsymbol{X}(j)\boldsymbol{\phi}^{\mathrm{T}}(j)\boldsymbol{P}(j-1)\right] \end{cases} \tag{11-17}$$

式中，j 为采样点；$\boldsymbol{G}=[G_1,G_2,\cdots,G_n]$ 为待辨识的参数向量；$\boldsymbol{X}(j)$ 为增益向量；$\boldsymbol{K}(j)$ 为协方差矩阵，$\boldsymbol{\phi}(j)$ 为信息向量；$\boldsymbol{v}(j)$ 为系统的输出向量。

电机稳定运行时 $\theta_{\mathrm{L}}=90°\mathrm{j}$，对式（11-2）中 u_{q*} 进行化简及离散化处理得到：

$$n_{\mathrm{p}}\psi_{\mathrm{r}}\omega_{\mathrm{r}}(j) = -R_{\mathrm{s}}i_{\mathrm{s}}(j) + u_{sq*}(j) - L_{q*}\frac{i_{\mathrm{s}}(j) - i_{\mathrm{s}}(j-1)}{T} \tag{11-18}$$

根据最小二乘理论得到：

$$\begin{cases} \boldsymbol{v}(j) = -L_{q*}\dfrac{i_{\mathrm{s}}(j) - i_{\mathrm{s}}(j-1)}{T} - R_{\mathrm{s}}i_{\mathrm{s}}(j) + u_{sq*}(j) \\ \boldsymbol{\phi}(j) = n_{\mathrm{p}}\lambda_{\mathrm{r}} \\ \boldsymbol{G}(j) = \omega_{\mathrm{r}}(j) \end{cases} \tag{11-19}$$

式中，T 为采样周期。将式（11-19）代入式（11-17）即可辨识得到电机转速。

11.3.2.3 基于预测控制的控制器参数寻优

本节提出一种基于预测控制的控制参数在线寻优方法以解决控制器参数不确定的问题，在线优化上节提出的闭环 I/f 控制器中的控制参数，从而提升控制器的鲁棒性。为了满足在线计算的需求，首先通过差分的方法离散化系统模型得到：

$$\begin{cases} T_e(n) = \dfrac{3}{2} n_p \lambda_r i_s(n) \sin\left[\theta_L(n)\right] \\ \omega_r(n+1) = \omega_r(n) + \dfrac{T_s\left[T_e(n) - T_L(n) - B\omega_r(n)\right]}{J} \\ \theta_L(n+1) = \theta_L(n) + T_s n_p\left[\omega_i(n) - \omega_r(n)\right] \\ I_{s0}(n+1) = I_{s0}(n) + \dfrac{T_s\left\{u_{sq*}(n) - R_s i_{s0}(n) - n_p \lambda_r \omega_r(n)\sin\left[\theta_L(n)\right]\right\}}{L_{q*}} \end{cases} \tag{11-20}$$

离散化控制量参考值为：

$$\begin{cases} \omega_r^*(n) = \omega_i(n) + \dfrac{k_\theta}{n_p} e_\theta(n) \\ i_s^*(n) = \dfrac{J\left[\dfrac{\omega_r^*(n+1) - \omega_r^*(n)}{T_s} - k_\omega e_\omega(n)\right] + T_L(n) + B\omega_r(n)}{K_p \lambda_r \sin\left[\theta_L(n)\right]} \end{cases} \tag{11-21}$$

离散化电压控制方程为：

$$\begin{cases} u_{sd*}(n) = -n_p \lambda_r \omega_r(n)\cos\left[\theta_L(n)\right] - n_p \omega_i(n) L_{d*} i_s(n) \\ u_{sq*}(n) = -L_{q*} k_i e_i(n) + L_{q*}\dfrac{i_s^*(n+1) - i_s^*(n)}{T_s} + R_s i_s(n) + n_p \lambda_r \omega_r(n)\sin\left[\theta_L(n)\right] \end{cases} \tag{11-22}$$

选择目标函数 F 为：

$$F(n) = \sum_{i=1}^{M-1}\left[e^T(n+i)\boldsymbol{E}e(n+i)\right] \tag{11-23}$$

式中，$e=[e_\theta, e_\omega, e_i]^T$；$M$ 为预测时域；$\boldsymbol{E}$ 为正定矩阵。

基于以上表达式，通过求解有约束非线性规划的方法即可求得闭环 I/f 控制器中的控制参数 $\boldsymbol{K}=[k_\theta, k_\omega, k_i]$。

11.3.3 仿真实验分析

为验证本节提出的闭环 I/f 控制方法的有效性，在 MATLAB 软件中搭建平台对提出的控制方法进行验证。负载转矩 T_L=10N·m；最小二乘算法中遗传因子 τ=0.97。涡簧和 PMSM 的相关参数分别见表 11-1 和表 11-2。

表 11-1 涡簧的相关参数

密度 ρ/kg·m⁻³	厚度 h/m	宽度 b/m	长度 L/m	弹性模量 E/Pa	扭矩系数 a_1/N·m
7 580	0.001 8	0.05	14.639	$2×10^{11}$	3.95

表 11-2 PMSM 的相关参数

定子电阻 R_s/Ω	定子电感 L_s/H	极对数	永磁体磁链 λ_f/Wb	转动惯量 J/kg·m²	黏滞系数 B_s/N·m⁻¹·s⁻¹
2.9	0.03	50	0.3	0.51	0.02

仿真实验一：基于带遗忘因子最小二乘法的转速辨识实验。

首先设定 3 组速度分别为：低速 20r/min、中速 60r/min 和高速 150r/min 为目标稳态转速。转子转速 ω_r 的跟踪结果如图 11-4～图 11-6 所示。辨识结果表明：提出的 PMSM 转速辨识方法能很好地跟踪各个速度下的参考值，跟踪误差很小接近于 0，算法有着良好的控制效果。

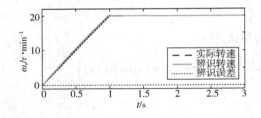

图 11-4 稳态转速为 20r/min 时的转速辨识波形

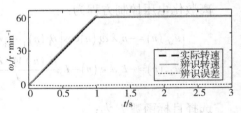

图 11-5 稳态转速为 60r/min 时的转速辨识波形

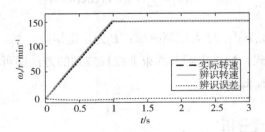

图 11-6 稳态转速为 150r/min 时的转速辨识波形

仿真实验二：提出的闭环 I/f 控制方法与传统 I/f 控制方法控制效果对比。

设定电机的稳态转速为 60r/min，q^* 轴与 d 轴间的夹角 θ_L、转子转速 ω_r 和定子电流幅值 i_s 的仿真结果如图 11-7～图 11-9 所示。在传统 I/f 控制方法的控制下，电机运行时各参数会产生一定幅度的振荡，而提出的闭环 I/f 控制方法明显克服了这一缺陷具有更好的控制效果。在所提方法的控制下，各个运行参数迅速收敛到参考值，电机运行更加稳定。此外，所提闭环 I/f 控制方法由于弥补了传统方法的开环缺陷，无需为了保持控制器的稳定而设定更大的定子电流 i_s，i_s 的值可以随着工作条件的变化而随时优化调节，这就有效降低了机组运行功耗并进一步提升了控制效果。同时，在本次仿真中通过控制参数寻优算法输出稳态运行时的控制参数控制为 $\boldsymbol{K}=[85,\ 87,\ 254,\ 169]$，电机此时在闭环 I/f 控制方法的控制下由启动过程平稳过渡到稳定状态并持续稳定运行，这说明由寻优算法得到的控制参数是合理的，本专著提出的控制参数寻优方法是有效的。

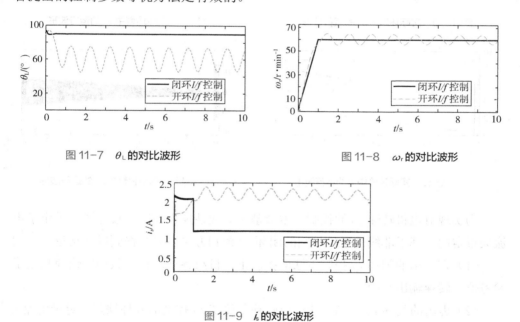

图 11-7　θ_L 的对比波形　　　　　　　　　　图 11-8　ω_r 的对比波形

图 11-9　i_s 的对比波形

仿真实验三：提出的闭环 I/f 控制器应用到机械弹性储能机组的实际运行环境中。

设定电机的稳态转速为 60r/min，为了使仿真环境更贴近实际，考虑了涡簧的振动模态，并向环境中注入定子电流高次谐波和齿槽转矩。q^* 轴与 d 轴间的夹角 θ_L、转子转速 ω_r、定子电流幅值 i_s 和转矩脉动 δT 的仿真结果如图 11-10～图 11-13

所示。对比仿真二中各个运行参数的波形不难看出，闭环 I/f 控制方法在实际环境下的控制效果明显不如仿真二中理想环境下的控制效果，各项运行参数在一定程度上偏离了参考值并产生小幅度的抖动。由此可以看出，实际运行环境中所存在的涡簧振动及 PMSM 电磁转矩脉动会对闭环 I/f 控制的控制效果造成不良影响。要使提出的闭环 I/f 控制在实际中更好地应用到机械弹性储能机组的运行控制中，需要对控制方法进一步优化和提升。

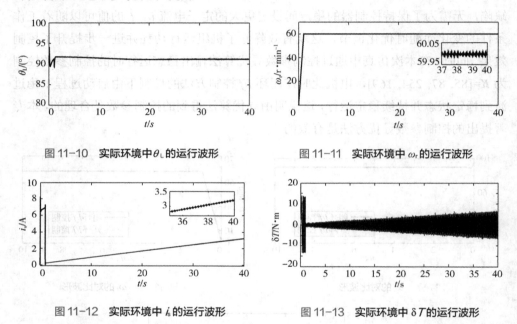

图 11-10　实际环境中 θ_L 的运行波形　　　　图 11-11　实际环境中 ω_r 的运行波形

图 11-12　实际环境中 i_s 的运行波形　　　　图 11-13　实际环境中 δT 的运行波形

为实现对电机转速 ω_r 的控制，本节基于非线性反推控制，设计了一种定子电流矢量定向下基于非线性反推控制的闭环 I/f 控制方法，研究得到以下结论：

（1）在提出的闭环 I/f 控制方法的控制下，机组各项运行参数均能快速收敛于参考值，转速输出平稳。

（2）提出的闭环 I/f 控制方法有效弥补了传统 I/f 控制的开环缺陷，定子电流 i_s 在设定上就无需为了控制器的稳定而设定得较大，该方法大大降低了运行功耗并进一步提升了控制效果。

（3）提出的 PMSM 转速辨识方法能够实现在较宽的范围内辨识 PMSM 转速。由提出的控制参数寻优方法所得到的控制参数能很好地贴合闭环 I/f 控制方法，维持机组高效稳定运行。

11.4 系统运行振动与转矩脉动同时优化控制

11.4.1 机械弹性储能机组控制性能提升的必要性分析

本专著中，机械弹性储能机组通过控制电机来拧紧涡簧，从而将电网的电能以弹性势能的形式存储到涡簧中。为了在实际环境中稳定而有效地实现能量存储，还需考虑并通过控制解决两个不利因素，如图 11-14 所示。

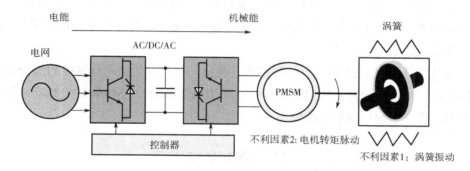

图 11-14 机组控制性能提升需解决的控制问题分析

第一个不利因素来源于驱动涡簧时涡簧自身的振动。涡簧是利用等截面的细长材料按一定规律缠绕而成的一种机械弹性元件，储能时涡簧从四周向芯轴收缩而产生明显变形。用于电能储存时，所选择的涡簧通常具有自身长度远大于截面尺寸的特点，这样的涡簧具有很大的柔性，在外力作用下将出现频率较低、振幅较大的固有谐振[21]。在这种情况下，构建体现振动模态的涡簧数学模型并设计相应的控制方法消除振动对连轴的影响，是实现涡簧安全、平稳储能的前提。研究表明，涡簧可被等效为长度远大于截面尺寸的细长梁[22]。对于长梁结构大都采用 Lagrange 方程来完成动力学建模[23]，然后在一定假设的基础上，建立动力学方法以获得长梁振荡的固有频率和模态响应[24]；或者采用有限元方法，在 ANSYS 等有限元软件中建立涡簧模型，加载载荷以直接获得涡簧振动模态[25]。这些建模方法能够较为准确地描述涡簧的振动模态，但它们都仅关注于涡簧的力学性质，很难与电机运行特性相结合以形成机电系统的建模与控制，也无法完成涡簧机械振动的消除。

第二个不利因素来源于 PMSM 电磁转矩存在的脉动。PMSM 转矩脉动的产生

主要是由于电机机体结构设计不完善，逆变器的非线性特性，定子的非正弦分布以
及气隙磁场畸变等多种因素。目前，对转矩脉动抑制方法的研究主要分为两类：第
一类是优化电机的结构[26-28]，从机体设计的角度出发消除转矩脉动。第二类则是基
于电磁转矩的表达式，从控制的角度来消除转矩脉动[29-34]。对于已出厂投入使用的
电机，第二类方法显然是更为合适的。文献[29]提出了一种电流补偿方法，并设计
了基于卡尔曼滤波器的转子磁链观测器，以在一定程度上抑制转矩脉动。但是卡尔
曼滤波器的性能在很大程度上取决于电动机的参数，这使得该方法的鲁棒性较差。
文献[30-31]采用了迭代学习控制策略，系统根据先前的信息连续调节电流分量以
实现转矩脉动的抑制。但是，该控制方法在变速条件下难以提供合适的误差补偿信
号。同时文献[31]中有多个 PI 控制器需要调整，这对计算量造成了较大的负担。文
献[32-34]中也研究了其他一些方法，但仍存在一些缺陷，如补偿中存在的误差，电
流过零的检测不准确等等。

　　本节将基于前文的闭环 I/f 控制框架，提出一种提升机组运行性能的综合优化
控制方法，对机械弹性储能机组运行时存在的涡簧振动和 PMSM 转矩脉动进行有
效抑制，保证机组转速的平稳输出。

11.4.2　考虑转矩脉动的 PMSM 电磁转矩模型

　　L_d 和 L_q 分别为 $dq0$ 坐标系下的 d、q 轴电感，对于表贴式永磁电机有 $L_d=L_q$。
根据文献[35]中提出的 PMSM 磁共能模型，其电磁转矩 T_e 可表示为：

$$T_e = K_p\left[\left(\psi_d + p\psi_q\right)i_s\sin\theta_L + \left(p\psi_d - \psi_q\right)i_s\cos\theta_L\right] + T_{cog} \tag{11-24}$$

　　式中，$K_p=3n_p/2$；ψ_d 和 ψ_q 分别为 d、q 轴磁链；$p()$ 等价于 $d()/dt$；T_{cog} 为齿槽
转矩。又因为：

$$\begin{cases} i_s = I_{s0} + \sum_k I_{sk}\cos(k\theta - \sigma_{sk}) \\ T_{cog} = \sum_k T_{ck}\cos(k\theta - \sigma_{ck}) \\ \psi_d = \psi_0 + \sum_k \psi_{dk}\cos(k\theta - \sigma_{\psi k}) \\ \psi_q = \sum_k \psi_{qk}\sin(k\theta - \sigma_{\psi k}) \end{cases} \tag{11-25}$$

　　式中，I_{s0} 为基波电流矢量幅值；k 为谐波次数；I_{sk} 和 σ_{sk} 分别为第 k 次谐波电
流的幅值和相角；ψ_0 为 d 轴的平均磁链；ψ_{dk} 和 ψ_{qk} 为 d、q 轴第 k 次磁链谐波分量；

$\sigma_{\psi k}$ 为第 k 次谐波磁链相角；T_{ck}、σ_{ck} 为分别为齿槽转矩中第 k 次谐波分量的幅值和相角。

把式（11-25）代入式（11-24），即可得到更为详细的 T_e 的表达式。由于在实际数据中 ψ_{dk}、ψ_{qk} 和 I_{sk} 的取值相对很小，因此将它们的乘积项忽略不计，T_e 的表达式又可化简为：

$$
\begin{aligned}
T_e = &\ T_0 + K_p \sum_k \Big[2I_{s0}\big(L_d - L_q\big)\cos\theta_L \sin\theta_L I_{sk}\cos\sigma_{sk} + I_{sk}\psi_0 \sin\theta_L \cos\sigma_{sk} \Big]\cos k\theta - \\
& K_p \sum_k \Big[2I_{s0}\big(L_d - L_q\big)\cos\theta_L \sin\theta_L I_{sk}\sin\sigma_{sk} + I_{sk}\psi_0 \sin\theta_L \sin\sigma_{sk} \Big]\sin k\theta + \\
& \sum_k \left[\begin{array}{l} K_p I_{s0}\sin\theta_L\big(\psi_{dk} + k\psi_{qk}\big)\cos\sigma_{\psi k} - K_p I_{s0}\cos\theta_L \psi_{qk}\cos\sigma_{\psi k} - \\ K_p I_{s0}\cos\theta_L k\psi_{dk}\sin\sigma_{\psi k} + T_{ck}\cos\sigma_{ck} \end{array} \right]\cos k\theta - \\
& \sum_k \left[\begin{array}{l} K_p I_{s0}\sin\theta_L\big(\psi_{dk} + k\psi_{qk}\big)\sin\sigma_{\psi k} + K_p I_{s0}\cos\theta_L \psi_{qk}\sin\sigma_{\psi k} + \\ K_p I_{s0}\cos\theta_L k\psi_{dk}\cos\sigma_{\lambda k} + T_{ck}\sin\sigma_{ck} \end{array} \right]\sin k\theta
\end{aligned}
\tag{11-26}
$$

式中，φ_k 和 δ_k 为两个辅助角；T_0 为电磁转矩中的有效转矩：

$$
T_0 = K_p \Big[\big(L_d - L_q\big)I_{s0}^2 \cos\theta_L \sin\theta_L + \psi_0 I_{s0}\sin\theta_L \Big]
\tag{11-27}
$$

又令：

$$
\begin{cases}
A_k = K_p I_{sk}\psi_0 \sin\theta_L \\
B_k = K_p I_{s0}\Big[\sin\theta_L\big(\psi_{dk} + k\psi_{qk}\big)\cos\sigma_{\psi k} - \cos\theta_L \psi_{qk}\cos\sigma_{\psi k} \Big] - K_p I_{s0}\cos\theta_L k\psi_{dk}\sin\sigma_{\lambda k} + T_{ck}\cos\sigma_{ck} \\
C_k = K_p I_{s0}\Big[\sin\theta_L\big(\psi_{dk} + k\psi_{qk}\big)\sin\sigma_{\psi k} + \cos\theta_L \psi_{qk}\sin\sigma_{\psi k} \Big] + K_p I_{s0}k\cos\theta_L \psi_{dk}\cos\sigma_{\psi k} + T_{ck}\sin\sigma_{ck} \\
D_k = 2K_p I_{s0}\big(L_d - L_q\big)\cos\theta_L \sin\theta_L I_{sk} \\
\tan\delta_k = C_k / B_k \\
\tan\varphi_k = \dfrac{A_k \sin\sigma_{sk} + D_k \sin\sigma_{sk}}{A_k \cos\sigma_{sk} + D_k \cos\sigma_{sk}}
\end{cases}
\tag{11-28}
$$

式（11-26）可化简为：

$$
T_e = T_0 + \sum_k \left[\sqrt{A_k^2 + D_k^2}\cos\big(k\theta - \varphi_k\big) + \sqrt{B_k^2 + C_k^2}\cos\big(k\theta - \delta_k\big) \right]
\tag{11-29}
$$

控制目标之一即为消除 T_e 中的脉动成分，则：

$$
\begin{cases}
\big|A_k + D_k\big| = \sqrt{B_k^2 + C_k^2} \\
\varphi_k - \delta_k = \pi
\end{cases}
\tag{11-30}
$$

联立式（11-28）和式（11-30）即可求出 k 次谐波电流相角最优值 $\sigma_{sk}^{\mathrm{opt}}$。

为了让电机运行在最大转矩电流比状态下，θ_L 被控制在 90°，故式（11-30）又可简化为：

$$\begin{cases} A_k + D_k = \sqrt{B_k^2 + C_k^2} \\ \varphi_k - \delta_k = \pi \end{cases} \tag{11-31}$$

其中：

$$\begin{cases} A_k = K_p I_{sk}\psi_0 \sin\theta_L = K_p I_{sk}\psi_0 \\ B_k = K_p I_{s0}\left[\sin\theta_L\left(\psi_{dk} + k\psi_{qk}\right)\cos\sigma_{\psi k} - \cos\theta_L\psi_{qk}\cos\sigma_{\psi k} \right] - K_p I_{s0}\cos\theta_L k\psi_{dk}\sin\sigma_{\lambda k} + \\ \qquad T_{ck}\cos\sigma_{ck} = K_p I_{s0}\left(\psi_{dk} + k\psi_{qk}\right)\cos\sigma_{\psi k} + T_{ck}\cos\sigma_{ck} \\ C_k = K_p I_{s0}\left[\sin\theta_L\left(\psi_{dk} + k\psi_{qk}\right)\sin\sigma_{\psi k} + \cos\theta_L\psi_{qk}\sin\sigma_{\psi k} \right] + K_p I_{s0}k\cos\theta_L\psi_{dk}\cos\sigma_{\psi k} + \\ \qquad T_{ck}\sin\sigma_{ck} = K_p I_{s0}\left(\psi_{dk} + k\psi_{qk}\right) + T_{ck} \\ D_k = 0 \end{cases} \tag{11-32}$$

建立辅助函数，引入拉格朗日乘子 μ 求解式（11-32），解得转矩脉动最小时的 k 次谐波电流的最优幅值 I_{sk}^{opt} 表达式为：

$$I_{sk}^{opt} = \frac{K_p I_{s0}\left(\psi_{dk} + k\psi_{qk}\right) + T_{ck}}{\psi_0 \sin\theta_L K_p} \tag{11-33}$$

11.4.3 考虑涡簧振动及电机转矩脉动的闭环 I/f 控制策略优化

本节对 11.3 节提出的基于非线性反推的闭环 I/f 控制策略进行优化，实现对涡簧振动及 PMSM 转矩脉动的控制和消除。基于 11.4.1 节和 11.4.2 节的推导，建立全系统的数学模型：

$$\begin{cases} u_{d*} = -n_p\lambda_r\omega_r\cos\theta_L - n_p\omega_i L_{d*}i_s \\ u_{q*} = R_s i_s + L_q \dot{i}_s + n_p\lambda_r\omega_r\sin\theta_L \\ \dot{\theta}_L = nL_p\left(\omega_i - \omega_r\right) \\ \dot{\theta}_r = \omega_r \\ x_1 = \eta_1 \\ x_2 = \dot{x}_1 = \dot{\eta}_1 \\ \dot{\omega}_r = \frac{1}{MH_1 - Q_1^2}\left(H_1 T_e - H_1 T_{sp} + Q_1 J_1 x_1\right) \\ x_2 = \frac{Q_1}{MH_1 - Q_1^2}\left(T_e - T_{sp}\right) - \left[\frac{Q_1^2 J_1}{\left(MH_1 - Q_1^2\right)H_1} + \frac{J_1}{H_1}\right]x_1 \end{cases} \tag{11-34}$$

设定 e_{θ_L}、e_ω、e_i 和 e_{ik} 分别为 θ_L、ω_r、I_{s0} 和 I_{sk} 的误差变量；θ_L^*、ω_r^*、I_{s0}^* 和 I_{sk}^* 分别为 θ_L、ω_r、I_{s0} 和 I_{sk} 的参考值，$\theta_L^*=90°$、$I_{sk}^*=I_{sk}^{opt}$；k_{θ_L}、k_ω、k_i 和 k_{ik} 分别为 θ_L、ω_r、I_{s0} 和 I_{sk} 的控制增益。

令 $e_{\theta_L}=\theta_L-\theta_L^*$，基于反推控制理论，对 e_{θ_L} 求导：

$$\dot{e}_{\theta_L}=\dot{\theta}_L-\dot{\theta}_L^*=n_p(\omega_i-\omega_r) \tag{11-35}$$

设计控制量 ω_r^* 的表达式如下：

$$\omega_r^*=\omega_i+\frac{k_\theta e_\theta}{n_p} \tag{11-36}$$

将式（11-35）中的 ω_r 用式（11-36）中的 ω_r^* 替代，可以得到：

$$\dot{e}_{\theta_L}=-k_{\theta_L}e_{\theta_L} \tag{11-37}$$

令 $e_\omega=\omega_r-\omega_r^*$，对 e_ω 求导得到：

$$\dot{e}_\omega=\dot{\omega}_r-\dot{\omega}_r^*=\frac{H_1T_e-H_1T_{sp}+Q_1J_1x_1}{MH_1-Q_1^2}-\dot{\omega}_r^* \tag{11-38}$$

结合 $T_e=k_p\phi_f I_{s0}Si\phi_L$，可设计控制量 I_{s0}^* 的表达式如下：

$$I_{s0}^*=\frac{\left(MB_1-A_1^2\right)\left(\dot{\omega}_r^*-k_\omega e_\omega\right)-A_1D_1x_1+T_{eq}B_1}{K_pB_1\phi_f\sin\theta_L} \tag{11-39}$$

将式（11-39）中的 I_{s0}^* 替代式（11-38）中的 I_{s0} 可以得到：

$$\dot{e}_\omega=-k_\omega e_\omega \tag{11-40}$$

令 $e_i=I_{s0}-I_{s0}^*$，对 e_i 求导得到：

$$\dot{e}_i=\dot{I}_{s0}-\dot{I}_{s0}^*=\frac{u_{sq0*}-R_sI_{s0}-n_p\phi_f\omega_r\sin\theta_L}{L_{q*}}-\dot{I}_{s0}^* \tag{11-41}$$

控制变量 u_{sq*0} 的表达式如下：

$$u_{sq*0}=-L_{q*}k_ie_i+L_{q*}\dot{I}_{s0}^*+R_sI_{s0}+n_p\phi_f\omega_r\sin\theta_L \tag{11-42}$$

将式（11-42）代入式（11-41）中可以得到：

$$\dot{e}_i=-k_ie_i \tag{11-43}$$

令 $e_{ik}=I_{sk}-I_{sk}^*$，对 e_i 求导得到：

$$\dot{e}_{ik}=\dot{I}_{sk}-\dot{I}_{sk}^*=\frac{u_{sq*k}-R_sI_{sk}-kn_p\phi_{fk}\omega_r\sin\theta_L}{L_{q*}}-\dot{I}_{sk}^*=\frac{u_{sq*k}-R_sI_{sk}-kn_p\phi_{fk}\omega_r\sin\theta_L}{L_{q*}}-I_{sk}^{opt} \tag{11-44}$$

控制变量 u_{sq*k} 的表达式如下：

$$u_{sq*k} = R_s I_{sk} + k n_p \phi_{fk} \omega_r \sin\theta_L + L_{q*} I_{sk}^{opt} - L_{q*} k_{ik} e_{ik} \tag{11-45}$$

将式（11-45）代入式（11-44）中可以得到：

$$\dot{e}_{ik} = -k_{ik} e_{ik} \tag{11-46}$$

根据以上推导，最终得到闭环 I/f 综合优化控制器的电压控制方程：

$$u_{sq*} = u_{sq*0} + \sum_k u_{sq*k} = -L_{q*} k_i e_i + L_{q*} \dot{I}_{s0}^* + R_s I_{s0} + n_p \phi_f \omega_r \sin\theta_L +$$
$$\sum_k \left(R_s I_{sk} + k n_p \phi_{fk} \omega_r \sin\theta_L + L_{q*} I_{sk}^{opt} - I_{q*} k_{ik} e_{ik} \right) \tag{11-47}$$

$$u_{sd*} = u_{sd*0} + \sum_k u_{sd*k} = -n_p \phi_f \omega_r \cos\theta_L - n_p \omega_i L_{q*} I_{s0} + \sum_k \left(-k n_p \phi_{fk} \omega_r \cos\theta_L - k n_p \omega_i L_{q*} I_{sk} \right) \tag{11-48}$$

式中，u_{sd*}、u_{sq*} 分别为 d、q 轴的电压控制方程；u_{sd0}、u_{sq0} 和 u_{sdk}、u_{sqk} 分别为其中的基频分量和谐波分量。

结合以上推导，11.3.2.3 节中离散化系统模型可重新表示为：

$$\begin{cases} T_e(n) = \dfrac{3}{2} n_p \phi_f I_{s0}(n) \sin\left[\theta_L(n)\right] \\[2mm] I_{s0}(n+1) = I_{s0}(n) + \dfrac{T_s \left\{ u_{sq*}(n) - R_s I_{s0}(n) - n_p \phi_f \omega_r(n) \sin\left[\theta_L(n)\right] \right\}}{L_{q*}} \\[2mm] \omega_r(n+1) = \omega_r(n) + \dfrac{T_s \left[H_1 T_e(n) - H_1 T_{sp}(n) - Q_1 J_1 x_1(n) \right]}{M H_1 - Q_1^2} \\[2mm] I_{sk}(n+1) = I_{sk}(n) + \dfrac{T_s \left\{ u_{sq*k}(n) - R_s I_{sk}(n) - k n_p \phi_{fk} \omega_r(n) \sin\left[\theta_L(n)\right] \right\}}{L_{q*}} \\[2mm] \theta_L(n+1) = \theta_L(n) + T_s n_p \left[\omega_i(n) - \omega_r(n) \right] \end{cases} \tag{11-49}$$

式中，n 为采样点，T_s 为采样周期。

根据式（11-33）、式（11-36）和式（11-39），离散化控制量参考值可重新表示为：

$$\begin{cases} \omega_r^*(n) = \omega_i(n) + \dfrac{k_\theta}{n_p} e_\theta(n) \\[2mm] I_{s0}^*(n) = \dfrac{\left(M B_1 - A_1^2 \right) \left[\dfrac{\omega_r^*(n+1) - \omega_r^*(n)}{T_s} - k_\omega e_\omega(n) \right] - A_1 D_1 x_1(n) + B_1 T_{eq}(n)}{K_p B_1 \phi_f \sin\left[\theta_L(n)\right]} \\[2mm] I_{sk}^*(n) = \dfrac{K_p I_{s0}(n)\left(\phi_{dk} + k\phi_{qk} \right) + T_{ck}(n)}{K_p \phi_0 \sin\left[\theta_L(n)\right]} \end{cases} \tag{11-50}$$

根据式（11-47）和式（11-49），离散化电压控制方程可重新表示为：

$$
\begin{cases}
u_{sd*}(n) = -n_p\phi_f\omega_r(n)\cos\left[\theta_L(n)\right] - n_p\omega_i(n)L_{d*}I_{s0}(n) \\
\quad + \sum_k\left\{-kn_p\phi_{fk}\omega_r(n)\cos\left[\theta_L(n)\right] - kn_p\omega_i(n)L_{q*}I_{sk}(n)\right\} \\
u_{sq*}(n) = -L_{q*}k_ie_i(n) + \dfrac{L_{q*}\left[I_{s0}^*(n+1) - I_{s0}^*(n)\right]}{T_s} + R_sI_{s0}(n) + n_p\phi_f\omega_r(n)\sin\left[\theta_L(n)\right] + \\
\quad \sum_k\left\{kn_p\phi_{fk}\omega_r(n)\sin\left[\theta_L(n)\right] - L_{q*}k_{ik}e_{ik}(n) + \dfrac{L_{q*}\left[I_{sk}^{opt}(k+1) - I_{sk}^{opt}(n)\right]}{T_s} + R_sI_{sk}(n)\right\}
\end{cases} \tag{11-51}
$$

最终，闭环 *I*/*f* 综合优化控制方法的控制框图如图 11-15 所示，框图中的转速辨识算法已在 11.3.2.2 节中推导。

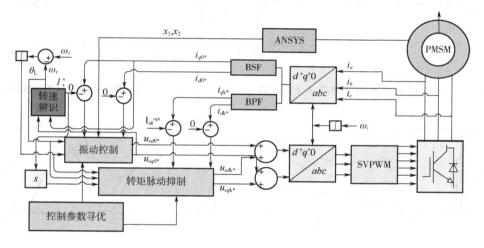

图 11-15　基于非线性反推的闭环 *I*/*f* 控制策略控制框图

（BSF：带阻滤波器，BPF：带通滤波器）

11.4.4　仿真及实验验证

为验证闭环 *I*/*f* 综合优化控制方法的有效性，本节通过仿真和实验对所提控制方法进行验证。涡簧和 PMSM 相关参数同 11.3 节，详见表 11-1 和表 11-2。仿真验证在 ANSYS 和 MATLAB 平台中完成。

11.4.4.1　仿真验证

设定电机的稳态转速为 60r/min，在仿真环境里考虑了涡簧的振动模态，并注入定子电流高次谐波和齿槽转矩。q^* 轴与 d 轴间的夹角 θ_L、转子转速 ω_r、基波电流矢量幅值 I_{s0}、一阶振动模态 η 和转矩脉动 δT 的仿真结果如图 11-16～图

11-20 所示。从仿真结果来看，涡簧的振动得到了很好的控制，各项运行参数能快速收敛于参考值。根据图 11-22 的转矩脉动波形，在闭环 I/f 综合优化控制器的控制下，稳态运行时转矩脉动的峰峰值不超过 0.1N·m。即使在前 1 秒加速阶段，转矩脉动的峰峰值也不超过 0.4N·m。相较于 11.3.3 节仿真 3 的运行结果，闭环 I/f 综合优化控制器的控制精度较闭环 I/f 控制器明显提高，控制性能有了明显的提升。

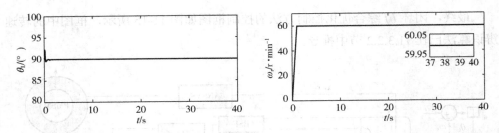

图 11-16　闭环 I/f 综合优化控制下 θ_L 的运行波形　　图 11-17　闭环 I/f 综合优化控制下 ω_r 的运行波形

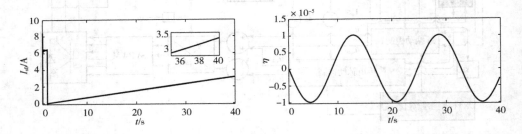

图 11-18　闭环 I/f 综合优化控制下 I_{s0} 的运行波形　　图 11-19　闭环 I/f 综合优化控制下 η 的运行波形

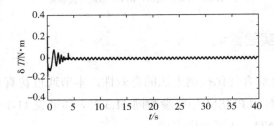

图 11-20　闭环 I/f 综合优化控制下 δT 的运行波形

11.4.4.2　样机实验验证

团队目前已研究出 MESS 系统的相关样机如图 11-21 和图 11-22 所示，本节将设计相关实验并在样机上对提出的闭环 I/f 综合优化控制方法进行测试，从而证明所提控制方法的有效性与实际性。

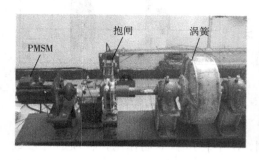
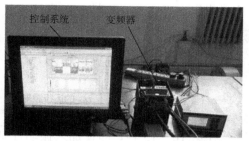

图 11-21　MESS 系统样机　　　　图 11-22　控制系统及变频器

实验一：不同控制策略的控制性能测试与比较分析。

在样机上对不同控制方法进行控制性能测试，对比控制效果。PMSM 在第 1 秒由静止状态启动至额定转速 60r/min，在第 10—15 秒间仅投入振动控制器，在第 25—30 秒间仅投入转矩脉动抑制器，其余时间均投入闭环 I/f 综合优化控制器。q^* 轴与 d 轴间的夹角 θ_L、转子转速 ω_r、基波电流矢量幅值 I_{s0}、d 轴的电压控制方程 u_{sd*}、q 轴的电压控制方程 u_{sq*} 和转矩脉动 δT 的仿真结果如图 11-23～图 11-28 所示。

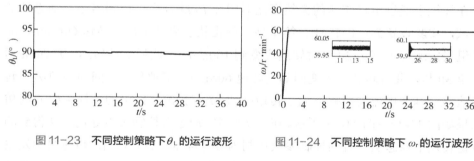

图 11-23　不同控制策略下 θ_L 的运行波形　　　图 11-24　不同控制策略下 ω_r 的运行波形

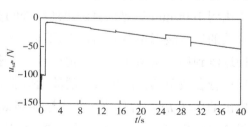

图 11-25　不同控制策略下 I_{s0} 的运行波形　　　图 11-26　不同控制策略下 u_{sd*} 的运行波形

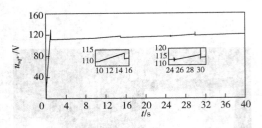

图 11-27　不同控制策略下 u_{sq} 的运行波形

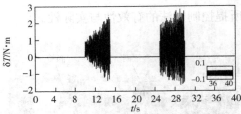

图 11-28　不同控制策略下 δT 的运行波形

在第 10—15 秒，即使加入振动控制，由于转矩脉动的作用，各项运行参数依然存在抖振。在第 25—30 秒，即使加入转矩脉动抑制器，由于涡簧振动的影响，系统中依旧存在较大量的转矩脉动。可见，在仅有振动控制器或转矩脉动抑制器作用时，系统的输出转速都会存在一定程度的振荡，涡簧振动和 PMSM 转矩脉动互相耦合。投入的闭环 I/f 综合优化控制器将涡簧振动和 PMSM 转矩脉动都纳入了控制范围，其控制效果明显优于前两者，涡簧的振动和 PMSM 的电磁转矩脉动均得到了很好的抑制，各项运行参数能快速收敛于参考值，转矩脉动的峰峰值不超过 0.2N·m。实验证明了本节提出的闭环 I/f 综合优化控制方法是有意义的。

实验二：PMSM 转速突然变化时闭环 I/f 综合优化控制器的控制性能测试及分析。

在样机上通过电机转速的突然变化对闭环 I/f 综合优化控制器进行动态性能的测试，实验设置为：PMSM 在第 1 秒由静止状态启动至额定转速 60r/min，随后机组稳定运行，到第 20 秒时转速突变到 100r/min，此后保持转速 100r/min 运行到第 30 秒，此时转速又突变回额定转速 60r/min。q^* 轴与 d 轴间的夹角 θ_L、转子转速 ω_r、基波电流矢量幅值 I_{s0}、转矩脉动 δT 和预测算法中的目标函数 F 的仿真结果如图 11-29～图 11-33 所示。在该实验中，通过在控制参数寻优方法得到的在额定转速下稳态运行时的控制参数控制为 K=[94, 80, 283, 177]，转速突然发生变化到 100r/min 后寻优算法迅速将控制参数调整至 K=[140, 163, 254, 287]，从各参数的运行波形不难看出，在闭环 I/f 综合优化控制系下电机能够由启动过程平稳过渡到稳定状态并持续稳定运行。转速突变的瞬间，控制器能够快速响应，各项运行参数虽然会产生微小的波动但能够快速收敛并恢复稳定。实验结果表明，提出的闭环 I/f 综合优化控制方法能够很好地抑制涡簧振动及电机的转矩脉动，保持电机稳定运行；同时，所提控制方法能够快速响应于电机转速变化，具有良好的动态性能。

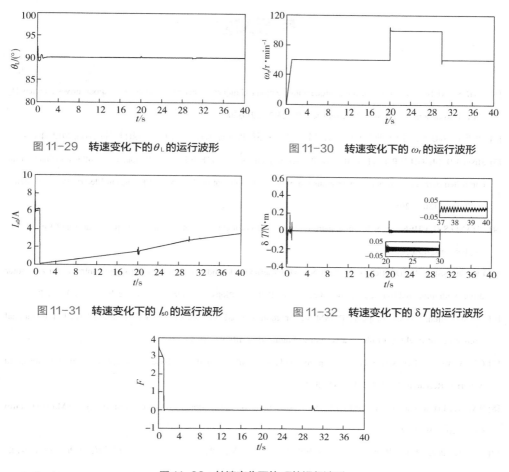

图 11-29　转速变化下的 θ_L 的运行波形　　图 11-30　转速变化下的 ω_r 的运行波形

图 11-31　转速变化下的 I_{so} 的运行波形　　图 11-32　转速变化下的 δT 的运行波形

图 11-33　转速变化下的 F 的运行波形

机组在实际运行环境中存在转矩脉动和振动等因素会对控制器精度产生不利影响。本节基于前文设计，对 PMSM 转矩脉动和涡簧振动进行控制，同时设计算法优化控制器参数，进一步提升了闭环 I/f 控制方法的控制性能。研究结果如下：

（1）在闭环 I/f 综合优化控制方法的控制下，涡簧的振动和 PMSM 中转矩脉动均得到了很好的抑制，机械弹性储能机组保持稳定运行。

（2）在所提闭环 I/f 综合优化控制方法的控制下，机组各项运行参数均能快速收敛于参考值，转速输出平稳。

（3）提出的闭环 I/f 综合优化控制方法具有良好的动态性能。在转速发生突变时各项运行参数虽然会产生微小的波动但能够快速收敛并恢复稳定。

参考文献

[1] JAHNS T M, SOONG W L. Pulsating torque minimization techniques for permanent magnet AC motor drives-a review [J]. IEEE Transactions on Industrial Electronics, 1996, 43(2): 321-330.

[2] 朱正伟, 刘建委. 基于模糊控制的永磁同步电机调速系统仿真研究[J]. 常州大学学报(自然科学版), 2012(3): 66-70.

[3] SINGH B, SINGH B P, DWIVEDI S. DSP based implementation of hybrid fuzzy PI speed controller for direct torque controlled permanent magnet synchronous motor drive [J]. International Journal of Emerging Electric Power Systems, 2007, 8(2): 1301-1308.

[4] CHANG S H, CHEN P Y. Self-tuning gains of PI controllers for current control in a PMSM [C]// Industrial Electronics & Applications. IEEE, 2010.

[5] ERROUISSI R, AL-DURRA A, MUYEEN S M. Experimental validation of a novel PI speed controller for AC motor drives with improved transient performances [J]. IEEE Transactions on Control Systems Technology, 2017: 1-8.

[6] DENG Fujun, GUAN Yunpeng. PMSM Vector control based on improved ADRC [C]// 2018 IEEE International Conference of Intelligent Robotic and Control Engineering (IRCE), 2018.

[7] GU W, WANG J H, MU X B, et al. Speed regulation strategies of PMSM based on adaptive ADRC [J]. Advanced Materials Research, 2012, 466/467: 546-550.

[8] HAN Y, LI H. Research on PMSM sensor-less system based on ADRC strategy [C]// Power Electronics & Motion Control Conference. IEEE, 2016.

[9] 张晓光, 孙力, 赵克. 基于负载转矩滑模观测的永磁同步电机滑模控制[J]. 中国电机工程学报, 2012(3): 18, 137-142.

[10] DAN Xu, LUO Huanqiang, FENG Wang, et al. Research on the sliding-mode variable structure control based on the vector control of PMSM [C]// 2011 International Conference on Electrical and Control Engineering, 2011: 2529-2532.

[11] HUANG Jiacai, XU Qinghong, SHI Xinxin, et al. Direct torque control of PMSM based on fractional order sliding mode variable structure and space vector pulse width modulation [C]// Proceedings of the 33rd Chinese Control Conference, 2014: 8097-8101.

[12] NA Risha, WANG Xudong. An improved vector-control system of PMSM based on fuzzy logic controller [C]// 2014 International Symposium on Computer, Consumer and Control, 2014: 326-331.

[13] CHUNG H Y, HOU C C, CHAO C L. Speed-control of a PMSM based on Integral-Fuzzy control [C]// 2013 International Conference on Fuzzy Theory and Its Applications (iFUZZY). IEEE, 2013: 77-82.

[14] GUO Qiang, HAN Junfeng, PENG Wei. PMSM servo control system design based on fuzzy PID [C]// 2017 2nd International Conference on Cybernetics, Robotics and Control (CRC). IEEE Computer Society, 2017: 85-88.

[15] KARABACAK M, ESKIKURT H I. Speed and current regulation of a permanent magnet synchronous motor *via*

nonlinear and adaptive backstepping control [J]. Mathematical and Computer Modelling, 2011, 53(9/10): 2015-2030.

[16] MORAWIEC M. The adaptive backstepping control of permanent magnet synchronous motor supplied by current source inverter [J]. IEEE Transactions on Industrial Informatics, 2013, 9(2): 1047-1055.

[17] SUN Xiaofei, YU Haisheng, YU Jinpeng, et al. Design and implementation of a novel adaptive backstepping control scheme for a PMSM with unknown load torque [J]. IET Electric Power Applications, 2019, 13(4): 445-455.

[18] WANG Z, LU K, BLAABJERG F. A simple startup strategy based on current regulation for back-EMF-based sensorless control of PMSM [J]. IEEE Transactions on Power Electronics, 2012, 27(8): 3817-3825.

[19] FATU M, TEODORESCU R, BOLDEA I, et al. I-f starting method with smooth transition to EMF based motion-sensorless vector control of PM synchronous motor/generator [C]//2008 Power Electronics Specialists Conference, IEEE, 2008: 1481-1487.

[20] PARK T S, KIM S H, KIM N J, et al. Speed-sensorless vector control of an induction motor using recursive least square algorithm [C]// IEEE International Electric Machines & Drives Conference Record, 2002.

[21] TANG J Q, WANG Z Q, MI Z Q, et al. Finite element analysis of flat spiral spring on mechanical elastic energy storage technology [J]. Research Journal of Applied Sciences Engineering & Technology, 2014, 7(5): 993-1000.

[22] DUAN Wei, FENG Hengchang, LIU Meijiao, et al. Dynamic analysis and simulation of flat spiral spring in elastic energy storage device [C]// 2012 Asia-Pacific Power and Energy Engineering Conference, 2012: 1-4.

[23] 赵峰, 曹树谦, 冯文周. 干摩擦悬臂梁一阶等效固有频率研究[J]. 振动与冲击, 2015, 34(10): 46-49.

[24] 冯志华, 胡海岩. 受轴向基础激励悬臂梁非线性动力学建模及周期振动[J]. 固体力学学报, 2002(4): 5-11.

[25] 段巍, 冯恒昌, 王璋奇. 弹性储能装置中平面涡卷弹簧的有限元分析[J]. 中国工程机械学报, 2011, 9(4): 493-498.

[26] BIANCHINI C, DAVOLI M, IMMOVILLI F, et al. Design optimization for torque ripple minimization and poles cost reduction with hybrid permanent magnets [C]// ECON 2014 - 40th Annual Conference of the IEEE Industrial Electronics Society, 2014: 483-489.

[27] DHULIPATI H, MUKUNDAN S, IYER K L V, et al. Skewing of stator windings for reduction of spatial harmonics in concentrated wound PMSM [C]// 2017 IEEE 30th Canadian Conference on Electrical and Computer Engineering, 2017: 1-4.

[28] 基于极弧系数选择的实心转子永磁同步电动机齿槽转矩削弱方法研究[J]. 中国电机工程学报, 2005(15): 149-152.

[29] XIAO Xi, CHEN Changming. Reduction of torque ripple due to demagnetization in PMSM using current compensation [J]. IEEE Transactions on Applied Superconductivity, 2010, 20(3): 1068-1071.

[30] QIAN W, PANDA S K, XU J X. Speed ripple minimization in PM synchronous motor using iterative learning control [J]. IEEE Transactions on Energy Conversion, 2005, 20(1): 53-61.

[31] YAN Yan, LI Wenshan, DENG Weitao, et al. Torque ripple minimization of PMSM using PI type iterative learning control [C]// IECON 2014 - 40th Annual Conference of the IEEE Industrial Electronics Society, 2014: 925-931.

[32] ZENG Zhiyong, ZHU Chong, JIN Xiaoliang, et al. Hybrid space vector modulation strategy for torque ripple minimization in three-phase four-switch inverter-fed PMSM drives [J]. IEEE Transactions on Industrial Electronics, 2017, 64(3): 2122-2134.

[33] LEE D H, JEONG C L, HUR J. Analysis of cogging torque and torque ripple according to unevenly magnetized permanent magnets pattern in PMSM [C]// 2017 IEEE Energy Conversion Congress and Exposition (ECCE), 2017: 2433-2438.

[34] ZHU C, ZENG Z, ZHAO R. Torque ripple elimination based on inverter voltage drop compensation for a three-phase four-switch inverter-fed PMSM drive under low speeds [J]. IET Power Electronics, 2017, 10(12): 1430-1437.

[35] DING Youshuang, XIAO Xi. Research on control strategies of flexible load driven by PMSM [C]// 2014 IEEE Conference and Expo Transportation Electrification Asia-Pacific (ITEC Asia-Pacific), 2014: 1-5.

第12章
永磁电机式机械弹性储能系统
逻辑保护与监控系统设计

12.1 引言

　　机械弹性储能机组运行程序复杂，需要多个装置相互配合，这些部装置需按照指定的程序依次运行，以完成机组储能和发电等运行过程，同时，机组运行之前需根据各装置的状态进行是否执行控制指令的逻辑判断并在状态显示区域显示各装置正常或故障。PLC 使用灵活、通用性强且可靠性高、抗干扰能力强，适合用于设计机械弹性储能逻辑保护系统。同时，机械弹性储能机组组成结构复杂，需要配套设计监测控制系统，该系统应能够设置运行参数、下达控制指令，监测机组运行状态并能够实时图形显示机组运行曲线和自动保存相关数据。虚拟仪器开发软件 LabVIEW 具有功能强大、开发速度快和操作灵活的优点，适合于开发监控系统，用来对机组进行监测、控制、保护以及实验数据的采集、分析和存储。本章基于 PLC 和 LabVIEW 软件设计了机械弹性储能机组逻辑保护与监控系统，通过样机实验测试表明，该系统使用方便、操作简单、稳定性好、测量精度高，能控制机组按正确的逻辑动作准确执行，并可以设置控制参数、下达控制指令、实时显示机组的各项性能参数以及对监测数据进行在线保存并可以自动生成测试报表，对于保障机组安全运行以及准确分析机组性能具有重要的作用。

12.2　逻辑保护和监控系统功能要求和设计原则

机组逻辑保护与监测控制系统如图 12-1 阴影部分所示，包括基于 LabVIEW[1-4] 软件开发的监测控制系统，基于 PLC[5-6]装置开发的动作逻辑保护系统以及储能和发电侧电磁制动器和加减速齿轮箱等。

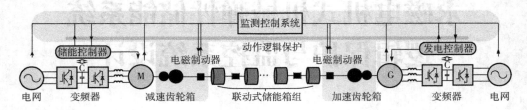

图 12-1　机械弹性储能机组逻辑保护与监测控制系统

12.2.1　逻辑保护系统功能要求和设计原则

机组逻辑保护系统的主要目的是保证机组各运行装置状态显示正常以及能够按设计的程序正确执行，需实现 3 个基本功能：

（1）部件使能逻辑保护

在机组启动过程中，需要对各个电气部件进行动力电源合闸操作，合闸之前需要判断机组控制方式（自动/手动控制），无误后方可执行。同理，机组运行完毕后，要依据设定顺序依次对各个电气部件进行电源分闸操作，确保机组安全停机。

（2）运行动作逻辑保护

运行动作逻辑保护是机组逻辑保护系统的核心功能，是保障机组按程序正确运行的关键技术。比如储能过程中，首先读取机组控制方式，判断该方式下运行的各装置状态是否正常（电磁制动器开合状态、储能控制器使能状态、PMSM 风机状态等）；然后读取监控系统控制指令，判断该控制指令是否下达正确（储能圈数指令不能大于总的储能圈数或剩余储能圈数）；状态和指令等判断均无误后，按储能控制程序执行机组储能运行过程（依次启动 PMSM、打开储能侧电磁制动器、读取机组转矩等参数、实时绘制储能过程各关键参数波形等）。发电过程以及其他运行过程类似。

（3）运行状态显示保护

机组各部件使能及运行状态需要在操作台显示区域以及监控系统里正常显示，同时机组各装置异常时要及时报警，需要逻辑保护系统具有状态显示保护的功能。

为了更好实现上述设计目标，在逻辑保护系统设计时遵循了以下原则：

（1）最大限度地满足机械弹性储能机组各项性能指标

为明确机械弹性储能机组控制任务和控制系统应有的功能，需要与机械弹性储能箱组部分的设计人员密切配合，共同拟定电气控制方案，以便协同解决在设计过程中出现的各种问题。

（2）确保机组运行控制系统安全可靠

电气控制系统的可靠性就是生命线，充分论证机械弹性储能机组各个运行过程需要考虑的执行条件和具体步骤，以及出现故障后具体的保护及报警流程，最大限度地分析到机组运行中可能出现的各种问题以及设计出相应的解决方法。必须将可靠性放在首位，甚至构成冗余控制系统。

（3）力求控制系统简单并留有适当的裕量

在能够满足控制要求和保证可靠性的前提下，应力求控制系统构成简单。只有构成简单的控制系统才具有经济性、实用性的特点。同时要考虑到控制任务的增加以及维护方便的需要，要充分利用 PLC 易于扩充的特点，在选择 PLC 的容量时，应留有适当的裕量。

12.2.2 监测控制系统功能要求和设计原则

机械弹性储能机组监控系统主要用于机组储能和发电实验数据的采集、显示、存储、分析处理以及对机组的控制，如储能启动、停止，发电启动、停止，以及相关控制参数设置，数据图形显示等，需求具体如下：

（1）运行参数设定与指令下达及控制保护

实现机械弹性储能机组的启停，控制方式选择，储能转速及功率控制、发电转速及功率控制、正反转控，运行参数的设置和在线调节，同时具有过电压过电流保护和温度过高保护等功能。

（2）数据实时采集显示及数据存储

在机组运行时，对储能发电等实验数据进行采集并传送至监控系统，并在监控系统控制界面实时波形显示，同时可以把实时采集到的机组状态数据按照一定的形式进行存储，便于查看和后续的处理分析。

（3）数据分析与报表生成

根据具体的要求，完成实验数据的分析并显示分析结果，并且实验数据经分析后可以按一定的格式进行打印，生成 Word 和 Excel 报表。

为了更好实现上述设计目标，在监测控制系统设计时遵循了以下原则：

（1）迭代式的系统设计原则

在系统设计时，采用迭代式的设计模式，每一步的设计都有可运行的系统提供，并根据测试情况，及时调整系统结构和下一步的开发计划，保证每一个阶段系统都是可用的，避免了在系统开发的后期对系统整体结构再进行大的调整的风险。

（2）系统的可扩展性原则

机械弹性储能机组中的很多机械和电气装置是根据功能要求订制的非标准的产品，在系统调试的过程中，可能会根据具体需求，添加或删除某些功能，所以在监控系统设计的过程中，要充分考虑到这种不确定性的需求变化，为将来可能的新需求预留接口，方便功能扩展和升级，提高系统的适用能力。

12.3　机械弹性储能机组逻辑保护系统设计

12.3.1　部件使能逻辑保护

机械弹性储能机组重要的电气装置均设置了动力电源合闸逻辑保护，比如储能控制器动力电源合闸控制、储能控制器风机控制、PMSM 风机控制、发电控制器动力电源控制、发电控制器风机控制、PMSG 风机控制等。其中，储能和发电控制器动力电源合闸控制最为重要，图 12-2 和图 12-3 为其控制程序梯形图。

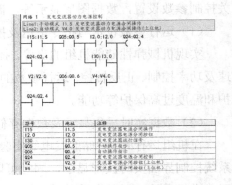

图 12-2　储能控制器合闸保护　　　　　图 12-3　发电控制器合闸保护

从图 12-2 可以看出，储能控制器电源合闸可以自动或手动完成操作。在手动操作模式下，系统接收到控制台手动合闸按钮信号，判断系统处于手动模式状态下，且没有接收到控制器分闸信号，则下达合闸控制指令。同样，在自动操作模式下，储能控制器电源合闸有类似的逻辑控制过程，区别只是此时合闸指令是由上位机监控系统下达的。从图 12-3 可以看出，发电控制器电源合闸同样可以通过自动或手动完成操作，控制过程和储能控制器相同。

12.3.2　运行动作逻辑保护

机械弹性储能机组 PLC 动作逻辑保护的功能主要包括：储能侧电磁制动器控制、发电侧电磁制动器控制、自动控制模式、手动控制模式以及操作停止等。其中储能和发电侧电磁制动器控制是机组动作逻辑保护最重要的功能。储能侧电磁制动器一旦打开，机组将进入工作模式，所以其打开的条件判断要能保证系统不发生误动，保证机组安全，如图 12-4 和图 12-5 所示。

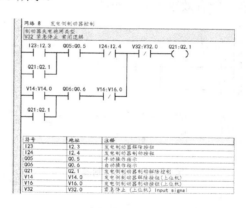

图 12-4　储能侧电磁制动器控制　　　　　图 12-5　发电侧电磁制动器控制

从图 12-4 可以看出，储能侧电磁制动器打开的动作逻辑为：

（1）手动模式打开：此方式通过操作台控制按钮手动打开储能侧电磁制动器，按下操作台制动器打开控制按钮，同时判断此时是否处于手动模式下，是则判断电磁制动器制动按钮是否发出信号，否则读取系统是否存在故障字，否则判断此时上位机是否下达急停操作指示，否则在信号脉冲上升沿发出制动器打开动作操作指令。

（2）自动模式打开：此方式通过上位机监控系统操作自动打开储能侧电磁制动器，监控系统在判断储能侧电磁制动器需要打开（比如机组接到控制指令开始储能运行）的时候，系统同时判断此时是否处于自动模式下，是则判断上位机监控系统是否同时下达制动器制动信号，否则读取系统是否存在故障字，否则判断此时上位机是否下达急停操作指示，否则在信号脉冲上升沿下达制动器打开动作操作指令。

从上面分析可以看出，储能侧电磁制动器的打开需要判断多路信号，在完全无危险的时候才会打开电磁制动器，一旦某路信号出现故障，指令便无法下达，能够保障机组的安全运行。发电侧电磁制动器打开的动作逻辑和储能侧类似，同样分为自动控制和手动控制两种模式，程序梯形图如图 12-5 所示。图 12-6 为手动控制模式下达指令程序，图 12-7 为自动控制模式下达指令程序，图 12-8 为操作停止指令程序，这 3 种控制指令均在操作台上通过控制按钮实现。从图中程序分析可以看出，自动模式和手动模式的切换需要先经过操作停止状态，这样增加了一个控制步骤，能有效避免发生勿动。

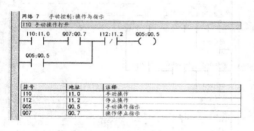

图 12-6　手动控制模式

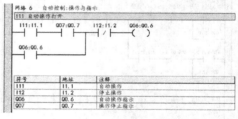

图 12-7　自动控制模式

图 12-8　操作停止

12.3.3　运行状态显示保护

状态显示是机组逻辑控制的一个重要组成部分，当机组某个逻辑动作完成以后，需要在操作台指示区域或者上位机监测控制系统中给出反馈以便系统进行机组运行状态判断和作为相关逻辑动作的触发信号，同时也能作为操作人员的下一步动作提供判断信号。图 12-9 为储能控制器电源指示逻辑，可以看出，当储能控制器合闸信号没有反馈时，系统显示储能控制器处于分闸状态，反之亦然。图 12-10 为储能制动器制动指示逻辑，储能制动器制动解除状态没有反馈，同时制动器制动指令没有下达，则显示制动器处于打开状态，该状态可以作为机组进入储能运行状态的逻辑判断条件之一。图 12-11 为发电控制器电源指示逻辑，图 12-12 为发电制动器制动指示逻辑，和储能侧动作方式类似。图 12-13 为故障输出，当系统接收到故障状态字并判断系统不处于调试状态时，判断发生故障，蜂鸣器报警提示操作人员做出相应的操作。

图 12-9　储能控制器电源指示 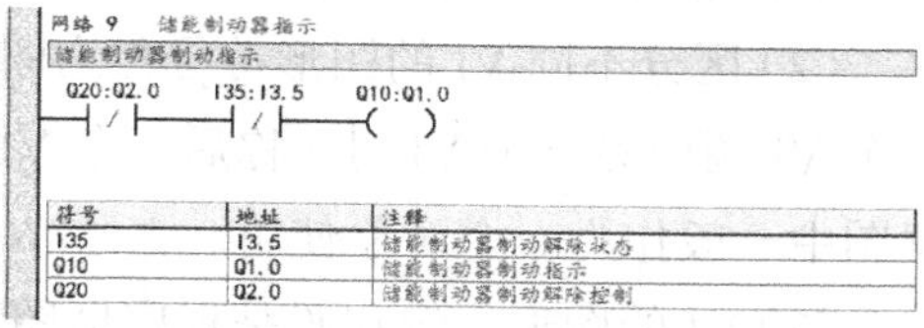　　　　图 12-10　储能制动器制动指示

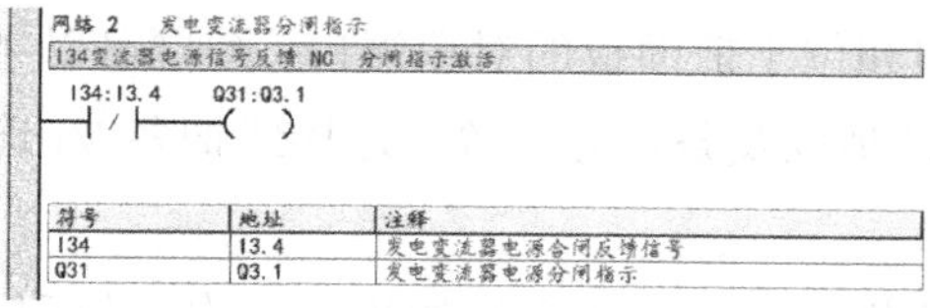

图 12-11　发电控制器电源指示 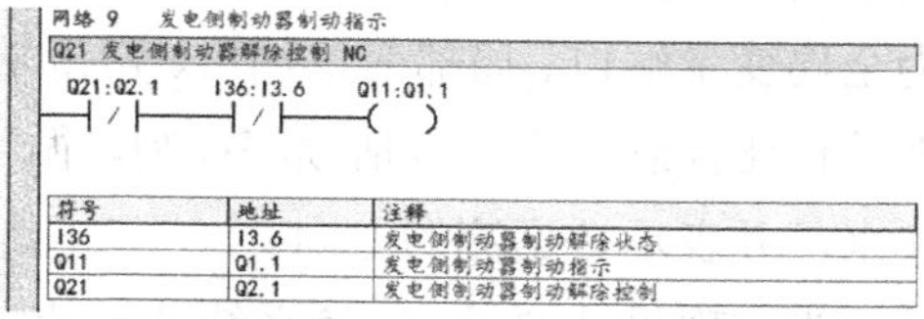　　　　图 12-12　发电制动器制动指示

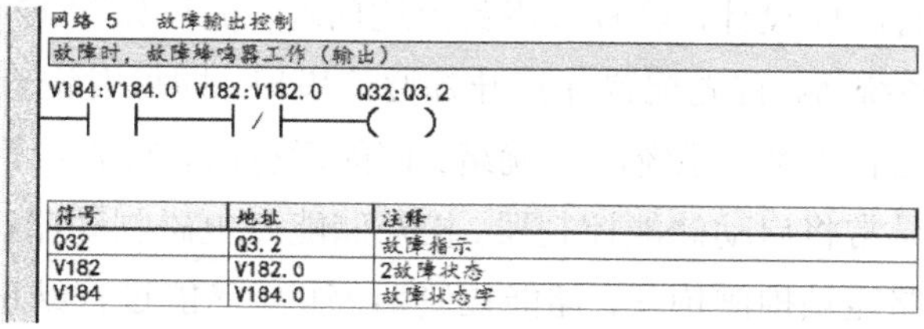

图 12-13　故障输出

从上文的分析可以看出，PLC 动作逻辑保护是储能机组控制系统的重要组成部分，是机组安全运行的重要保障。

12.4　机械弹性储能机组监测控制系统设计

基于 LabVIEW 的应用程序被称为 VI，采用图形化编程语言。每一个 VI 由 3 个基本元素构成：前面板、图标和程序框图。

（1）前面板是人机交互的模拟真实仪表面板的图形用户界面，主要包括输入控件和输出显示控件。输入控件模拟常见的输入装置，如旋钮、开关、按键等。输出显示控件显示程序运行的输出信息，主要包括图形仪表、图表、指示灯等。

这两种控件均可以从控件选板中选择使用，用户可以通过输入控件设置数值，程序运行后可以从输出显示控件观察结果。

（2）区分不同 VI 的图形符号称为图标，其连接器定义了 VI 的输入和输出。当一个 VI 调用另一个 VI 时（称后一个 VI 为子 VI），该子 VI 在调用它的 VI 的程序框图中一般作为一个对象使用。

（3）VI 的图形化源代码是程序框图，在流程图中可以对 VI 进行编写以实现程序的功能。程序框图主要包括属性节点、端口、各类型图框、连接线。属性节点与文本语言的函数有类似的功能，可以分为子程序类功能函数和子 VI 模块。端口分为全局变量端口、局部变量端口、常量端口和位于前面板的对象端口。图框可以实现结构化控制命令，包括顺序控制、循环控制以及条件分支等。连接线把各 VI 连起来，并表示数据流的方向。

为实现设计要求，监控系统功能的多样性往往会带来多样的程序结构，从而导致程序的复杂性。为避免程序的冗长和混乱，本章所提的监控系统采用分模块和层次化的方法来进行程序设计，能有效避免上述问题，流程如图 12-14 所示。从图中可以看出，启动系统后，首先配置并打开各通信串口，即可发送查询指令获取各装置的工作状态和运行参数，系统准备就绪。储能运行时，首先设置储能参数，系统判断当前状态无异常将启动储能控制器、松开储能侧电磁制动器进行储能，当到达预设储能圈数后储能轴抱闸抱紧，储能控制器停机，储能过程结束。当系统已存储上一定能量后，可发电运行，同样首先设置发电过程参数，系统判断当前状态无异常后将松开发电侧电磁制动器，启动发电控制器进行发电，当到达预设圈数后发电轴电磁制动器合闸，关闭发电控制器，发电过程结束。若此时点选硬件配置界面上的应用退出按钮，则系统将关闭各串口并退出程序。

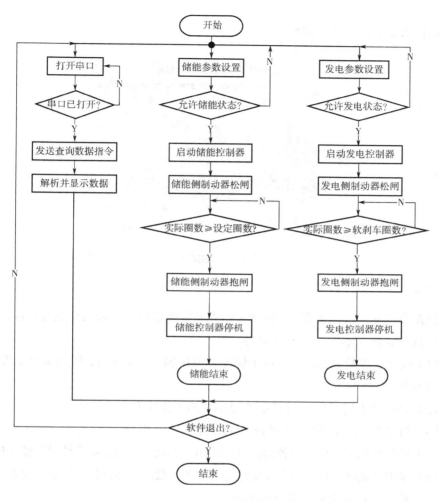

图 12-14　监控系统流程

12.4.1　监控系统控制面版

机械弹性储能机组监控系统前面板总共设计了 5 个属性页作为操控界面，分别为：主界面、监控数据显示界面、储能与发电波形图界面、电表波形图界面以及硬件配置界面。

12.4.1.1　主界面

主界面用于显示机械弹性储能机组的硬件构成、连接方式以及关键参数，如储能发电控制器的电压、电流以及电机的转速、转矩，电磁制动器的开合状态，上位机的运行状态等，如图 12-15 所示。

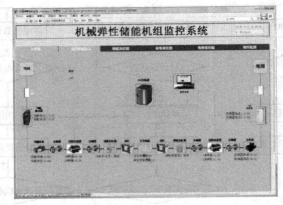

图 12-15　主界面

12.4.1.2　监控数据显示界面

监控数据显示界面如图 12-16 所示。主要实现监控系统的人机交互功能，包括参数设置和数据显示等。具体可分为：

（1）数据及参数显示区：可显示储能发电控制器、变频器、转矩传感器等装置的实时参数。

（2）系统状态显示区：可显示当前系统的工作状态。

（3）PLC 控制区：用于控制 PLC 的使能、急停和禁止。

（4）储能控制区：用于设置储能过程的相关参数，启动控制系统进行储能过程。

（5）发电控制区：用于设置发电过程的相关参数，启动控制系统进行发电过程；

（6）调试区：用于机组调试与测试。

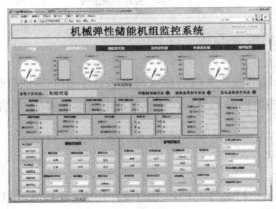

图 12-16　监控数据显示界面

12.4.1.3　储能与发电波形图界面

储能波形图界面可实时显示并存储机组储能运行过程中 PMSM 的转速、转矩、功率、电流和电压等波形曲线，如图 12-17 所示。发电波形图界面可实时显示机组发电运行过程中的关键参数波形图，如 PMSG 的转速、转矩、功率、电压和电流，用于监测机组发电过程，如图 12-18 所示。

图 12-17　储能波形图界面　　　　　　　　图 12-18　发电波形图界面

12.4.1.4　电表波形图界面

此界面用于显示机组接入的各相电流、电压及吸收与释放的有功无及功功率的波形图，如图 12-19 所示。

图 12-19　电表波形图界面

12.4.1.5　硬件配置界面

本界面主要用于配置串口通信参数，分为 3 个区域：串口资源配置区域、串口状态信息、计数及退出。串口资源配置区用于各通信串口波特率和检验位的设置以及各串口的开闭，串口状态信息区可观察各串口的工作状态，计数及退出区域可以观察到主程序循环模块当前的循环运行次数，整个监控系统的关闭退出按钮也设置于该界面，如图 12-20 所示。

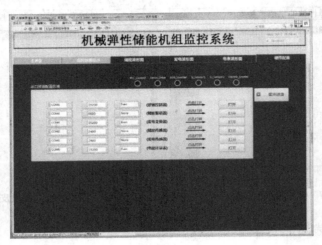

图 12-20　硬件配置界面

12.4.2　监控系统运行程序

针对监控系统高复杂度、高时效性的功能需求，设计采用了分层次、分模块的方法，主函数由三大循环组成，为 3 个线程各自运行，主程序框图如图 12-21 所示，其主要功能概述如下：①人机交互循环，响应操控界面上参数和控制指令的输入，以及界面数据的刷新；②消息处理循环，读取接收到的各串口数据进行逻辑关系处理，生成相应控制指令，显示及保存运行数据；③动态事件响应循环，处理消息循环中生成的用户动态事件。

12.4.2.1　通信链路模块

监控系统与各设备的连接都通过串口实现，想要搭建通信链路实现数据的交互实际上就是对串口进行配置，监控系统的人机交互循环中设置了以下各串口的配置任务子项。

（1）串口初始化数据读取

串口的配置数据首先通过前面板"硬件配置界面"中的"串口资源配置区域"进行输入配置，包括串口的选择、波特率设置、检验位设置等，由如图 12-22 所示的串口配置数据读取程序读取各串口的配置并生成数据簇。

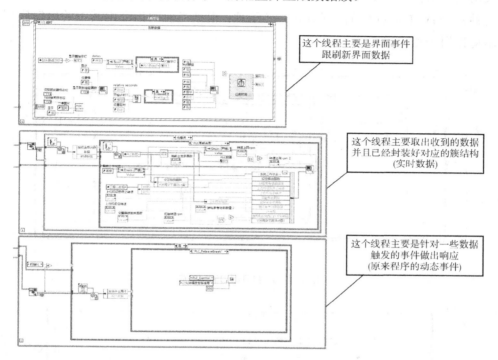

图 12-21　主程序框图

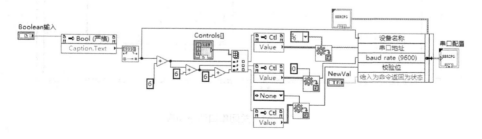

图 12-22　串口配置数据读取模块

（2）串口打开与关闭

串口的打开首先通过前面板的"硬件配置界面"中的"串口资源配置区域"

点击按钮，当"打开"按钮被点击后，会生成一条"打开串口"的按钮指令消息，再由后续模块"FGV_Fun.vi"子函数响应该消息，如图 12-23 所示。FGV_Fun.vi 中的"打开串口"子项被触发，其中包含有串口的底层驱动，会将上一步读取自操控界面上的初始化数据写入相应串口中，并打开串口。串口的关闭同样由按键指令的响应而生成一条"关闭串口"消息，如图 12-24 所示，进而触发 FGV_Fun.vi 中的"关闭串口"子项，根据当前的指令由其中的串口底层驱动作用于相应串口。

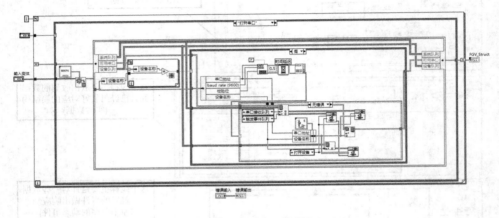

图 12-23　打开串口消息响应

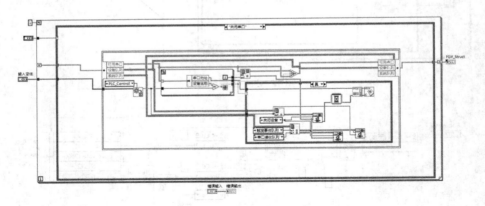

图 12-24　关闭串口消息响应

12.4.2.2　数据采集及控制指令发送模块

（1）数据采集

① 前面板数据采集。前面板中"监控数据显示"界面输入的控制参数由人机

交互循环的诸多控制参数响应子事件中的相应子事件去响应，输入控制参数后点击"设置"按钮即可触发该事件。针对不同的控制参数，设定不同的响应环节：如转速上限、发电功率等参数只需读取并将值赋予相应变量即可，它们只参与监控系统中的逻辑运算；而如储能圈数、发电圈数等参数除了需要读取外，它们还需下发至相应硬件中参与控制。现以储能圈数的下发为例进行说明，当在操控界面"监控数据显示"中输入储能圈数数值并点击"设置"按钮后，人机交互循环中相应的子事件被触发，如图 12-25 所示。图 12-26 是指令发送子程序。系统读取界面上的圈数数值，经过一定运算后进入指令发送子程序"CommonCmdSend4.vi"中，如图 12-27 所示，调用命令索引子程序"DataPackage1.vi"依据当前的条件在文件安装目录下的 data 文件夹里的 Cmd.txt 文件中提取相应指令，生成包含"当前设备""命令文本""时间"等内容的数据簇，并生成"发送设备消息"。以上生成的数据簇和消息进入子程序"FGV_Fun.vi"中，经过分析处理即可将控制参数发送至指定的硬件串口中，图 12-28 为 FGV_Fun.vi 子程序。

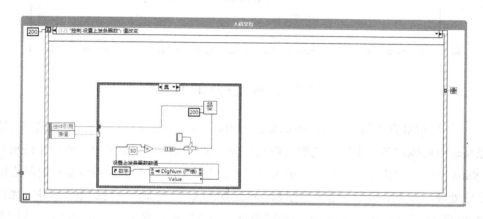

图 12-25　储能圈数控制参数设置响应

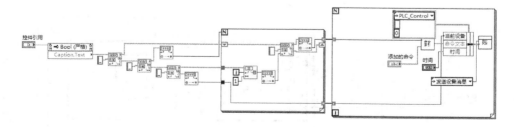

图 12-26　指令发送子程序

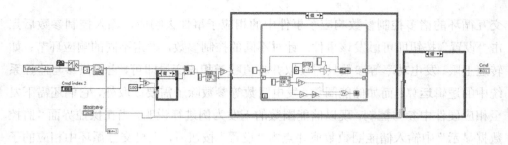

图 12-27 命令索引子程序

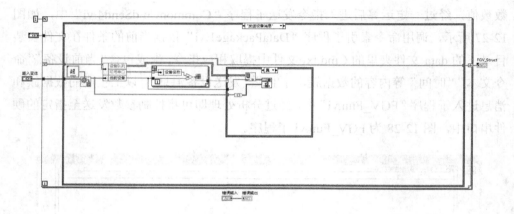

图 12-28 FGV_Fun.vi 子程序

② 串口数据采集。当硬件串口都已配置好并打开后,即建立起了通信链路,监控系统就可以向各个串口发送数据查询指令并采集数据。本系统中,监控系统机每 200ms 发送一次数据查询指令,进入"设备消息"模块,对查询指令进行时间上的顺序处理,再调用指令发送子程序 SeriaSendMsg.vi 将查询指令发送至串口中,如图 12-29 所示。各串口收到监控系统发送的查询指令后进行响应,将数据发出,监控系统通过串口数据采集子程序"DataReceive.vi"将数据采集上来,如图 12-30 所示。

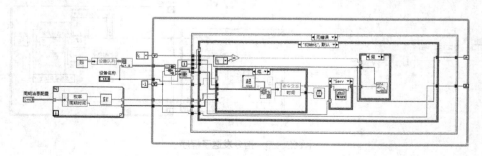

图 12-29 指令发送子程序

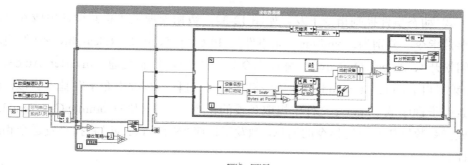

图12-30　串口数据采集子程序

（2）控制指令发送

前界面上的各按键控制指令，以及监控系统采集到数据后经过一系列逻辑处理而相应生成的控制指令，都需再下发至各串口以控制各硬件设备的运行。按键控制指令在人机交互循环中予以响应，动态事件控制指令在动态事件响应循环中响应。再调用子程序"CommonCmdSend4.vi"对按键指令进行处理识别，同样从Cmd.txt文件中检索预设的指令，生成包含"当前设备""指令文本""时间"等的指令数据簇，以及生成"发送设备消息"。其后调用子程序"FGV_Fun.vi"，将控制指令发送至相应的硬件中，操控硬件进行相关操作。

① 按键指令下发。以发电电磁制动器打开为例对按键指令的下发进行说明。在监控数据显示面板的发电控制区按下发电制动器打开按钮后，触发人机交互循环中"发电机主轴松开"子项，如图12-31所示。

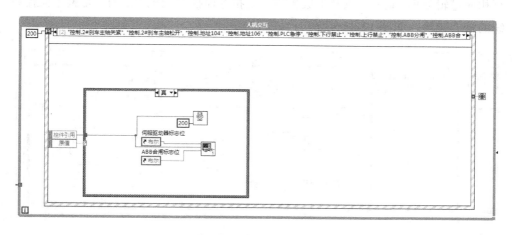

图12-31　"发电机主轴松开"按键指令响应

② 动态事件控制指令下发。如图 12-32，数据处理模块总共设计生成 6 个动态事件指令，分别为：Nothing（无事件）、PLC 急停、PLC_Releasebreak（发电轴抱闸松开）、ReleaseOutCircle（降速指令）、发电阶段控制转速、Inverter_AutoStart（变频器自启动）、StopAndBreak（停机指令）。过程与按键指令下发基本类似，命令索引子程序从 Cmd.txt 文件中提取预设的指令，由子程序 CommonCmdSend2.vi 生成指令数据簇和发送指令的消息，触发子程序"FGV_Fun.vi"将指令发送至相应硬件。

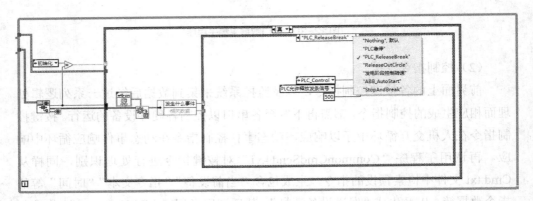

图 12-32　动态事件响应循环

12.4.2.3　数据处理模块

数据处理模块主要处理采集上来的各硬件运行数据以及界面控制参数，并进行相应逻辑处理、运算，以及生成各种控制指令监控储能机组运行，是整个监控系统的核心模块，如图 12-33 所示。

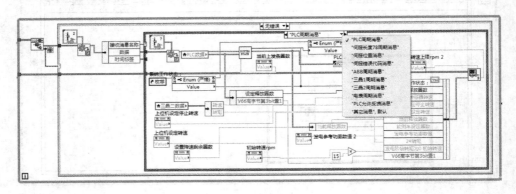

图 12-33　数据处理循环

（1）数据解码

数据查询指令下发后，串口发出的数据都是以二进制数据队列向监控系统进行传送，因此，监控系统在对数据进行处理运算之前需将采集到的数据进行解码，针对不同的硬件从数据队列中提取相应数据段，将二进制转换成十进制，才能进行后续的逻辑运算、显示和存储等操作。如图 12-34 所示。

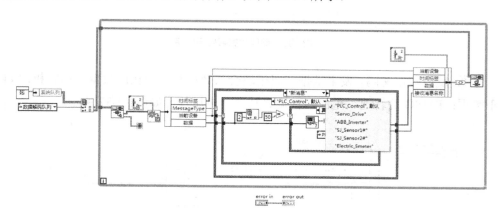

图 12-34　数据解码子程序

① PLC 数据解码。PLC 数据解码模块会从数据队列的相应数据段中解析出如下数据：设定的储能圈数、设定的发电圈数、当前已释放圈数、储能系统抱闸状态、发电系统抱闸状态、脉冲圈数、设定的发电转速等，如图 12-35 所示。

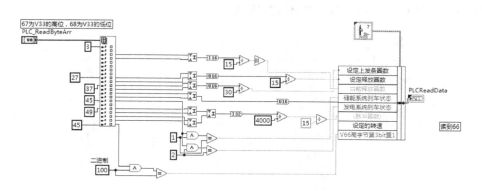

图 12-35　PLC 数据解码子程序

② 储能数据解码。储能数据解码模块会从数据队列的相应数据段中解析出如下数据：PMSM 的转速、转矩、功率、电压、电流等，如图 12-36 所示。

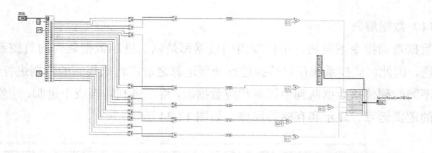

图 12-36 储能数据解码子程序

③ 发电数据解码。发电数据解码模块会从数据队列的相应数据段中解析出如下数据：PMSG 的转速、电流、转矩、功率、电压等，如图 12-37 所示。

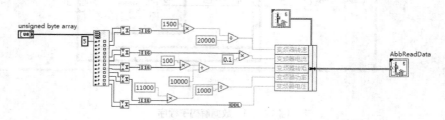

图 12-37 发电数据解码子程序

④ 多功能电表数据解码。多功能电表数据解码模块会从数据队列的相应数据段中解析出如下数据：三相电压 U_{ab}、U_{bc}、U_{ca}，三相电流 I_a、I_b、I_c，单相功率 P_a、P_b、P_c，三相总功率 $P_总$等，如图 12-38 所示。

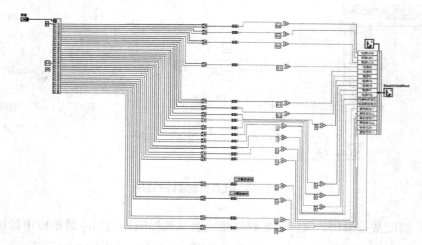

图 12-38 多功能电表数据解码子程序

（2）数据处理

① PLC 数据周期。如前文所述，当 PLC 的数据被数据解码模块解析完成时会伴随产生一条"PLC 周期消息"用于触发数据处理循环中如图 12-39 所示的数据处理模块。

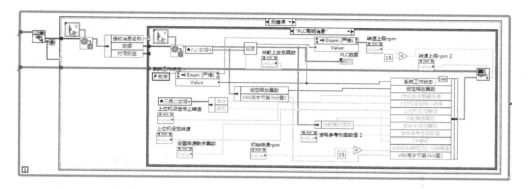

图 12-39　PLC 周期消息模块

本模块中设置了监控系统里主要的逻辑判断和监控操作，具体如下：

a. 系统工作状态判断。系统首先会用数据解码模块解析出的数据作出一个逻辑判断，确定目前系统的工作状态。系统工作状态有：初始状态、准备状态、储能允许、储能中、储能完毕、发电允许、发电中、发电完毕、系统异常。可用于后续逻辑判断及前界面工作状态显示，如图 12-40 所示。

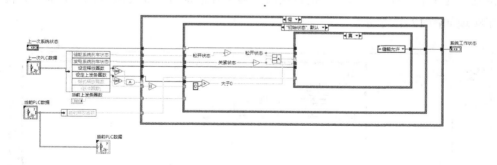

图 12-40　系统工作状态判断子程序

b. 机组运行逻辑。为了能更好地响应电网的调度指令，本项监控系统设计了储能过程和发电过程中功率恒定运行和转速恒定运行两种模式。在设计监控系统时巧妙地利用了一个限速逻辑实现了这两种模式，系统总是在监测当前主轴运行转速，当需要转速恒定模式储能和发电运行时，将转速上限设为预期值，功率上限适当放大，由功率上限计算出来的转速上限将大于预期值，系统取小者作为控制参数；同理，当需要功率恒定模式储能和发电运行时，将功率上限设为预期值，速度上限适当放大，程序实现如图 12-41 所示。

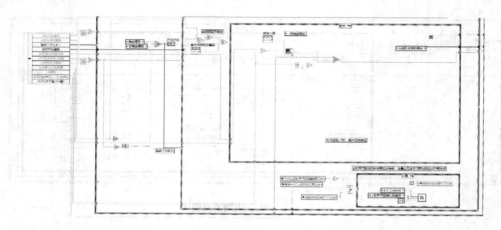

图 12-41　机组运行逻辑

② 储能数据周期。储能周期消息模块里不需要进行其他逻辑判断及操作，只需要将储能控制器上传的数据进行保存以备 PLC 分析及系统显示之用即可。数据解码模块解析出数据将分别被保存到"储能转速转矩功率""储能电流电压""储能位置"这 3 个文件中，同时会把数据波形显示在前面板"储能波形图"界面上，程序实现如图 12-42 所示。

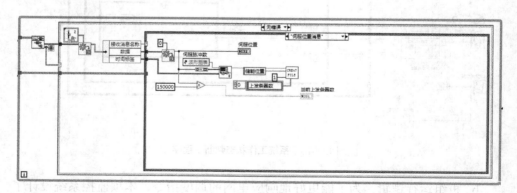

图 12-42　储能数据周期消息

③ 发电数据周期。发电数据周期中设置有一个发电过程启动的操作逻辑，当

设置好发电参数后在前面板"监控数据显示"界面点击"发电启动"按钮，触发按钮指令事件，由事件处理循环响应并发送指令启动发电控制器。发电控制器启动后，数据处理模块检测比较发电控制器转矩，若发电控制器转矩大于设置阈值，则触发动态事件"PLC_ReleaseBreak"，由动态事件循环响应使发电侧电磁制动器打开，开始发电过程，程序实现如图 12-43 所示。

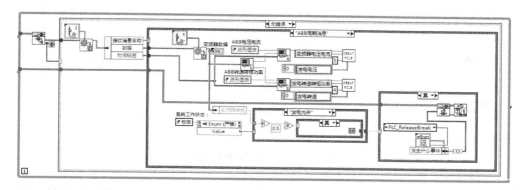

图 12-43　发电数据周期消息

④ 多功能电表数据周期。数据解码模块解析出的数据在数据处理周期中将被保存到"电表线电压""电表电流""电表功率"文件中，并把数据和波形显示在前面板"监控数据显示"和"发电波形图"界面上，程序实现如图 12-44 所示。

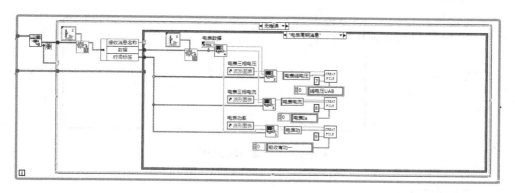

图 12-44　多功能电表周期消息

12.4.2.4　系统存储与显示模块

（1）数据存储

① 系统配置数据存储。每次系统关闭时，将会调用"Write Configuration（INI）

File.vi"配置数据保存程序把系统配置数据保存到系统目录 data 文件夹下的
"Configuration File.ini"文件中，这样下次启用系统的时候，在系统配置信息不变
的情况下就可以直接读取文件进行串口配置，避免了每次启用系统都需输入配置
信息，系统配置数据保存程序如图 12-45 所示。

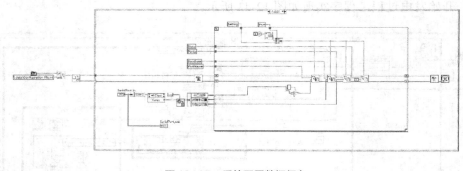

图 12-45　**系统配置数据保存**

② 运行数据存储。从上文数据处理模块可以看到，解析出的数据保存还需要
调用一个数据保存子程序"CreatFiletoRecord.vi"才能实现，如图 12-46 所示。该
子程序的功能是将输入的数组按设定的文件名保存到程序所在目录的"results"文
件夹下的文本文档中，若原先文档不存在则创建新文档，若文档已存在则更新文档
里的数据。

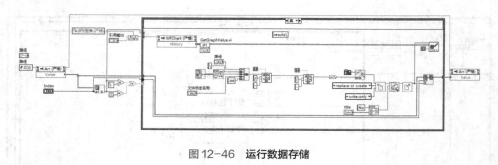

图 12-46　**运行数据存储**

（2）系统显示

① 数据显示。主界面和监控数据显示界面上的数据显示是通过事件处理循环
中"超时"事件子项来完成的，其中调用了界面数据显示子程序"PanitPictrue.vi"，
当系统在 200ms 时间内无按键指令或者其他动态事件，程序就会进入超时事件。
程序实现如图 12-47 所示。

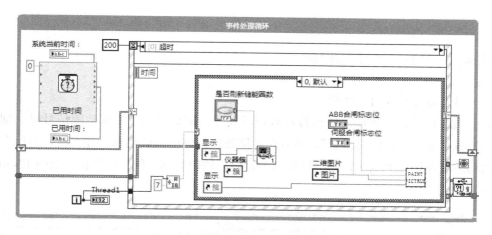

图 12-47 "超时"事件界面数据显示子项

② 波形显示。前面板中"储能波形图""发电波形图"界面显示的波形由以下示波器模块来实现，模块先将接收到的数据合成数组，再由示波器将数组以波形的形式在前面板上显示。程序实现如图 12-48 所示。

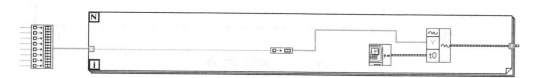

图 12-48 示波器模块

③ 系统状态显示。为了便于实时获取系统当前的运行状态，前面板"监控数据显示"界面可实时显示当前系统的工作状态。可用采集到的设定储能圈数、设定发电圈数、当前已释放圈数、储能侧制动器状态、发电侧制动器状态、发电转矩传感器、设定发电转速等数据进行组合逻辑判断，确定目前系统的工作状态。程序实现如图 12-49 所示。

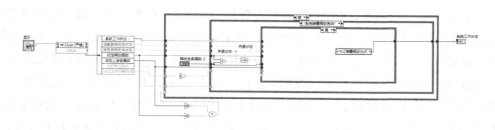

图 12-49 系统工作状态显示模块

12.4.3　监控系统故障保护

（1）运行故障自动保护

当运行数据解码模块解析特定数据段发现当前机组运行出现故障信号时，则会生成"运行错误代码消息"，随后在数据处理循环中生成动态事件"PLC急停"，由动态事件循环去响应，向串口发送预设停机逻辑数据，使机组停机，如图12-50所示。

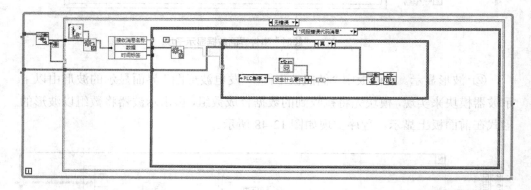

图12-50　运行故障急停

（2）紧急手动保护

当机组操作人员发现机组异常需要紧急停机时可以点击前面板"监控数据显示"界面上的"软件急停"按钮，与"运行故障保护"程序一样会向串口发送相同的预设停机逻辑数据，使机组停机，以保障操作人员及机组的安全。

逻辑保护与监测控制系统是机械弹性储能机组的一个重要组成部分，作为储能机组的"大脑"，监测机组的运行状态、设置控制参数、下达控制指令控制机组运行，以及显示运行曲线和保存运行数据。本章分析了机械弹性储能机组逻辑保护与监控系统的功能需求，从运行部件使能保护、动作逻辑保护和状态显示保护3个方面设计了机组逻辑保护程序。同时以数据流向为线索，从数据链路搭建、数据采集、数据处理、数据保存及显示等方面论述了监控系统前面板、控制程序和保护程序的实现方法。经实验样机测试表明，基于PLC和LabVIEW软件设计的逻辑保护与监测控制系统能够准确根据机组状态和控制指令控制机组安全运行，能对采集得到的数据进行快速处理和分析，能够实时准确监测机组各功能单元的运行状态，能够方便快速设置运行参数控，能够及时保存运行数据和波形并准确分析机组的性能，满足机组各项功能需求。

参考文献

[1] 孙博. 多类型储能系统在分布式发电中的应用技术研究[D]. 南京: 东南大学, 2016.

[2] 崔儒飞. 基于 LabVIEW 与 DSP 的无刷直流电机测控系统研究与设计[D]. 西安: 长安大学, 2015.

[3] 白纪军. 储能监控系统软件平台设计和开发[D]. 上海: 复旦大学, 2013.

[4] 吴丽花. 基于 LabVIEW 的永磁同步电机测试系统研究[D]. 广州: 华南理工大学, 2013.

[5] 台广锋, 潘社卫. 基于 PLC 控制的自动配料系统的研究与应用[J]. 矿冶, 2011, 20(3): 89-91.

[6] 刘瑞己. 可编程序控制器(PLC)在数控机床(CNC)中的应用[J]. 组合机床与自动化加工技术, 2002(12): 61-62.

[7] 郑晓明. 机械弹性储能机组集成设计与控制方法研究[D]. 北京: 华北电力大学, 2020.

第13章

10kW 永磁电机式机械弹性储能
系统技术集成及运行实验

13.1 引言

　　基于前文的研究成果，本章研发了 10kW 机械弹性储能实验性样机并进行了实验研究。首先计算了联动式储能箱组工作转矩范围及储能容量；其次根据储能箱组运行参数配套设计了储能驱动、检测、传动、电磁制动装置以及储能控制器，发电运行、检测、传动、电磁制动装置以及发电控制器，动作逻辑保护与监控系统等；再次进行了 10kW 机械弹性储能实验性样机的安装调试，依次进行了储能箱组机械联动性能，样机储能驱动控制，样机发电并网控制，PLC 动作逻辑保护，LabVIEW 监控系统通信连接、参数设置、控制指令下达及波形显示等环节的检测与调试，并进行了多种工况下样机储能和发电运行实验，得到了样机在不同工况下的运行时间和效率等关键参数，验证了样机总体设计方案的合理性；最后探讨了机械弹性储能技术的适用场合。

13.2 10kW 机械弹性储能实验性样机技术集成

13.2.1 实验性样机总体技术方案

　　10kW 机械弹性储能实验性样机总体技术方案如图 13-1 所示。该技术方案储能过程采用 PMSM 为驱动装置，通过转矩传感器、减速齿轮箱、电磁制动器和联动式储能箱组相连；发电过程采用 PMSG 为发电运行装置，联动式储能箱组通过电磁制动器、加速齿轮箱、转矩传感器和 PMSG 相连；PMSM 和 PMSG 分别通过储能控制器和发电控制器和电网相连；PLC 动作逻辑保护系统控制样机按指定程序储能和发电运行；监控系统下达控制指令并采集各个装置的运行参数。该方案容易实现、控制方便且安全性较高，能满足样机的功能需求。

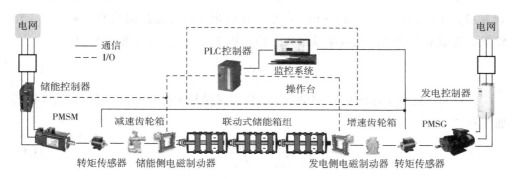

图 13-1   10kW 机械弹性储能实验性样机总体设计方案

13.2.2　实验性样机储能箱组参数计算

由拉力实验得到了玻纤片的力学性能参数，通过这些参数可以计算出联动式储能箱组工作转矩范围。设单根涡簧的极限转矩为 T_{lim}，最大工作转矩为 T_{max}，最小工作转矩为 T_{min}，首先使用抗拉强度极限 σ_{b} 计算接触型涡簧极限转矩 T_{lim}[1]，计算过程如下：

$$T_{\text{lim}}/Z_{\text{m}} \leqslant \sigma_{\text{b}} \tag{13-1}$$

式中，Z_{m} 为涡簧抗弯截面系数。实验性样机所用涡簧横截面为矩形，设定 B 为涡簧横截面宽度，h 为涡簧横截面厚度，则涡簧截面绕芯轴的惯性矩 I 为：

$$I = Bh^3/12 \tag{13-2}$$

涡簧抗弯截面系数 Z_{m} 为：

$$Z_{\text{m}} = \frac{Bh^3/12}{h/2} = \frac{hB^2}{6} \tag{13-3}$$

根据测得的涡簧参数，涡簧极限转矩 T_{lim} 计算如下：

$$T_{\lim} = Z_{\mathrm{m}}\sigma_{\mathrm{b}} = \frac{hB^2}{6}\sigma_{\mathrm{b}} \tag{13-4}$$

经计算，涡簧极限转矩为 264N·m，根据极限转矩 $T_{\lim}$ 计算涡簧的最大工作转矩 $T_{\max}$：

$$T_{\max} = K_3 T_{\lim} \tag{13-5}$$

式中，K_3 为涡簧固定系数，样机涡簧采用衬片式固定方式，K_3 取值为 0.9，经计算最大工作转矩为 237.6N·m。最小工作转矩 $T_{\min}$ 是根据涡簧的安装以及工作情况，选取 0.5～0.7 的系数乘以最大工作转矩 $T_{\max}$，本专著选取 0.5，即：

$$T_{\min} = 0.5 T_{\max} \tag{13-6}$$

经计算，最小工作转矩为 118N·m。依据涡簧极限转矩 $T_{\lim}$，可得到储能箱芯轴半径 R：

$$R = \frac{EI}{T_{\lim}} = \frac{EBh^3}{12 T_{\lim}} \tag{13-7}$$

式中，E 为涡簧的弹性模量，经计算，储能箱芯轴半径取值为 88.89mm，考虑机械部件的安装空间以及保留一定的裕量，最终样机芯轴直径 d_1 取值为 200mm。储能箱内壁直径 D_1 计算公式如下：

$$D_1 = \sqrt{2.55lh + d_1^2} \tag{13-8}$$

经计算，储能箱内壁直径取值为 768mm，同样，内壁直径的取值需保留一定的裕量以保证样机运行的安全和方便机械安装，最终储能箱内壁直径 D_1 取值为 1000mm。

实验性样机单个机储能箱内并排安装 6 根涡簧，所以其工作转矩应为单根涡簧的 6 倍，最终单个储能箱极限工作转矩 $T_{d\lim}$ 取值为 1584N·m，最大工作转矩 $T_{d\max}$ 取值为 1425.6N·m，最小工作转矩 $T_{d\min}$ 取值为 708N·m。单个储能箱未储能时工作圈数，即最小工作圈数计算如下：

$$n_1 = \frac{1}{2h}\left(D_1 - \sqrt{D_1^2 - \frac{4lh}{\pi}} \right) \tag{13-9}$$

经计算，单个储能箱最小工作圈数为 12。单个储能箱能量储满时工作圈数，即最大工作圈数计算过程如下：

$$n_2 = \frac{1}{2h}\left(\sqrt{\frac{4lh}{\pi} + d_1^2} - d_1 \right) \tag{13-10}$$

经计算，单个储能箱最大工作圈数为 34。单个储能箱工作圈数计算如下：

$$n = n_2 - n_1 \tag{13-11}$$

经计算，单个储能箱工作圈数为 22，为提高系统安全性，一般留出一定的裕量，单个储能箱实际运行工作圈数为 15，第二章依据以上设计参数制造安装了 3 组储能箱，因此可得样机储能容量如下：

$$E = 2\pi mn \frac{T_{max} + T_{min}}{2} \tag{13-12}$$

经计算，样机储能容量为 0.168kW·h。

13.2.3　实验性样机机械传动及电气控制装置配套设计

13.2.3.1　储能运行装置配套设计

机械弹性储能实验性样机储能运行执行装置如图 13-2 所示，从左往右依次包括电磁制动器、减速齿轮箱、转矩传感器以及 PMSM。电磁制动器参数范围需要和储能箱工作转矩范围相匹配，通过前文可知，实验性样机储能箱组最大工作转矩为 1425.6N·m，电磁制动器制动转矩要大于这个数值并留有一定的裕量，具体参数见表 13-1。

图 13-2　样机储能运行执行装置

表 13-1　电磁制动器参数

参数	取值	参数	取值
配用电磁铁额定推力	6300N	制动瓦退距	1mm
制动轮直径	400mm	制动转矩	1600N·m
制动瓦宽	180mm	总重量	100kg
环境温度	−25～65℃	电源	380V

PMSM 是机械弹性储能样机储能运行执行装置的核心电气部件，样机额定运行功率为 10kW，为留有一定的裕量，选择额定功率为 11kW 的 PMSM，具体参数见表 13-2。

表 13-2 PMSM 参数

参数	取值	参数	取值
额定功率	11kW	额定转速	1350r/min
额定电流	22.7A	最高转速	2000r/min
瞬间最大电流	69A	额定电压	380V
额定转矩	70N·m	转子惯量	98.3kg·cm^2
瞬间最大转矩	210N·m	重量	59kg

转矩转速传感器采用智能数字式感器，如图 13-3 所示，采集的数据传输至上位机并在监控系统界面显示。

图 13-3 转矩转速传感器

转矩转速传感器具体参数见表 13-3。

表 13-3 转矩转速传感器参数

仪表参数	取值	仪表参数	取值
转矩准确度	≤0.5%F·S	重复性	≤0.5%F·S
过载能力	150%F·S	滞后	≤0.5%F·S
绝缘电阻	≥200MΩ	线性	≤0.5%F·S
工作温度	−20～60℃	相对湿度	≤90%RH
转速不准确度	光电码盘（60 个脉冲/转或 120 个脉冲/转）或旋转编码器（900～2700 个脉冲/转）无积累误差。		

减速齿轮箱变比为 15∶1，额定功率为 11kW。

13.2.3.2 发电运行装置配套设计

机械弹性储能实验性样机发电运行执行装置如图 13-4 所示，从左往右依次包括 PMSG、转矩转速传感器、增速速齿轮箱以及电磁制动器。

图13-4 **样机发电运行执行装置**

样机发电过程运行状态与储能过程相反，但运行参数范围一致，电磁制动器和转矩转速传感器和储能侧选型相同，增速齿轮箱变比为 1∶15，额定功率为 11kW。PMSG 具体参数见表 13-4。

表13-4 **PMSG 参数**

PMSG 参数	取值	PMSG 参数	取值
额定功率	11kW	额定转速	1500r/min
额定频率	50Hz	最高转速	1800r/min
额定电压	380V	极对数	4
额定电流	16.7A	绝缘等级	F 级
空载发电电压	373V	冷却方式	IC416

13.2.3.3 10kW机械弹性储能实验性样机技术集成

样机储能及发电侧执行装置选型完毕，以联动式储能箱组为基准，在储能箱组两侧安装机械传动保护及电气控制配套装置，完成实验性样机所有部件的装配。在机组储能侧，以基础板为基准面，安装并调平储能侧电磁制动器、减速齿轮箱、转矩转速传感器和 PMSM 等设备的底座，使用 T 型螺栓固定在基础板上。在机组发电侧，同样以基础板为基准面，安装并调平发电侧电磁制动器、增速齿轮箱、转矩转速传感器和 PMSG 等设备的底座，最后将其固定在基础板上。10kW 机械弹性储能实验性样机技术集成完毕后具体结构如图 13-5 所示，样机从右侧输入电能驱动 PMSM 进行储能，储能箱组弹性势能从左侧输出驱动 PMSG 进行并网发电。

图 13-5　10kW 机械弹性储能实验性样机

13.2.3.4　逻辑保护监控系统及电气测量控制装置

图 13-6（a）为样机操作台上位机监控系统，实验人员在操作台上通过该系统设置样机储能和发电控制参数，下达储能和发电控制指令，观察样机运行状态和关键电气量波形，记录保存样机运行数据，以及发生异常可紧急停机以免发生危险，是整个样机的控制枢纽。图 13-6（b）为 PLC 逻辑控制装置，样机的动作逻辑保护功能由该装置实现。

（a）操作台上位机监控系统　　　　　　　　（b）PLC逻辑控制单元

图 13-6　逻辑保护与监测控制单元

图 13-7（a）为样机的电气控制柜，样机储能和发电控制器、接触器、继电器、过流熔断器等均安装在该电气控制柜内，是整个样机的能量转换控制中心。图 13-7（b）为可编程智能电表，该智能电表可用于本地显示，又能与监测系统连接，具有 RS-485 通信接口，通过该接口电表采集到的电压电流等数据可以传输至上位机并在监控系统中显示。

（a）电气控制柜　　　　　　　　　　　　（b）智能电表

图 13-7　电气测量控制装置

智能电表具体参数见表 13-5。

表 13-5　智能电表参数

参数	取值	参数	取值
输入电流额定值	5A	输入电压额定值	600V
输入功耗	<0.2V·A	输入电压频率	45～60Hz
脉冲常数	1000 imp/kW·h	电流测量精度	0.2 级
工作温度	-1～55℃	电压测量精度	0.2 级
存储温度	-2～70℃	功率测量精度	0.5 级
海拔高度	≤2500m	频率测量精度	0.01Hz

13.3　10kW机械弹性储能实验性样机运行实验及结果分析

　　机械弹性储能实验性样机可以以两种方式运行，转速设定工作方式或者功率设定工作方式。在转速设定工作方式下，样机按指定转速曲线储能或发电，一般情况下采用恒转速运行方式，如前文所述，机械弹性储能箱组为大型刚性机械结构部件，恒转速运行方式下储能箱组运行相对平稳，冲击较小，但是功率不恒定，这是由涡簧固有特性导致的，储能过程输入功率逐渐增大，发电过程输出功率逐渐减小。绝大多数应用场合希望储能装置能按指定功率曲线储能或发电，此时样机以功率设定工作方式运行，但样机转速会实时变化，储能过程输入转速逐渐减小，发电过程输出转速逐渐增大。为了对比这两种工作方式以及各自工作方式下不同的给定指令对样机性能的影响，在两种工作方式下分别进行了5组不同给定参数的对比性实验，依据实验结果分析了样机储能和发电效率等关键性能指标。

13.3.1　实验性样机转速恒定运行实验

　　样机分别以转速1350r/min、1150r/min、900r/min、675r/min、450r/min进行了5组储能和发电对比性实验，包括储能和发电运行过程中的转速、转矩和功率波形。从图中可以看出，样机各控制参数均能够快速响应，但抖振较大。原因是现有的复合材料涡簧的生产技术尚不能满足机械弹性储能技术的需要，造成样机运行中涡簧沿轴向跑偏，导致涡簧相互缠绕，从而存在卡阻现象，为消除卡阻，选择了在涡簧间加装隔板，解决了跑偏现象，但带来了一定的不规则摩擦阻力，从而导致了较大的参数抖动。同时为体现样机真实的功率特性，并为下一步改善样机性能提供参考，功率环节没有加滤波器，导致有些许尖峰，不过所有参数抖动幅值都很小，在可控范围内。

　　（1）实验一：实验性样机转速设定为1350r/min储能/发电运行

　　① 实验性样机PMSM转速设定为1350r/min储能运行（图13-8）

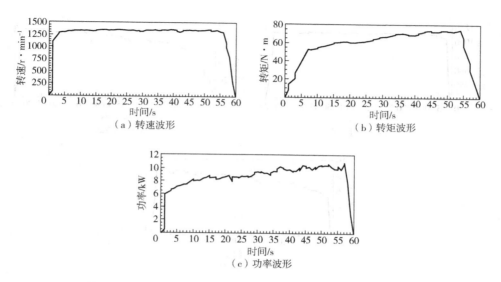

（a）转速波形 （b）转矩波形

（c）功率波形

图13-8 机械弹性储能实验性样机转速设定为1350r/min 储能波形

② 实验性样机 PMSG 转速设定为1350r/min 发电运行（图 13-9）

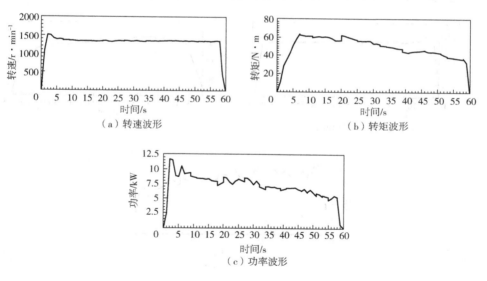

（a）转速波形 （b）转矩波形

（c）功率波形

图13-9 机械弹性储能实验性样机转速设定为1350r/min 发电波形

（2）实验二：实验性样机转速设定为1150r/min 储能/发电运行

① 实验性样机 PMSM 转速设定为1150r/min 储能运行（图 13-10）

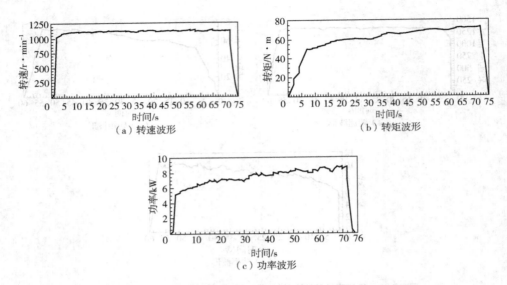

图 13-10　机械弹性储能实验性样机转速设定为 1150r/min 储能波形

② 实验性样机 PMSG 转速设定为 1150r/min 发电运行（图 13-11）

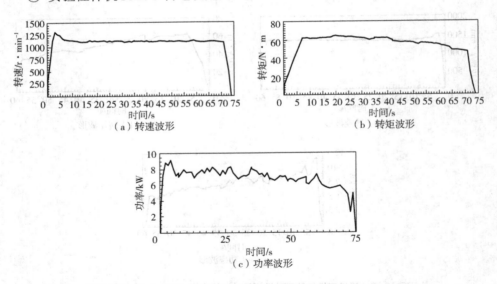

图 13-11　机械弹性储能实验性样机转速设定为 1150r/min 发电波形

（3）实验三：实验性样机转速设定为 900r/min 储能/发电运行

① 实验性样机 PMSM 转速设定为 900r/min 储能运行（图 13-12）

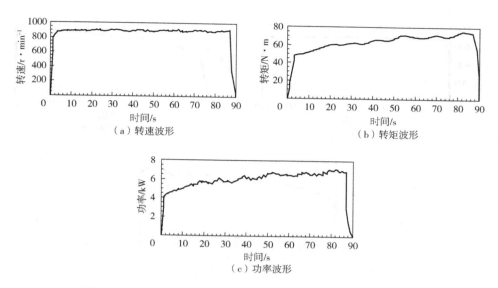

图 13-12　机械弹性储能实验性样机转速设定为 900r/min 储能波形

② 实验性样机 PMSG 转速设定为 900r/min 发电运行（图 13-13）

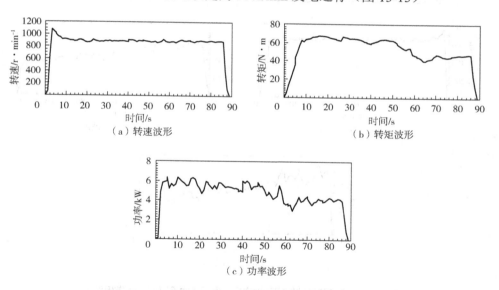

图 13-13　机械弹性储能实验性样机转速设定为 900r/min 发电波形

（4）实验四：实验性样机转速设定为 675r/min 储能/发电运行

① 实验性样机 PMSM 转速设定为 675r/min 储能运行（图 13-14）

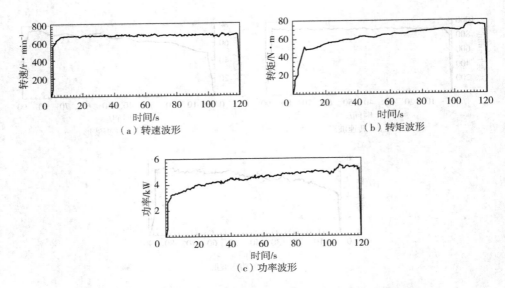

（a）转速波形　　　　　　　　　　（b）转矩波形

（c）功率波形

图 13-14　机械弹性储能实验性样机转速设定为 675r/min 储能波形

② 实验性样机 PMSG 转速设定为 675r/min 发电运行（图 13-15）

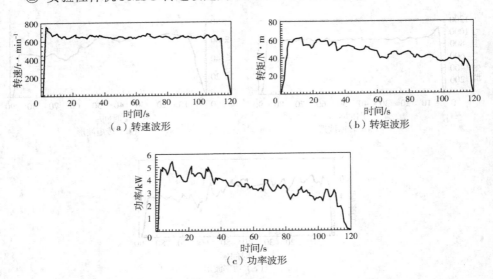

（a）转速波形　　　　　　　　　　（b）转矩波形

（c）功率波形

图 13-15　机械弹性储能实验性样机转速设定为 675r/min 发电波形

（5）实验五：实验性样机转速设定为 450r/min 储能/发电运行

① 实验性样机 PMSM 转速设定为 450r/min 储能运行（图 13-16）

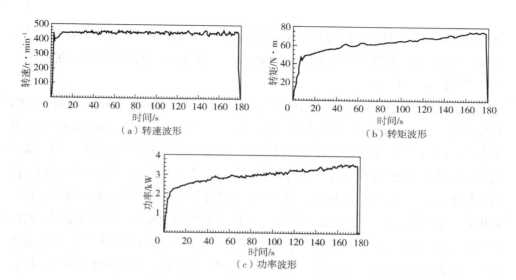

图 13-16　机械弹性储能实验性样机转速设定为 450r/min 储能波形

② 实验性样机 PMSG 转速设定为 450r/min 发电运行（图 13-17）

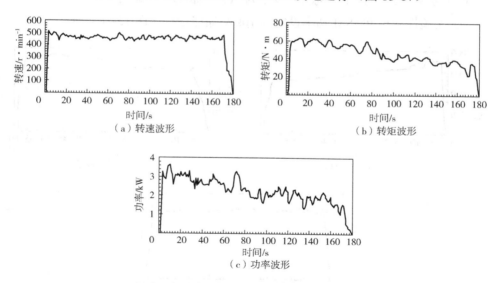

图 13-17　机械弹性储能实验性样机转速设定为 450r/min 发电波形

13.3.2　实验性样机功率恒定运行实验

上节进行了 5 组指定转速下样机储能和发电运行实验，可以看出，在转动恒定运行方式下,样机储能过程功率曲线基本呈线性上升特性,发电过程则相反,基本呈线性下降特性,这在绝大多数的应用场合是不适用的,一般需储能装置能够按功率给定储能和发电运行。

实验性样机额定运行功率为 10kW,分别设定功率为 10kW、8kW、6kW、4kW、2kW 进行了 5 组储能和发电对比性实验,由实验结果可以看出,样机功率响应基本在 2 s 左右,能较快达到指定功率且能够平稳运行。与功率平稳相对应的,储能过程样机转速呈现下降趋势,发电过程样机转速呈上升趋势,原因是储能过程储能箱组转矩逐渐增加,发电过程储能箱组转矩逐渐下降。但是由于样机在设计过程中只用到了涡簧特性曲线中间较为平滑的一段,故样机转矩变化范围不是很大,所以即使在功率指定运行方式下,样机转速范围变化也不是很大,给样机带来的冲击也较小,不会导致很多的能量损耗。同样,因为储能箱组存在不规则摩擦阻力,样机转矩转速等波形存在抖动,输入和输出功率未进行滤波处理,存在些许尖峰,但幅值均较小。

(1)实验一:实验性样机功率设定为 10kW 储能/发电运行

① 实验性样机 PMSM 功率设定为 10kW 储能运行(图 13-18)

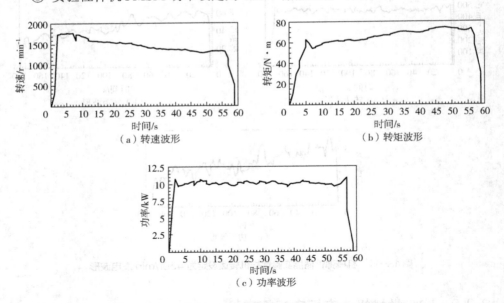

(a)转速波形   (b)转矩波形

(c)功率波形

图 13-18   机械弹性储能实验性样机功率设定为 10kW 储能波形

② 实验性样机 PMSG 功率设定为 10kW 发电运行(图 13-19)

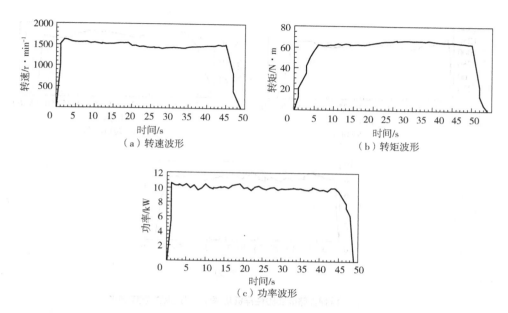

图 13-19　机械弹性储能实验性样机功率设定为 10kW 发电波形

（2）实验二：实验性样机功率设定为 8kW 储能/发电运行

① 实验性样机 PMSM 功率设定为 8kW 储能运行（图 13-20）

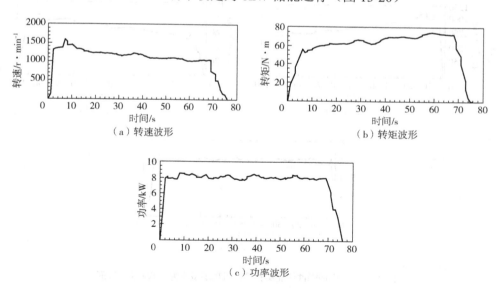

图 13-20　机械弹性储能实验性样机功率设定为 8kW 储能波形

② 实验性样机 PMSG 功率设定为 8kW 发电运行（图 13-21）

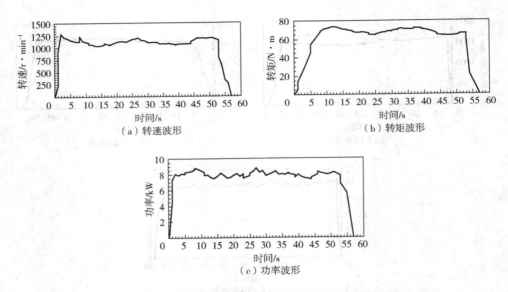

图 13-21　械弹性储能实验性样机功率设定为 8kW 发电波形

（3）实验三：实验性样机功率设定为 6kW 储能/发电运行

① 实验性样机 PMSM 功率设定为 6kW 储能运行（图 13-22）

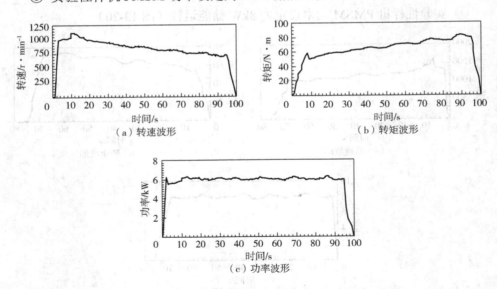

图 13-22　机械弹性储能实验性样机功率设定为 6kW 储能波形

② 实验性样机 PMSG 功率设定为 6kW 发电运行（图 13-23）

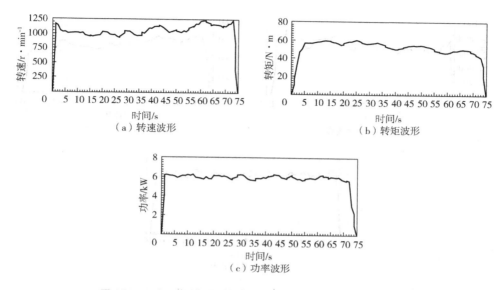

图 13-23　机械弹性储能实验性样机功率设定为 6kW 发电波形

（4）实验四：实验性样机功率设定为 4kW 储能/发电运行

① 实验性样机 PMSM 功率设定为 4kW 储能运行（图 13-24）

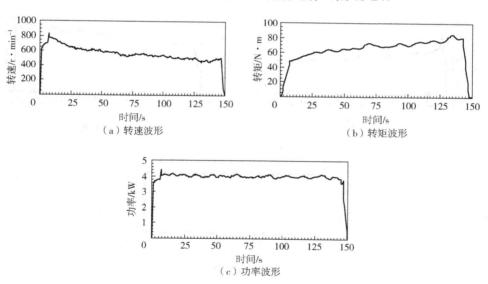

图 13-24　机械弹性储能实验性样机功率设定为 4kW 储能波形

② 实验性样机 PMSG 功率设定为 4kW 发电运行（图 13-25）

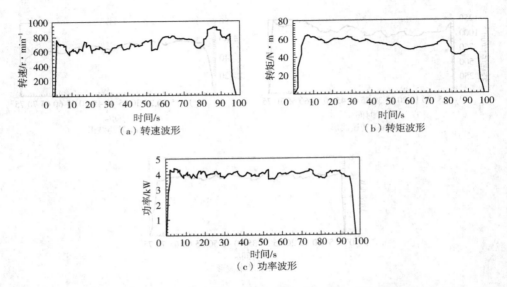

（a）转速波形　　　　　　　　　（b）转矩波形

（c）功率波形

图13-25　机械弹性储能实验性样机功率设定为 4kW 发电波形

（5）实验五：实验性样机功率设定为 2kW 储能/发电运行

① 实验性样机 PMSM 功率设定为 2kW 储能运行（图 13-26）

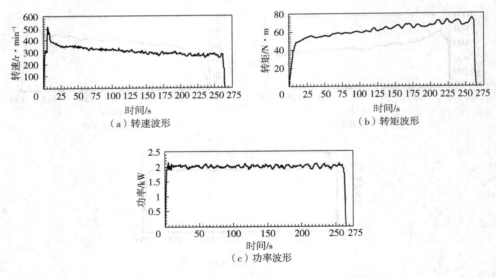

（a）转速波形　　　　　　　　　（b）转矩波形

（c）功率波形

图13-26　机械弹性储能实验性样机功率设定为 2kW 储能波形

② 实验性样机 PMSG 功率设定为 2kW 发电运行（图 13-27）

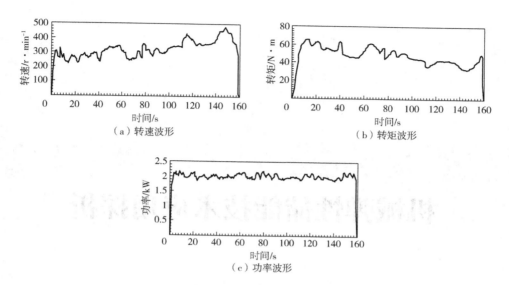

（a）转速波形　　　　　　　　　　　（b）转矩波形

（c）功率波形

图13-27　机械弹性储能实验性样机功率设定为 2kW 发电波形

参考文献

[1] 汤敬秋. 机械弹性储能用大型涡卷弹簧力学特性研究[D]. 北京: 华北电力大学, 2016.

[2] 郑晓明. 机械弹性储能机组集成设计与控制方法研究[D]. 北京: 华北电力大学, 2020.

第14章
机械弹性储能技术应用探析

14.1 引言

本章探讨机械弹性储能技术的应用场景，具体包括了城铁再生能回收利用、岸桥集装箱起重机节能降耗、风力发电机组涡簧储能调速装置、汽车用机械弹性储能驱动技术、波浪能回收与利用装置和微电网冲击负荷功率波动平抑等 6 个场景，希望为机械弹性储能技术的应用提供一些借鉴和参考。

14.2 机械弹性储能技术应用于城铁再生制动能量回收

14.2.1 城铁再生制动能量回收常见方案

城铁轨道交通系统具有停靠站台数量较多、站间距离较短等特点，需要地铁机车频繁启动、制动，机车再生制动产生的能量一部分会被相同供电区段内其他牵引状态列车吸收，另一部分则未能进行有效合理的利用。

当前城铁再生制动能量回收的方法主要有电阻能耗类和逆变回馈类两种方式。电阻能耗类通过耗能电阻将制动时多余能量消耗掉，如广州地铁 4 号线、天津地铁 1 号线以及北京机场线，这种方案技术成熟、易于实现、造价低廉，但剩余再生制动能量被电阻以热能形式消耗浪费，造成能量浪费的同时，还使地铁环境内温度升高，降温会带来电能二次消耗。逆变回馈类是将再生制动能量经由大功率逆变器回馈给交流电网，用于站内低压交流设备，国外采用较多，国内应用困难。逆变回馈的优点是馈能灵活，但回馈给低压网络造成电能质量较差，回馈给大电网会遭受惩罚，同时，城铁供电系统的牵引变电所多为二极管整流方式，由于二极管的单向导电性，未被其他列车吸收的再生制动能量无法经由变电所向上级供电系统进行能量反馈，致使牵引网线电压不断抬升。

14.2.2 配备储能设备的功率和能量计算

（1）列车制动能量分析

已有很多学者对列车再生制动能量进行研究，本研究在此研究基础上对实际车型进行了调研。假设线路中列车为4M2T车型，动车车重34t，拖车车重32t。则列车质量为200t；按单节车厢载客300人计算，假定乘客平均体重为60kg，则列车载客总质量为108t；则总质量308t；列车从零速加速到80km/h（约22m/s），需要的能量为74.5MJ；列车运行过程为：启动-加速-惰行-制动-停止。惰行之后列车速度降低至70km/h（约19m/s），列车速度降低至5km/h（约1.4m/s）时开始精准制动。则在理想情况下，再生制动产生的总能量55MJ，根据经验，被涡簧吸收的能量约占再生能量的30%，约为4.58kW·h。

（2）列车制动功率分析

对北京地铁某安装有电阻能耗再生制动装置的线路进行数据采集，得出在不同发车间隔再生制动功率见表14-1。

表14-1　各种运行间隔下再生制动功率

车站	行车间隔/min					
	2	3	4	5	6	8
车站1	455	165	563	501	545	560
车站2	700	329	643	645	743	743
车站3	927	777	819	783	886	739
再生制动功率	927	777	819	783	886	743

由表14-1可知，在不同行车间隔时，再生制动功率最大值发生在2min行车间隔时，最大值为927kW。

通过对列车制动能量和列车制动功率进行分析得出，4M2T车型在进行再生制动时需要再生制动能量回收装置吸收的能量为4.58kW·h，功率为1MW。则按照功能需求，配备的机械弹性储能系统需在能量和功率上均满足要求。

（3）机械弹性储能机组技术应用于城铁能量回收

根据城市轨道交通的运行特点和车辆参数，经过初步分析与测算，本项目团队认为通过多台单机 50kW/1kW·h～100kW/10kW·h 组成的大容量阵列式机械弹性储能机组可应用于城铁轨道交通系统的再生能量回收，它能够满足城铁运行的能量与功率的双需求。当地铁产生的再生制动能量无法被其他车辆有效吸收时，电力电子变换器工作于逆变状态，电机此时作为电动机工作，拧紧涡簧实现储能；在未接到释能信号时，此时机组以低功耗运行于待机状态；当机车牵引使得牵引网电压下降到释能阈值时，电力电子装置工作于整流状态，涡簧释放弹性势能带动发电机发电，向直流电机释放能量从而维持电网电压稳定。城铁再生制动能量回收利用技术符合当今城市轨道交通技术研究方向，鉴于机械弹性储能技术功率密度高、节能效果好、无污染、工作年限长等优点，可考虑将机械弹性储能机组应用于城铁再生制动能量回收与利用上，这可以降低能源消耗，提升再生制动能量利用率；稳定线网电压，保护设备安全；降低系统内温升，优化空气环境；响应政府政策，推进节能并发展循环经济。

14.3　机械弹性储能技术应用于岸桥集装箱起重机节能降耗

14.3.1　岸桥起升和下放过程中能量回收常见方案

岸边集装箱起重机（以下简称岸桥）是集装箱船与码头前沿之间装卸集装箱的主要设备，也是码头上的用电大户。

岸桥节能方式主要可分为三类：一是更换耗能种类，对于内燃驱动的起重机，采用油改电或油改气。二是能量回收，通过超级电容、锂电池等储能装置实现将起重机在工作过程中释放的再生能量回收、储存及再利用。三是能量回馈，采用电网供电的岸桥通过能量回馈装置将工作过程中释放的再生能量回馈给电网。能量回收、储存再利用的节能方式可有效实现节能减排，但由于目前设备价格和维护成本较高，经济可行性比较低，在实际应用中有一定的局限性。

14.3.2　配备储能设备的能量和功率计算

以某岸桥为例进行计算，岸桥基本参数见表 14-2。

表14-2　某岸桥基本参数

基本参数	取值	基本参数	取值
主钩起升高度/m	18.28	额定起重量/t	40.6
主钩额定起重量/t	40.6	起升速度/m·s⁻¹	52
供电电压/V	380	大车运行速度/m·s⁻¹	130
调速方式	变频调速	跨度/m	22.1
大车额定功率/kW	90	起升额定功率/kW	200
小车额定功率/kW	45	—	—

　　根据岸桥的基本参数，计算出岸桥空载和重载需要消耗的电量见表14-3。表14-3表明，空载和重载时一次起升过程需要消耗电量550W·h和2613W·h，按照储能装置吸收30%能量计算，需要储能装置分别吸收165W·h和784W·h，计算得到需要储能装置的平均功率约为13.2kW和26.8kW。

表14-3　某岸桥起升一次需要储能装置的能量

测试工况	空载	重载
位移/m	18.28	18.28
运行时间/s	45	105
消耗电量/W·h	550	2613
回收30%电量/W·h	165	784
需要的平均功率/kW	13.2	26.8

　　从岸桥重载需要的能量26.8kW/784W·h来看，对于50kW/1kW·h的机械弹性储能机组完全就能满足岸桥上升和下放过程中能量回收利用的需要。并且，岸桥上升和下放对于时间的要求并不是十分严格，每天工作的次数比较多，正好符合机械弹性储能机组时间较短、工作频次高的特点。

　　本节对机械弹性储能技术应用于城铁和岸桥能量回收与利用进行了初步分析与探讨，结果表明，机械弹性储能技术基本具备回收城铁再生制动能量和岸桥集装箱起重机起升、下放能量的技术可行性，但需要根据具体的应用场景，配备合适的机械弹性储能机组。

14.4　风力发电机组涡簧储能调速装置

　　涡簧储能机械系统在机械弹性储能系统的总体方案中是储能的核心系统。当机械弹性储能技术推广应用的时候，涡簧储能机械系统也可以应用在更多的领域。根据涡簧储能的力学特点[1-2]，涡簧储能机械系统同样适合于新能源的应用。

风能是新能源的一种，具有随机性和间歇性，不能直接在现代电网中大范围地并网使用。为了解决这个问题，可以在风力发电机组的配套设备中使用涡簧储能系统。在有风期间，将风力发电机组的多余风能转换为涡簧的弹性势能，储存在涡簧储能系统中；在无风期间，从涡簧储能系统中将储存的弹性势能释放出来并转换成电能，实现风力发电机组的持续稳定供电。

风力发电机组涡簧储能调速装置[3-4]结构和实现的方法如图14-1所示。

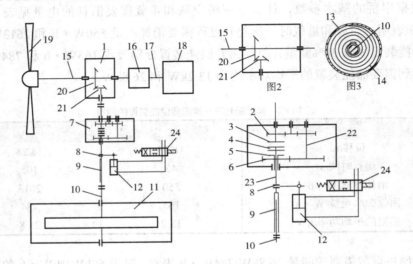

图14-1　风力发电机组涡簧储能调速装置

1—调速齿轮箱；2—首端齿轮；3—上摩擦片；4—双向摩擦片组；5—下摩擦片；6—末端齿轮；
7—双向离合器；8—推杆；9—滑动联轴器；10—主轴；11—涡簧储能箱；12—液压缸；13—箱体；
14—涡簧；15—低速轴；16—增速齿轮箱；17—高速轴；18—发电机；19—叶轮；20—第一锥齿轮；
21—第二锥齿轮；22—换向齿轮组；23—双向摩擦片组中轴；24—控制阀

风力发电机组涡簧储能调速装置主要由调速齿轮箱1、双向离合器7、涡簧储能箱11以及液压控制系统组成。调速齿轮箱1连接到风力发电机的低速轴15上，在另一端与双向离合器7连接，在双向离合器7的另一端连接在涡簧储能箱11的主轴10上，实现了风力发电机组的输入轴15与涡簧储能箱11的连接关系。涡簧储能箱11安装着涡簧14，是储能调速装置中的关键核心部分。储能箱中的涡簧是通过主轴10的双向旋转，从而实现能量的存储和释放。装置中的液压控制系统是用来调整双向离合器7的工作状态，实现储能调速装置储存能量和释放能量两种过程的。

风力发电机组涡簧储能调速装置的工作过程简述如下：

当风力过大,风力发电机的低速轴 15 输入转速超过额定转速时,液压控制系统开始工作,调节作用在双向离合器 7 上的正压力,将低速轴 15 的转速中高出额定转速的部分分离出来,通过双向离合器 7 驱动涡簧储能箱 11 的主轴 10,存储能量。当低速轴 15 的转速低于额定转速时,液压控制系统对双向离合器 7 施加负压力,转换为主轴 10 的旋转动能,维持低速轴 15 的输入转速不低于额定转速。当风速超过极限风速或者涡簧储能箱 11 储满能量时,双向离合器 7 断开调速齿轮箱 1 和涡簧储能箱 11 的连接,本储能调速装置停止工作。

涡簧储能机械系统是机械弹性储能系统中的核心储能系统,而大型涡簧则是机械系统中的核心零件。在储能过程中,大型涡簧的形状和弯矩变化规律、储能密度等储能特性决定着涡簧储能机械系统的储能性能和力学特性,也是影响机械弹性储能系统的关键性问题,需要在后续章节中详细论述。

14.5 汽车用机械弹性储能驱动技术

涡簧储能技术可以实现对能量的收集、存储和释放,尤其适合把间歇性、不稳定的低品质能源,收集、存储、转换为连续可控的高品质能量。燃油汽车的驱动需要燃油的燃烧和转化,燃油的充分燃烧需要汽车的发动机运行在某一个转速区间。但是汽车的使用过程,决定了汽车发动机的运行转速变化区间是很大的,造成发动机内的燃油燃烧不充分,造成资源的浪费。当前的汽车厂家对燃油的不充分燃烧的解决办法,是调整燃油在气缸里的燃烧方法,采用新型的点火和喷油技术,例如缸内直喷、可变气门正时、断缸等,以提高燃油的燃烧率,但是发动机在不同的转速区间变化时,仍然会发生燃油的不充分燃烧,造成燃油的浪费。同时,在汽车运行过程中,经常需要减速或者刹车,从而造成已有的动能被刹车装置的摩擦做功抵消,转化成热能浪费掉。

在汽车的发动机和驱动装置之间加装一组涡簧储能驱动装置,汽车的发动机可以全程在最佳燃油燃烧转速区间内运转,燃油的化学能最大限度地转化成涡簧的弹性势能,并把汽车减速和刹车时消耗掉的动能也转化成涡簧的弹性势能,再由涡簧释放弹性势能,驱动汽车运动,达到节能减排的作用[5]。

汽车用机械弹性储能驱动技术是在汽车发动机的输出轴上,安装一个涡簧储能驱动装置,发动机输出的动能,转化成涡簧的弹性势能存储,涡簧的输出主轴与钢带式无级变速器相连,驱动无级变速器运动,钢带式无级变速器的输出轴与汽车的驱动装置连接,驱动汽车运动。无级变速器的输出轴上安装可控向的滑动齿轮,在汽车的轮轴上,安装刹车用齿轮。刹车时,由滑动齿轮与刹车齿轮啮合,将汽车的动能转化成涡簧的弹性势能，并存储起来。

汽车用机械弹性储能驱动技术的实现方法如图 14-2 所示。

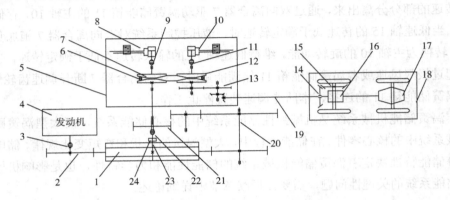

图 14-2　新型汽车用机械弹性储能驱动技术

1—涡簧；2—齿轮；3—离合器；4—发动机；5—钢带式无级变速器；6—钢带；7—V 型轮；
8—液压系统；9—联轴器；10—液压系统；11—联轴器；12—V 型轮；13—轮系；14—滑动齿轮；
15—刹车齿轮；16—前驱动装置；17—后驱动装置；18—汽车地盘；19—无级变速器输出轴；20—轮系；
21—滑动齿轮；22—离合器；23—涡簧主轴；24—制动装置

汽车的发动机 4 以燃油的最佳燃烧转速工作，通过离合器 3 和齿轮 2 与涡簧 1 的外壁上的齿轮啮合，输出的扭矩转化成涡簧 1 的弹性势能，并保存。当汽车运行的时候，涡簧 1 释放存储的能量，主轴 23 通过离合器 22 与钢带式无级变速器 5 的输入轴连接。涡簧 1 输出扭矩，驱动 V 型轮 7 转动，带动钢带运动，驱动 V 型轮 12 转动。V 型轮 12 带动轮系 13，输出扭矩，通过无级变速器输出轴 19，作用在汽车的前驱动装置上，驱动汽车运行。此时滑动齿轮 14 与刹车齿轮 15 分离。

当汽车需要减速或者刹车的时候，如图 14-2 所示，离合器 3 分开，发动机停止运转，离合器 22 分开，滑动齿轮 21 向上滑动，与轮系 20 啮合。制动装置 24 抱紧涡簧主轴，涡簧停止输出扭矩。滑动齿轮 14 滑动，与刹车齿轮 15 啮合。汽车轮轴的转动扭矩通过刹车齿轮 15 和滑动齿轮 14，作用在无级变速器 5 的无级变速器输出轴 19 上，经过无级变速器 5 和滑动齿轮 21，驱动轮系 20 转动，作用在涡簧 1 的外壁齿轮上，驱动涡簧 1 外壁转动，为涡簧储能，汽车的动能转化为涡簧的弹性势能。

钢带式无级变速器 5 中的液压系统 8 和 10，可以调节 V 型轮 7 和 12 轮隙，获得不同的传动比，可以将涡簧输出的扭矩经过变速，转化成适合于汽车运动的驱动扭矩；也可以在汽车减速和刹车时，调整传动比，把汽车轮轴上的扭矩转化为适合于驱动涡簧储能的扭矩，把汽车的动能转化成涡簧的弹性势能保存起来。

在装置工作的时候，涡簧的弹性势能储满后，汽车发动机停止运转。当涡簧的储能量少于某一个预设值的时候，汽车的发动机开始工作，为涡簧储能。

14.6　波浪能回收与利用装置

弹簧储能可用于运动的波浪能回收与利用，构成一种可控功率双涡簧储能点头鸭式波浪能收集发电装置（图 14-3），包括鸭体、发电机、鸭体通过桩柱支撑平台支撑，在鸭体内安装发电机，发电机与双涡簧储能装置连接，所述的双涡簧储能装置包括正向涡簧储能机构、反向涡簧储能机构、换向及力矩控制器，在正、反向涡簧储能机构之间啮合连接换向及力矩控制器，其中一个正向或反向涡簧储能机构通过芯轴及联轴器连接发电机。

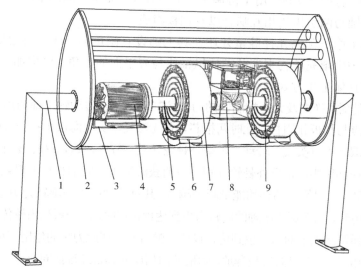

图 14-3　机械弹性储能鸭式波浪能收集发电装置结构

1—桩柱支撑平台；2—鸭体；3—发电机支架；4—发电机；5—芯轴；6—固定座；
7—正向涡簧储能机构；8—换向及力矩控制器；9—反向涡簧储能机构

所述的正、反向涡簧储能机构相同，涡簧的绕向相反，均包括芯轴及由内至外依次套装芯轴上的内棘轮、涡簧、外棘轮及固定套，涡簧的内端与内棘轮连接固定，涡簧的外端与外棘轮连接固定，在固定套的内环壁均匀间隔固装多个棘爪，固定套的外壁与鸭体内侧壁通过固定座连接固定，在芯轴与换向及力矩控制器连接的一端套装芯轴轴承及横向伞齿轮，芯轴通过横向伞齿轮与换向及力矩控制器的竖向伞齿轮啮合连接。

所述的换向及力矩控制器包括箱体及安装在箱体内的竖向伞齿轮、第一传动齿轮、第二传动齿轮、弹簧凸点及挡板，竖向伞齿轮位于正、反向涡簧储能机构的芯轴横向伞齿轮的上方且与两个横向伞齿轮均啮合连接，竖向伞齿轮套装固定在锥齿轮轴的下端，在锥齿轮轴上套装齿轮轴承，锥齿轮轴的上端与第一传动齿轮啮合连接，第一传动齿轮套装在第一传动齿轮轴的下部，第一传动齿轮轴的上部与第二传动齿轮啮合连接，第二传动齿轮套住在第二传动轴的上部，在第二传动轴的中部套装一凸点固定套，在凸点固定套的外环壁安装弹簧凸点，在箱体内对应弹簧凸点的经过位置安装凸点挡板。

在桩柱支撑平台上对应正、反向涡簧储能机构的外棘轮分别安装外棘轮进齿卡扣。

整个装置安装于近海风浪场，桩柱支撑平台固定于海底，为鸭体、发电机、涡簧棘轮、换向及力矩控制器等提供支撑固定[6]。装置中设置一正一反两组涡簧棘轮，用于捕获波浪双向全周期能量。换向及力矩控制器由一系列齿轮啮合构成。换向部分包括 3 个啮合的锥齿轮，用于协调正反涡簧作用在芯轴上相反的力矩；力矩控制部分由齿轮轴与两组齿轮相互啮合以及挡板组成。

鸭体除了中下部为元件腔室外还在其上部设有倾角调节腔，可根据不同的海域特点在此腔中填充重物来调节鸭体纵轴线与海平面的夹角，以增加捕获的能量。

装置的具体工作方式为：

（1）储能时，换向及力矩控制器的力矩控制部分第二传动轴下部凸点固定套由弹簧支起的凸点与挡板相阻挡，此时两根芯轴都无法转动。当海浪拍打鸭体时，鸭体绕其横轴线作双向"点头式"转动，带动外棘轮转动，拧紧涡簧，这样波浪的动能和势能就被储存在涡簧中；正反外棘轮分别对应捕获波浪正半周期和负半周期的能量。波浪不断拍打鸭体，涡簧中储存的能量越来越多，其对芯轴产生的旋转力矩也越来越大。

（2）发电时，当涡簧给芯轴的旋转力矩到达预设值时，经一系列齿轮传动传到力矩控制部分的弹簧凸点上的力矩也到达预设值，弹簧凸点在此力矩的作用下被向内压缩，不再与挡板相阻挡。此时芯轴被释放，两根转向相反的芯轴经过换向协调即可一同驱动发电机沿着规定方向旋转发电；由于每次芯轴释放时的旋转力矩都是一定的，使得发电机输出的功率是已知的，为后续对发电功率的处理创造了极为有利的条件调节弹簧凸点的压缩力矩，可控制发电机输出的功率。通过设置力矩控制部分的传动比，使涡簧存储的能量释放完毕后弹簧凸点与挡板再次相阻挡，进入下一个周期的储能环节。

本装置的优点和有益效果：

（1）可双向捕获零散的波浪能收集储存于涡簧之中，纯机械结构控制储能和释能发电过程，输出可控功率，可极大提高能量转化效率。

（2）将鸭式波浪能量利用装置中传统的复杂液压系统替之以简易可行的机械结构，极大降低了制造及维护成本，避免了液压油对海洋环境的污染风险，提高了装置的可靠性与可行性。

14.7 微电网冲击负荷功率波动平抑

随着间歇式新能源的大规模开发，"集中式"大电网与"去中心化"微电网相结合是未来电力系统发展的一大趋势。截至 2018 年初，全球微电网装机约 22.7 GW，我国微电网装机达到 8 GW，占比 35%。对大电网而言，高功率、大冲击负荷是影响系统安全可靠运行的重要因素，比如某些区域电网冲击负荷占总负荷比例早已超过 60%[7-8]，所以针对大电网下应对冲击负荷的研究开展较早并已取得了大量的成果[9-10]。然而，微电网不具备大电网高惯量、强阻尼的特点，在功率突变期间，微电网中的分布式电源难以提供足够的抗扰动能力，需要借助储能技术来实现功率平衡，但针对微电网中应对冲击负荷场景的储能技术研究还很不充分。

从研究角度看，冲击负荷作为非线性负荷中常见的一类，约占非线性负荷 30%，具有启动速度较快、平均功率较高和持续时间较长的特征[11]。图 14-4 给出了某典型微电网运行时的实测功率波形图，图 14-4 表明：第一，冲击负荷在微网中频繁、间断性投入运行，若按照该微电网可能出现的最大功率来配置基荷发电量，无疑会造成装机的低效率，因而需要在微电网中引入适当的储能设备来平衡功率变化；第二，对于 s 级或以下脉动类负荷，可通过超级电容或飞轮储能来补偿负荷功率；第三，对于 s 级以上甚至数分钟的冲击类负荷，则需依靠蓄电池、压缩空气等具有一定储能量的储能设备[12]，同时，对于某些特殊的冲击负荷，如电动机和船舶推进器，还需在启动时提供高的、快速的功率支持，然而，蓄电池能量密度高，但能提供的支撑功率和循环次数有限，压缩空气储能量大但机组启动慢、发电环节较多、运行效率偏低。

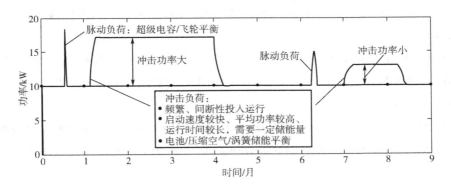

图 14-4 典型微电网运行时的功率需求分析

文献[13]探讨了复合材料涡簧的各种力学性能，与钢材料涡簧相比，在能量密度、功率密度和循环使用次数等许多指标上，复合材料涡簧具备更加卓越的储能性能，将其作为 MEES 系统的储能介质，适用于微电网冲击负荷的功率平衡，但该文仅仅研究了涡簧性能，未有关于电机系统部分的讨论，也未见将复合材料涡簧与电机系统连接组成储能系统的后续报道。为解决微电网冲击负荷功率平衡问题，需要专门研究外部功率调控指令下考虑 MEES 系统储能特性的电机系统运行控制问题。该问题要求网侧变流器主动快速响应外部调控功率，而机侧变流器需协调网侧变流器稳定直流母线电压同时驱动电机调节涡簧。

参考文献

[1] 王璋奇, 米增强, 汤敬秋, 等. 一种簧片串联式大型储能涡卷弹簧: CN 2011103419174 [P]. 2014-02-05.

[2] 王璋奇, 汤敬秋, 米增强, 等. 大型涡簧储能装置中涡簧储能箱的对称式结构: ZL201310237916.4 [P]. 2015-06-24.

[3] 王璋奇, 汤敬秋, 米增强, 等. 大型涡簧储能装置中串联用单体式储能箱: CN 201310237919.8 [P]. 2015-08-19.

[4] 汤敬秋, 段巍, 王璋奇, 等. 风力发电机组涡簧储能调速装置: CN 201020669581.5 [P]. 2011-08-03.

[5] 王璋奇, 米增强, 汤敬秋, 等. 一种机械弹性储能驱动装置. CN 201110342227.0 [P]. 2014-06-25

[6] 余洋, 卢健斌, 郑晓明, 等. 一种可控功率双涡簧储能点头鸭式波浪能收集发电装置: CN 201810009509.0 [P]. 2018-09-21.

[7] 汤敬秋, 王璋奇, 段巍, 等. 大型涡卷弹簧储能装置用支撑装置: CN 201711286247.4 [P]. 2021-02-02.

[8] 史可琴, 冯玉昌, 王新, 等. 西北电网负荷模型调研分析[J]. 西北电力技术, 2005, 33(1): 5-7.

[9] 王建学, 高卫恒, 别朝红. 冲击负荷对电力系统可靠性影响的分析[J]. 中国电机工程学报, 2011, 31(10): 59-65.

[10] 彭卉, 邹舒, 付永生, 等. 冲击负荷接入电网的电能质量分析与治理方案研究[J]. 电力系统保护与控制, 2014, 42(1): 54-61.

[11] 刘正春, 朱长青, 赵锦成, 等. 独立电力系统非线性负荷暂态特性仿真[J]. 高电压技术, 2017, 43(1): 329-336.

[12] 薛小代, 梅生伟, 林其友, 等. 面向能源互联网的非补燃压缩空气储能及应用前景初探 [J]. 电网技术, 2016, 40(1): 164-171.

[13] MUNOZ-GUIJOSA J M, ZAPICO G F, PEÑA D L, et al. Using FRPs in elastic regime for the storage and handling of mechanical energy and power: application in spiral springs [J]. Composite Structures, 2019, 213(1): 317-327.